厚德成功学

（修订版）

兰宜生　著

上海财经大学出版社

图书在版编目(CIP)数据

厚德成功学/兰宜生著. -2版(修订版). -上海:上海财经大学出版社,2017.3
ISBN 978-7-5642-2678-7/F·2678

Ⅰ.①厚… Ⅱ.①兰… Ⅲ.①成功心理-通俗读物
Ⅳ.①B848.4-49

中国版本图书馆CIP数据核字(2017)第036908号

□ 责任编辑 袁 敏
□ 封面设计 张克瑶

HOUDE CHENGGONGXUE
厚 德 成 功 学
(修订版)

兰宜生 著

上海财经大学出版社出版发行
(上海市武东路321号乙 邮编200434)
网 址:http://www.sufep.com
电子邮箱:webmaster @ sufep.com
全国新华书店经销
上海华教印务有限公司印刷装订
2017年3月第1版 2017年3月第1次印刷

710mm×1000mm 1/16 17.5印张(插页:1) 362千字
印数:15 368-19 367 定价:32.00元

序　言

改革开放三十多年来，中国经济实力和人民生活水平有了显著提升。管仲曰："仓廪实而知礼节，衣食足而知荣辱。"物质文明成果应当成为精神文明建设的砖石支柱，两者不可偏废。联想到一些行业严重失德失范的情况，社会道德建设更有其紧迫性和特殊的重要意义。道德重建将为中国今后50年、100年的健康发展奠定坚实基础，成为中华民族屹立于世界民族之林的根本。

近年来，从国家领导人到教师、企业家等社会各界人士都十分关注青少年以至全体国民道德素养的提升，倡导以孝老爱亲、互敬互助、诚实信义等为内容的善良家风和社会良俗。

国家主席习近平2013年11月26日在孔子故里曲阜指出："国无德不兴，人无德不立。必须加强全社会的思想道德建设，激发人们形成善良的道德意愿、道德情感，培育正确的道德判断和道德责任，提高道德实践能力尤其是自觉践行能力，引导人们向往和追求讲道德、尊道德、守道德的生活，形成向上的力量、向善的力量。"2014年"五四"青年节，习近平与北京大学生座谈时更明确提出：青年学生要"明大德、守公德、严私德"。这体现了国家领导人对青年立德修身的重视，也是我国教育改革需要补上的"短板"。

就本人高校从教三十年的观察：从德智体三方面看，智力是当代青年学生的长板，体能次之，德行往往是其短板。许多青年学生对提升道德修养也有意识和需要，但往往不得其门而入，需要老师给予人生指导。本人自2003年为上海财经大学硕士生、博士生、本科生先后开讲"成功学研究"(2008年后更名为"修德成功学")公共选修课，部分满足了学生这方面的需求，选修学生成倍增加，有的学生选不上课也要来旁听，感慨地说：这门课将使其终身受益。

2010年，根据教学需要，我构思编写《厚德成功学》一书作为此课程教材。全书共分11章，围绕"修德——成功"这一主线展开分析，系统阐述修德与成功的内在联系，明确树立善良正义的成功理念，反对不择手段和损人利己，倡导造福社会大众的人生成功。

我的博士导师洪文达先生非常关心此书的写作，以87岁高龄亲自为本书题写书名，在此向两年前病逝的洪老师表达深深的怀念和敬意。一些好德上进的青年积极参与本书资料收集和写作，其中：刘沁琳（第七章）、郭泱维（第八章）、张莉丽（第九章）、章冬梅（第十一章）。在此对这些年轻人的贡献表示赞赏和感谢，更希望这些优秀年轻人能从本书内容中获得人生启迪，健康快乐成长进步。

此书的目的是帮助正在人生起步阶段的年轻人思考走向成功需要具备哪些基本素质，如何通过修德奠定自己事业成功的坚实基础，以古往今来的名言名篇为座右铭，以古今中外成功人士的事例作参照物，明德知义，食髓知味，找到适合自己的明德立志成功之路。

《厚德成功学》出版不久即入选中宣部等发起的"乡村书屋"项目，向广大读者推荐阅读。本人应邀为北京、上海、重庆、广州、杭州、西安、澳门等地几十所高校学生做修德成功之道演讲，在上海教育电视台、上海图书馆作公益讲座，尽可能广泛传播修德成功理念。

这次修订，对《厚德成功学》的一些人物案例做了替换，对一些章节内容重新改写，整体仍保持11章的结构。上海财经大学出版社领导和有关编辑对本书的修订出版给予了大力支持和帮助，在此表示衷心感谢。

此书可以作为大学生德行素质教育读本，适合作为"修德成功学"、"人才学"等课程的教材，也可以作为好德进取的各界人士磨砺自我和培养子女的参考读物。

作者希望书中的分析对青年学生以至各方读者都有一定启发意义，弘扬立德修身的社会正气，鼓励青年人选择积极向上、服务社会的成功之道。限于作者德能水平，书中错漏之处敬请读者朋友指正。

在此书的写作和修订过程中，我常常想起去世的父母亲及其教诲。比如父亲讲的："钱是好东西，也是坏东西，弄不好就要受它的害。"母亲讲的："好人有好报，好事天知道"；"若要公道，打个颠倒"："前半夜想想自己，后半夜想想别人"。在此我深深感谢和怀念我的父母亲，正是父亲的正直坦荡和母亲的善良乐观精神，激励我坚持正道前行，本着一份教师的良知和社会责任感，完成这样一本书。《礼记》有云："大孝尊亲，其次不辱……"仅以此书回报和感谢父母的教诲和培养，祈愿父母大人安泰！

兰宜生

2017年1月于上海

目 录

第一章 德之重

高等教育的基本职能是提高大学生的综合素质，促进青年学生德智体全面发展、健康成长。素质教育问题引起社会广泛关注，我们首先应当明确什么是素质教育的核心，什么是青年学生需要具备的基本素质，这也是青年人走向成功的基础。

第一节 我们需要的综合素质

一、德才之辨

目前社会上有种普遍认识：当今青少年学生掌握的书本知识很多，但缺乏综合运用知识的能力，分析解决问题的能力弱，动手能力差；需要扭转这种状况，提高学生以动手能力为主的综合素质。

这种看法对不对呢？我们不妨先读一段司马光的话，看看有无启发。司马光在《资治通鉴》中讲：夫才与德异，而世俗莫之能辨，通谓之贤，此其所以失人也。夫聪察强毅之谓才，正直中和之谓德。才者，德之资也；德者，才之帅也……是故才德全尽谓之"圣人"，才德兼亡谓之"愚人"；德胜才谓之"君子"，才胜德谓之"小人"。凡取人之术，苟不得圣人、君子而与之，与其得小人，不若得愚人。何则？君子挟才以为善，小人挟才以为恶。挟才以为善者，善无不至矣；挟才以为恶者，恶亦无不至矣。愚者虽欲为不善，智不能周，力不能胜，譬如乳狗搏人，人得而制之。小人智足以遂其奸，勇足以决其暴，是虎而翼者也，其为害岂不多哉！夫德者人之所严，而才者人之所爱；爱者易亲，严者易疏，是以察者多蔽于才而遗于德……故为国为家者苟能审于才德之分而知所先后，又何失人之足患哉！（引自《资治通鉴》第一卷·周纪一·周威烈王二十三年）

据此看，一个人的综合素质是由道德和才能两部分组成的，而且要以道德为根本。在修德的基础上练才、长才，德多于才、高于才，这个人就是对社会有益的人才——君子。假如一个人只重练才，忽视修德，个人才干超过了自己的品德修养，则会变成危害他人、社会的小人！这时其才能越高、本事越大，对社会的危害也就越大。因此司马光认为：那些才胜德的"小人"还不如无德无才的"愚人"。

至于什么属于德的方面、什么属于才的方面，司马光也讲得很清楚："聪察强毅之谓才，正直中和之谓德。"这是我们要深入理解和思考的。待人处事正直、中庸、谦和是德的方面，而聪慧、明察、果敢、有毅力等都属于才的范畴，与道德是两码事，换句话说，如果一个非常聪明、毅力超群的人要危害社会和民众，可能成为更难对付的歹徒、悍匪。

没有良好道德做基础的“才”反而会危害社会，不仅见于历史典故，现代社会也有许多经验教训，近年来频发的高科技犯罪可以作为一个例证。被列为2006年国内网络病毒之首的“熊猫烧香”，是由湖北娲石技校毕业生李某制作的，这个病毒让我国许多高校、研究机构、软件公司束手无策，只能让李某在拘留所用5个小时编制一个专杀软件程序。李某很聪明，实践动手能力确实也很强，但这种没有道德约束的聪明能干，带来的不是利人利己的社会财富和幸福生活，而是社会秩序破坏和个人牢狱之灾。平心而论，李某并不是存心与社会、人民作对的歹徒，但缺乏道德良知和行为规范的约束，使他犯下了大错。这个教训，既是他本人需要牢记的，也是各级教育部门需要汲取和反思的——如何增强青少年的道德意识，建立行为准则规范，划定自己做人做事的道德底线。

二、道德不是空泛的概念

中华民族历来有重视道德教育的传统，也有许多传递美德的典籍，但由于“文化大革命”期间对传统道德观念的错误批判，使得中华传统美德的传承遭受严重破坏，对青少年一代健康成长非常不利。我们必须通过家庭、学校、社会各方面的努力，为青少年补上修德这一课，这才是最根本的素质教育！

现在从大学到中小学都有德育方面的课程，但对学生形成良好道德观念和习惯收效不大，这种情况值得反思。对青少年的道德教育，不应是空洞的理论说教，而应从为人处世的基本行为教起，逐渐形成一个人的良善道德品行。

百善孝为先。如果一个青年在家不懂得孝敬父母、尊老爱幼，在公交车上不愿为古稀老人让个座位，你想让他有爱祖国、爱人民的品德情怀，无异于幻梦。而人的基本道德素养是通过每时每地、一言一行的小事培养和塑造的，对于那些涉世不深、缺乏分析判断能力的少年儿童，更需要有明确具体的行为指导，而不是空泛的概念。我们试比较以下中美小学生的两个守则，看哪个更容易遵行和有教化作用。

(一)中国小学生守则

1. 热爱祖国，热爱人民，热爱中国共产党
2. 遵守法律法规，增强法律意识，遵守校规校纪，遵守社会公德
3. 热爱科学，努力学习，勤思好问，乐于探究，积极参加社会实践和有益的活动
4. 珍爱生命，注意安全，锻炼身体，讲究卫生
5. 自尊自爱，自信自强，生活习惯文明健康
6. 积极参加劳动，勤俭朴素，自己能做的事自己做
7. 孝敬父母，尊敬师长，礼貌待人
8. 热爱集体，团结同学，互相帮助，关心他人
9. 诚实守信，言行一致，知错就改，有责任心
10. 热爱大自然，爱护生活环境

(二)美国小学生守则

1. 总是称呼老师职位或尊姓

2. 按时或稍早到课堂

3. 提问时举手

4. 可以在你的座位上与老师讲话

5. 缺席时必须补上所缺课业,向老师或同学请教

6. 如果因紧急情况离开学校,事先告诉你的老师并索取耽误的功课

7. 交的所有作业必须是你自己完成的

8. 考试不许作弊

9. 如果你上课有困难,约见老师寻求帮助,老师会高兴帮助你

10. 任何缺勤或迟到,要出示家长写的请假条

11. 唯一可以允许的缺勤理由是个人生病、家人亡故或宗教节日,其他原因在家里不上学都属于违规

12. 当老师提问且没有指定某一学生回答时,知道答案的都应该举手

很明显,美国小学生的这个守则更容易理解和执行,也更容易成为小学生的行为习惯;而中国小学生的守则看起来面面俱到,标准很高,实际上空话不少,很难执行。你要他们从小"遵守法律法规,增强法律意识",其实到本科甚至研究生阶段,国内许多高校都对作弊现象十分头疼,多人监考巡查,防不胜防。不少学生认为:我又不伤天害理,一不偷,二不抢,作弊有什么大不了的?而笔者在美国大学曾看到,教授发完考卷即离开,无人监考的偌大考场内,秩序井然,无人作弊。

由于相当一部分人缺乏基本的诚信理念和道德底线,使得国内市场信用环境较差,买卖双方互不信任,层层设防,交易成本很高,这也是道德教育缺失或无效的恶果。我们通常说,市场经济是法制经济,是信用经济,在某种程度上,市场经济也是道德经济,所有参与者必须遵守一定的道德规范。

现在提倡"八荣八耻",对重建全国民众的荣辱道德观、提高社会文明水准很有必要。仁义礼智信是中华民族千年传承的重要精神财富,孝悌之心更是中华民族的传统美德,然而在"文化大革命"中被错误地当成封建腐朽观念而被破除,使得现代青年缺少尊师敬老的意识,学校里学生不尊敬老师的现象颇为常见。

"以德治国"对中国现阶段的发展有特殊的重要意义,中华民族的道德重建要从少年儿童抓起,青少年品德塑造也是当前中国教育界的重要使命。目前,国内许多小学要求学生背诵《三字经》、《弟子规》等古代教育典籍,希望学生从中学到一些基本的道德规范并遵照执行。但仅仅背诵没有多少效果,俗话说"小和尚念经——有口无心",必须有老师的详细解说,并有家长的配合指导,在每天日常生活中遵守执行,才能养成勤劳礼让、尊师敬老等良好品德和习惯。

三、道德是当今社会的稀缺资源

"21 世纪最宝贵的是人才!"

这里的"人才"是指德才兼备、德胜于才的人才,换言之,德才是当今社会最宝贵的人才,道德是当今社会的稀缺资源。当我们慨叹社会良知稀存、职业道德缺失、各行各

业有着形形色色心照不宣的“潜规则”时，是不是感到良好社会道德风尚的稀缺和珍贵呢？在日常生活中，从2008年揭出的“三聚氰胺案件”，到2010年揭出的中超赌球黑幕，当我们无知无畏地喝着毒奶、假酒，专注激动地看着假球、假唱，直到很久之后才猛然醒悟这些都是做过手脚的假货，是不是觉得自己的物质生活和精神生活需求都受到某种欺骗和忽悠呢？是不是感到有通过全民族的努力改变这种状况的责任呢？

毋庸置疑，实行改革开放30年来，我国经济建设取得了世人瞩目的成就，物质财富大为丰富，缺衣少食的日子基本已成为过去的回忆。但是，不应讳言，近些年来社会道德水平并未随物质生活水平提高而提高，反而出现明显下滑。这种道德水准下滑已经成为影响国家稳定发展、影响社会人际相互信任的普遍性问题，从少年儿童到青壮年、老年人，各个年龄层都存在“缺德”问题；从政府官员、企业家到各行各业普通从业人员，也普遍存在“缺德”问题。“缺德”成为制约中国经济社会进一步发展的瓶颈。

管仲曰：“仓廪实而知礼节。”在我们解决了人民生活温饱问题后，更有条件也更有必要推动社会道德建设，提升全民道德水准。道德重建将成为中国下一轮经济社会发展的重要支撑和强大动力。

社会主义市场经济的发展需要德才兼备的人才，要求我们重视道德建设，中华民族的文明进步更要求我们重视道德建设，这也是2007年和2009年我国评选出两届共百名全国道德模范的重要意义所在。正如胡锦涛同志会见全国道德模范时所说：道德力量是国家发展、社会和谐、人民幸福的重要因素。

第二节　百能德为重

一、道德是重要而持久的人生力量

正如汉代思想家王充所言：“德不优者，不能怀远。”诚实善良的道德品行是一个人树立远大理想并取得事业成就的重要基础，是从事各种工作的宝贵资源。

孔子曰：“知者不惑，仁者不忧，勇者不惧。”有道德信念支撑的人方能有足够的勇气、毅力探索人生。我国古代经典中有许多关于修德立志的论述，在基本符合社会主义教育理念的前提下，应针对我国独生子女一代和二代的心理行为特点，引导青少年学贤领悟和反省自己，促进他们心智健康成长。

所谓德行，按照《周礼·地官》的解释：“德行，内外之称，在心为德，施之为行。”德行是做人的根本，对一个人一生的成长发展具有十分重要的基础作用。人的一生可能经历各种环境改变，经受各种挫折考验，一个道德基础深厚的人不会被一时的顺境或逆境所迷惑，会坚定不移、脚踏实地向着自己的人生目标前行。

打个比方来讲，德行相当于一个人的下盘或者一棵树的树根和树干。一个德行深厚的人，就像一棵根深叶茂的大树——那粗壮的树干和发达的根系，能保证它千百年屹立不倒、长生长青。那每年开放的花朵枝叶，就如一个人的才能，必须建立在粗壮的主干上。一个德行深厚的人，遇到一些困难挫折甚至重大灾难，都不会被吓倒或挫伤锐气，就如一棵大树不会被一阵狂风轻易刮倒折断。相反，一个才高德浅的人，即使才能很多，一时表现似乎很出色，但遇到一些严重的困难或重大挫折时，就可能一蹶不振、一败涂地，就如一棵头重脚轻根底浅的芦苇，往往被大风轻易折断或卷走。

二、道德观念要从家庭开始培养

现今的中国家庭中，往往是家长对子女单向的关爱，而子女很少为父母考虑。由于家庭里的爱是单方面的，父母给予子女的太多，以致变成了溺爱，甚至引起子女的反感，觉得父母关心得太多，干涉自己的隐私，惹人心烦；而父母从子女那里得到的关爱太少，也是物以稀为贵的道理，儿女的一句简单问候，或者倒一杯热水，都可能使家长有“久旱逢甘霖”的过分感动。相比较而言，日本、韩国还保留了许多从中国引入的尊师敬老的儒家优良传统思想，值得我们反向学习和借鉴。

【星星点灯】你最佩服的人是谁？

据国内某机构对中小学生的一次调查：你最佩服的人是谁？国内中小学生佩服的人大多是歌星、影星和体育明星，竟没有一个人选择自己的父亲或母亲。与此形成对比的是，国外一些机构对中小学生的调查显示，许多外国少年是以自己的父亲或母亲作为自己最佩服的人。

从子女培养的过程来看，中国的家长可能要比外国家长付出更多的心血，甚至有的父母完全牺牲了自己的前途事业，专心培养孩子，但是中国家长在子女心中的地位却并不高于外国父母在子女心中的地位。

这样一种调查结果应当引起我们反思，特别是从中国父母或中国子女两个不同角度的深入思考——孩子为什么不敬重父母？父母为什么不“值得”孩子敬重？

以独生子女为中心的现代中国家庭，如何纠正众星捧月的“小太阳”培养模式，改变子女唯我独尊的生活态度和习惯，让孩子养成与人分享、与人合作的习惯，树立助人为乐、团结互助的精神，懂得孝敬和回报父母及祖父母，懂得为他人着想，这确实是作为家长要深入思考和解决的问题，也是作为独生子女的青年人要注意改变和完善自己品格的重要方面。

现在有的企业把孝顺父母纳入招聘条件，确实很有道理：一室不扫，何以扫天下。一个连孝敬父母都做不到的人，一个连养老责任都不愿承担的人，又怎么能相信他会尽心尽力地完成工作职责呢？

三、道德素养比智力、体能更重要

现代人才选拔和发展理念认为情商（EQ）比智商（IQ）对一个人的事业成功更重要，情商也是领导者必须具备的条件，情商高的人，他能影响和控制的群体也比较大。情商的基础、核心或精华就是德商（MQ），包括尊重、宽容、诚实、负责、体贴、礼貌等美德。俗话说：小事靠能，大事靠德，德商是决定一个人事业成败的根本。一个新成立的小企业，能否由小到大、由弱到强，初期要看领导者的经营智慧，后期主要看领导者的德行凝聚力和人格感召力——能否聚集一大批谋士心甘情愿地为企业献计出力。

很显然，德商比体能更为重要。一个人如果身体方面有欠缺甚至残疾，往往会对人生事业发展造成很大限制，需要付出比常人多倍的努力才能克服这种不利因素，取得事业的成功；但如果一个人的德行存在严重缺陷，那对他的人生将产生致命的灾难性影响。我们在现实社会能看到不少身残志坚的残疾人成就了许多正常人都没能实现的人生伟业，造福于社会大众；也听到不少智力、体力超强的人沦为罪犯、危害社会和民众的事例。

【举一反三】身残德彰的张海迪

张海迪 1955 年生于济南，5 岁时因患脊髓血管瘤，高位截瘫，因此没有进过学校，童年时就开始以顽强的毅力自学知识，她先后自学了小学、中学、大学的专业课程，自学英语、日语和德语。张海迪 15 岁时随父母下放聊城莘县一个贫穷的小山村，她以乐观向上的精神奉献自己的青春，给村里小学的孩子们教书，克服种种困难自学针灸医学知识，为乡亲们治病，无偿为人们治病一万多人次。

1983 年，张海迪走上了文学创作道路，以顽强的毅力忘我地进行文学创作，出版的作品有：长篇小说《轮椅上的梦》、《绝顶》、《天长地久》；散文集《鸿雁快快飞》、《向天空敞开的窗口》、《生命的追问》；翻译作品《海边诊所》、《丽贝卡在新学校》、《小米勒旅行记》、《莫多克——一头大象的真实故事》等。

1991 年，张海迪在做过癌症手术后，继续以不屈的精神与命运抗争，开始学习哲学专业研究生课程，经过不懈的努力完成论文《文化哲学视野里的残疾人问题》。1993 年，她在吉林大学哲学系通过了研究生课程考试和论文答辩，被授予哲学硕士学位。

张海迪多年来做了大量社会工作，积极参加残疾人事业的各项工作和活动，以自己的演讲和歌声鼓舞着无数青少年奋发向上。她经常去福利院、特教学校、残疾人家庭，看望孤寡老人和残疾儿童，送去礼物和温暖。她为下乡的村里建了一所小学，帮助贫困和残疾儿童治病读书，还为灾区和孩子们捐款，捐献自己的稿酬 6 万余元。她是中国青年人的骄傲，也是中国残疾人的杰出代表。

张海迪曾三次应邀出访日本、韩国，举办演讲音乐会，她自强不息的奋斗历程鼓舞着不同国家民族的青少年。1995 年，她作为中国政府代表团成员参加了第四次世界妇女大会。1997 年，她被日本 NHK 电视台评为世界五大杰出残疾人。

张海迪先后担任第 9 届、10 届、11 届全国政协委员，2000 年被国务院授予“全国劳动模范”称号；2001 年被新华社《环球》杂志评为“环球二十位最具影响力的世纪女性”；2008 年 11 月被选为中国残疾人联合会主席。

【举一反三】绑匪张子强

张子强，绰号“大富豪”，祖籍广西玉林市，1955年出生，4岁随家人来到香港。一贫如洗的张子强对香港有钱人的生活羡慕不已，又不想通过辛勤劳动积累财富，希望一夜暴富。疯狂的发财念头使他走上了不择手段攫取钱财的犯罪道路，甚至自己开金铺自己抢劫，以骗取保险赔偿，后来没有保险公司敢给他的金铺保险。

张子强被列为威胁内地与香港治安的头号重犯，其犯罪团伙人数约40余名，涉嫌多宗持械抢劫、杀人罪案，以及两宗香港超级富豪的绑架勒索案，并密谋绑架香港政要，企图劫狱。香港警方称，张子强团伙犯罪案为世界排位第六、亚洲排位第一的大案。

1991年7月12日，张子强团体抢劫启德机场装甲运钞车，案值1.6亿港币，张子强因此被捕，但法庭以证据不足把他无罪开释，港英当局还赔偿他一大笔钱，使张子强更相信自己的聪明能干，作案胆子更大。1995年11月，张子强团伙在深圳枪杀香港居民蔡志雄。张子强自从知道香港有个十大富豪排行榜，就决心将十大富豪逐个绑架一回。首选目标是华人首富李嘉诚。1996年5月，张子强团伙绑架李嘉诚长子李泽钜，勒索港币103 800万元，张子强分得43 800万元。1997年9月，绑架香港富豪排行榜第二的郭炳湘，勒索港币6亿元，张子强独得3亿元。1997年底，张子强团伙从内地非法购买800千克烈性炸药、2 000多枚雷管，偷运到香港，图谋制造劫狱事件。1998年香港警方截获张子强藏匿的炸药，1998年1月25日中国警方在江门将张子强抓获。

1998年11月12日，广州市中级人民法院对张子强案36名案犯做出一审判决，判决书厚达48页。1998年12月5日，广东省高级人民法院对张子强犯罪集团案做出终审判决，张子强、陈智浩、马尚忠、梁辉、钱汉寿5人维持死刑判决，剥夺政治权利终身，随后执行枪决。

2009年，我国普通高校毕业生达到570万人，占城市新增就业岗位的一半以上，意味着大学生成了社会新增就业岗位的主要竞争者，这是中国就业市场出现的新情况，对众多大学生求职者来说，在走出校门之时就要面对激烈职位竞争的人生考验。

与人才市场、就业招聘会人潮涌动的壮观场面形成对比，许多企业家、人事经理却慨叹招聘员工很难，招不到基本合用、比较满意的员工。那些眼高手低、大事做不了而小事不愿做、不讲工作贡献、只要求工资福利的新进员工，让企业经理很头疼。学历与能力不成正比，才能与道德不成正比，是经理们抱怨最多的问题。好不容易经过培训掌握了一定的工作技能，有的员工往往拍拍屁股扬长而去，另谋高就了，根本不考虑企业培训付出的代价，也不在乎双边协议合同，“人不为己，天诛地灭”是其最重要的甚至唯一的人生理念。

当我们感觉工作难找、就业压力很大的时候，首先要反思一下自己是不是社会需要的那种德才兼备、德胜于才的人才？如果确实是德胜于才的人才，如何用自己的言语和行动解释和证实这一点？把自己的人才供给与企业的人才需求对接起来，那对个人和用人单位都是双赢的结果。

另外要指出的一点是，目前我国高校毕业生选择自主创业的人数很少，真正实现创业的不到学生总数的1%，而美国等创新型国家的大学毕业生自主创业比例达到10%以上。

我国需要大批有道德操守的创新型大学生，首先要具备诚信孝敬的高尚道德情怀，再培养塑造积极乐观的人生态度、勇于探索冒险的创新精神、合作双赢的工作理念、自尊自信的自强精神等，勇于承担家庭责任和社会责任，这样的青年一代是中国屹立于世界民族之林的根本。其中一些更有胆识、更有创新思维特点的青年学生会倾向于创业而非就业，则成为中国最宝贵的一批人才资源。

人物案例

一、周恩来

(一)周恩来生平简介

周恩来，1898年3月5日生于江苏省淮安府山阳县(今淮安市)，祖籍浙江省绍兴。1910年春，周恩来随伯父离开淮安，先后在奉天省银州(今辽宁铁岭市)银岗书院和奉天(今沈阳市)东关模范学校读书。1913年8月，考入天津南开学校。1917年6月，在天津南开学校毕业。9月，赴日本留学。

1919年4月，离开日本回国。参加并领导天津爱国学生运动，参与发起成立觉悟社。1920年1月，领导天津学生运动。11月，赴法国勤工俭学。1921年春，加入巴黎共产主义小组。1923年2月，担任中国共产主义青年团“旅欧支部”书记。

1924年9月，回到广州，任中共两广区委员会委员长、黄埔军校政治部主任。1925年2月和10月，先后参与两次东征的领导工作。8月，与邓颖超结婚。1927年3月，领导上海工人第三次武装起义。8月1日，领导南昌起义。

1928年夏，出席在莫斯科召开的中共六大，当选中共中央委员、政治局常委，任常委秘书长兼中央组织部部长。11月，回上海主持中央工作。

1931年12月，进入江西中央苏区，任中共苏区中央局书记。1932年10月，任红一方面军总政委。1933年春，和朱德等领导红军粉碎国民党军队对中央苏区的第四次“围剿”。5月，任中国工农红军总政委。1934年10月，参与领导中央红军长征，出席“遵义会议”，支持毛泽东，与毛泽东等率红一方面军西进、北上，到达陕北。

1936年12月，张学良、杨虎城发动“西安事变”。周恩来作为中共代表出使西安，与张、杨二人迫使蒋介石接受“停止内战、一致抗日”的主张。

1939年1月，任中共中央南方局书记。8月，赴苏联疗伤，次年3月回延安。

1945年4月至6月，出席中共七大，当选为中央政治局委员、书记处书记。8月，陪毛泽东赴重庆同国民党谈判。

1947年3月，和毛泽东等转战陕北，任中央军委副主席，兼中央军委总参谋长，协助毛泽东指挥辽沈、淮海、平津三大战役。

1949年3月，和毛泽东等率中共中央机关进入北平。6月，主持新政治协商会议筹备工作。9月，出席中国人民政治协商会议第一届全体会议，作关于《共同纲领》的报告。10月1日，出席开国大典，担任政务院总理兼外交部长。

1950年1月、2月，和毛泽东在莫斯科与苏联领导人会谈，签署《中苏友好同盟互助条约》。10月，协助毛泽东组织领导抗美援朝战争。1951年，主持编制第一个五年计划。1953年1月，参与中华人民共和国宪法、选举法的起草工作。

1954年4月，率中国代表团出席日内瓦会议。6月，访问印度、缅甸，同印、缅总理共同倡导和平共处五项原则。9月，出席全国人大一届一次会议，作《政府工作报告》，被任命为国务院总理兼外交部长。12月，当选政协第二届全国委员会主席。1955年4月，率中国代表团出席万隆会议。

1956年9月，出席中共八大，作关于第二个"五年计划"建议的报告，当选中央委员、政治局常委和副主席。

1959年4月，在全国人大二届一次会议上作《政府工作报告》，继续担任国务院总理。1960年4月、5月，访问亚洲六国。

1964年12月至次年1月，出席全国人大三届一次会议，在《政府工作报告》中提出"四个现代化"目标和"两步走"战略。再次被任命为国务院总理。

1966年5月"文革"动乱开始，周恩来在极其困难的情况下竭力维护工农业生产秩序，制止武斗，保护干部和民主人士，消除派性，促进群众大联合。

1969年4月，出席中共九大，当选为中央委员、政治局委员、常委。

1971年两次会见美国总统特使基辛格，实现中美关系解冻。1972年2月，同美国总统尼克松会谈，中美发表《联合公报》。9月，同日本首相田中角荣会谈，中日发表《联合声明》。

1973年8月，出席中共十大，当选中央副主席。1975年1月，出席四届人大一次会议，作《政府工作报告》，继续担任国务院总理。

1976年1月8日，积劳成疾，在北京逝世，终年78岁。

（二）周恩来的高尚品德

周恩来得到全中国人民的爱戴和敬仰，在国际上也享有崇高威望，是人们心目中的光辉典范。人们之所以热爱周恩来，是因为在国内外领导人中，周恩来不仅有着出类拔萃的聪明才智和高超的组织领导能力，更具有崇高的道德品行。

1. 不谋私利，一心为公

周恩来是一个没有自私自利之心、毫不利己专门利人、对工作极其认真负责、对人民充满热忱的人，是一个全心全意为人民利益勤奋工作的人。

【星星点灯】为什么下半旗？

1976年1月8日，周恩来总理不幸逝世。得知消息后，时任联合国秘书长的瓦尔德海姆先生当即指示联合国机构下半旗致哀。自1945年联合国成立以来，世界上有许多国家的元首先后去世，联合国还没有为谁下过半旗。

一些国家使节感到不平了，一些外交官聚集在联合国大门前的广场上，言辞激愤地向联合国总部发出质问：我们的国家元首去世，联合国的大旗升得那么高，中国的总理去世，为什么要为他下半旗呢？

瓦尔德海姆先生走出来，在联合国大厦门前的台阶上发表了一次极短的演讲，总共不过一分钟。

他说："为了悼念周恩来，联合国下半旗，这是我决定的，原因有二：

第一，中国是一个文明古国，她的金银财宝多得不计其数，她使用的人民币多得我们数不过来。可是她的周总理没有一分钱存款！

第二，中国有10亿人口，占世界人口的四分之一，可是周总理没有一个自己的孩子。你们任何国家的元首，如果能做到其中一条，在他逝世之日，联合国总部将照样为他降半旗。"

说完，他转身就走，广场上外交官个个哑口无言，随后响起雷鸣般的掌声。

长征中遵义会议本来确定周恩来为中央军委主要负责人，毛泽东辅助他，但看到毛泽东有能力领导党和红军走出困境时，周恩来就把主要领导位置让出，心甘情愿辅助毛泽东。在延安，当中央决定刘少奇担任党的第二把手时，他没有任何不满，积极协助完成各项工作。当毛泽东"文革"期间选定林彪作为接班人，再次把他往后排时，他又表现出谦虚容让的高风亮节。早在学生时代，周恩来就表现出只做实事、不求名利的好品德。

周恩来一生不争个人名利地位，总是以国家民族利益为重。遵义会议后，他真心实意地拥护毛泽东的领导，出发点是为了党的利益，而不是对毛泽东的个人迷信，更不是为了自己得到什么好处。为了人民，他可以承担难以想象的巨大工作压力，可以忍辱负重，可以牺牲自己的身体健康。他在"文革"期间担心"四人帮"攫取国家行政权力，所以他不顾身患绝症，苦撑到底，不把国务院领导工作移交给邓小平坚决不去住院。

2. 谦虚谨慎，廉洁自律

周恩来一生谦虚谨慎，他说："人总是容易看到人家的短处，看到自己的长处。应该反过来，多看人家的长处，多看自己的短处。这样不仅能使自己进步，也能帮助别人进步。"

周恩来在中国共产党中资历很高，在上海和瑞金工作时期，职务更在毛泽东之上，长期担任党和国家重要领导职务。但他始终保持谦虚谨慎的作风，从不居功自傲，更不会以势压人、以权服人，总是以理服人、率先垂范，要求别人做到的，自己首先做到。

周恩来担任共和国总理26年间，一方面注意精打细算，勤俭建国；另一方面事事克己节约，严禁铺张浪费，为各级政府领导干部树立了勤俭节约的榜样。有名的“四菜一汤”制度就是他为解决公事用餐问题而亲自规定的。新中国成立后，在中南海经常召开国务院会议，出席者多是部长级干部，会议时间往往较长，为了提高工作效率，减少大家吃饭往返时间，规定会议安排工作餐，工作餐采用合餐制，一桌上四个菜、一个汤，大家正好吃饱。

周恩来到外地视察，吃饭主动补交饭菜钱。1966年7月28日中午，周恩来到北京第二外语学院听取群众的意见后，和同学们一起到学生食堂吃饭，他和同学们一样，端着炒青椒、烧茄子和主食，站在饭厅里边吃边和同学们寒暄。

【星星点灯】周总理给王后的礼物

周恩来担任总理26年多，其中9年兼任外交部长，长期从事外事领导工作。有些国家领导人出于国家礼节或者对周恩来的个人友好感情，常送一些礼品给他。周恩来将这些礼品全部交公，并不在自己办公室保存。而回赠外国友人的礼品，如果是以私人名义赠送，周恩来坚持由自己付钱。

1964年秋，外交部礼宾司建议周恩来总理以个人名义向来访的柬埔寨王后送些蜜橘，这样更显得情真意切。周恩来总理说：这个主意好，就这么办，但既然以我个人名义送，就由我自己掏钱。当秘书把他存折上仅有的400元钱拿给礼宾司时，大家都为周总理清正廉洁、公私分明的品德所感动。柬埔寨王后收到礼物后也非常感动。

3. 尊师敬长，知恩必报

周恩来自幼家境清贫，12岁时随伯父到辽宁读小学，遇到恩师高盘之，恩师非常喜欢聪明好学的周恩来，对他多有启发、教诲和关照。当周恩来离开辽宁去南开读中学时，高老师为他写下“翔宇”二字，希望他如鲲鹏展翅、宇宙飞翔。周恩来始终牢记老师的期望，早年发表文章常以“翔宇”为名。在延安时期，曾有外国记者问周恩来如何走上革命道路，周恩来说：少年时代在沈阳读书得到山东高盘之先生的教诲和鼓励，对我是很大的促进。

高盘之先生1941年因病去世后，周恩来仍常怀念这位小学时代的恩师。新中国成立后，他对高先生的长子高肇甫多尽照料之责。1950年12月，高肇甫应邀来到北京，周恩来热情接待了他，回忆起高先生的恩惠，诚恳地说，没有高先生的教导，我不会有今天。1961年，高肇甫夫妇带着三个孩子来京探亲，周恩来得知后再次接见了他。他对师母放心不下，请高肇甫带回一包珍贵食物并附上他珍藏多年的高老先生的照片。周恩来经历多年战乱坎坷，却珍藏高盘之先生照片五十年！1963年，高师母病逝，周恩来立即致函高肇甫表示安慰，并寄钱作为安葬补助。

周恩来1913年考入南开中学，南开中学校长张伯苓十分赏识这个家境贫寒但勤学上进的学生，特地为他免去学费，这在一所私立中学颇为难得。周恩来后来回忆说，我那时常去张校长家，校长给我熬鱼吃。周恩来向张校长多次长谈请教，从社会问题到国内外大事，无所不谈。后来张伯苓多次提到"周恩来是南开最好的学生"。抗日战争时期，天津沦陷，南开被迫南迁至重庆，张伯苓住在沙坪坝，周恩来多次去探望，并欣然应邀参加南开中学校友报告会。重庆谈判期间，周恩来陪同毛泽东特地去看望张伯苓校长。此后张伯苓回到天津，仍担任南开大学校长。1948年6月，担任国民政府考试院院长。但不满国民党政府的腐败黑暗，以体弱静养为名辞职离开。

张伯苓拒绝随蒋介石迁往台湾。1950年5月，张伯苓夫妇由重庆乘飞机抵达北京，周恩来特派秘书前往迎接，自己待会议结束后即赶往傅作义宅中看望老校长。张伯苓在北京居住四个月，周恩来常去探望。当张伯苓返回天津时，周恩来在中南海西华厅为恩师设宴践行。1951年2月23日，张伯苓不幸中风，经医生抢救无效，于下午六时半逝世。周恩来得知这一消息后，第二天上午即赶赴天津向恩师作最后告别，并成立了由他领衔的治丧委员会。他送的花圈上写道"伯苓师千古，学生周恩来敬挽"。此后，周恩来仍然关心张师母的生活。1961年经济困难时期，他把自己的高干购物证送给张师母，还送去500元钱，并嘱咐天津市政府有关部门对张师母多加关照。

周恩来对师长的尊重爱戴，体现了中华民族尊师敬长传统美德在他身上的自然传承，也是周恩来杰出品格的重要组成部分。

【星星点灯】战友情深，有恩必报

红军长征途中，周恩来曾身患伤寒重症，虚脱无力行走，不得不靠担架抬着行军。当时，因为长途行军作战，冻饿交加，大多数红军战士身体都很虚弱，担架员很难找，身为红军总兵站部部长的杨立三同志带头组成担架队，不顾自己身体疲累虚弱，亲自抬担架，把重病的周恩来抬出草地，自己却病倒了。这令周恩来十分感动。

新中国成立后，杨立三同志曾任解放军总后勤部部长、食品工业部部长、解放军财务部部长等职。1954年秋，杨立三因患脑癌无法坚持工作，才服从组织决定去莫斯科治疗，1954年11月28日病逝于克里姆林宫医院，终年54岁。骨灰运抵北京后，12月7日举行了隆重的追悼大会，周恩来总理主祭，作了长篇追思讲话，并坚持亲抬灵柩，表达他对杨立三同志的深深怀念与答谢之意。

4. 虚怀若谷，广交朋友

周恩来在教育界、新闻界、文艺界、体育界、民主党派、知识分子中间有许多朋友，在国际友人和各国领导人中间也享有崇高的声望，这与他虚怀若谷、海纳百川的广阔胸怀是分不开的。

1940年9月，周恩来到陶行知在重庆创办的育才学校参观，并向全校师生发表讲话。讲话中他对陶行知先生振兴祖国教育事业的举动给予充分肯定和高度赞扬，并给学生写下“一代胜似一代”的题词，以作勉励。临走时，他还捐给学校400元钱，以帮助学校购买运动器材。此后，育才学校每遇到困难，陶行知总会最先想到请周恩来帮忙。随着交往增多，陶行知对周恩来更加信赖，对共产党也更加信任。陶行知和夫人吴树琴经常去周公馆向周恩来请教国内外时局等问题。有次从周恩来家中出来，他感慨地说：“去时腹空虚，回时力无穷。”抗日战争期间，陶行知和共产党走得越来越近，抗战胜利以后，他又积极投入到反内战、反独裁的民主运动中。1946年春，当陶行知获悉李公朴、闻一多先生遭国民党特务暗杀，自己也被列为黑名单上的探花时，他悲愤地说：“我等着第三枪。”他更加勤奋工作，并给育才学校师生留下遗嘱：一定要做到“威武不能屈”。1946年7月25日，陶行知先生因刺激太深、劳累过度，突患脑溢血。待周恩来闻讯赶来时，他已经停止了呼吸。周恩来十分痛惜，热泪长流。在给中共中央的电报中，他说：“这是中国人民又一次不可补偿的损失。”

1949年春，中国革命胜利已成定局，大批爱国民主人士先后来到北平，参加建设新中国的大计。毛泽东和周恩来开始考虑对民主人士和起义将领的安置问题。周恩来提议黄炎培任政务院副总理兼轻工业部部长。在周恩来的精心安排下，各民主党派负责人及社会贤达知名人士，差不多都吸收进政务院：4名副总理中，党外人士有2人；15名政务委员中，党外人士有9人；政务院所辖34个部、会、院、署、行中，担任正职的党外人士有14人。周恩来非常尊重这些党外知名人士，特别是年长者，细心关照他们的生活，工作中与他们坦诚相见、友好合作，虚心听取各种意见建议，相处非常融洽。许多党外人士成了周恩来的知心朋友，甚至是景仰者。周恩来讲：“要得到人家尊重，首先要尊重人家。”

北平解放时，周恩来亲自到齐白石老人住所探望，向白石先生表示深深的敬意，聘请老人担任中央美术学院教授。1950年，周恩来再次来到白石老人家中，看到住房年久失修，即命令政务院派人加以修理。1953年是白石老人90岁整寿，周恩来在中南海怀仁堂为他庆寿，使老人激动不已。1957年9月17日，白石老人逝世，这位国画大师，经历晚清、民国与共和国三个时代，晚年在人民政府的关心下幸福度过。晚上11点，忙完一天政务的周恩来，不顾疲倦，前来瞻仰白石老人的遗像，一直到凌晨1点才离开。9月22日的公祭仪式上，周恩来同首都各界400多位知名人士参加公祭，对白石老人表示深深的敬意。

1957年“反右”运动中，国内知识分子受到巨大冲击。周恩来在力所能及的范围内，尽力保护广大知识分子。当他得知康生想把北大校长马寅初定为“右派”后，马上反驳道：“马寅初这个人有骨气、有正义感，是爱国的，国内外都有影响，不能划为‘右派’。”从而使马老幸免于难。

周恩来与李四光、钱学森、郭沫若等著名知识分子都是好朋友。周恩来与邹韬奋、林巧稚等党外知识分子都成为真心交往的朋友。林巧稚在周恩来逝世后，曾经为自己早年信仰上帝、没有早日加入共产党而感到懊悔，觉得对不起总理。她深情地说:“假如真有上帝的话,周总理就是我心中的上帝。”

周恩来的崇高品德也为他赢得了许多外国朋友的爱戴和尊敬。周恩来结交的西方友人很多,比如:安娜·路易斯·斯特朗、路易·艾黎、埃德加·斯诺、马海德、爱泼斯坦等。

【星星点灯】周总理送的茅台酒

1961年第26届世界乒乓球锦标赛在北京举行。日本23岁的女运动员松崎君代引起了周总理的注意,松崎球艺精湛,很有夺冠希望,但在半决赛中被意外淘汰。虽然输了球,但她带着微笑退场,雍容的风度给周恩来留下了十分深刻的印象。当他出席为日本队举行的饯别晚宴时,特别称赞松崎君代胜不骄、败不馁的大将风范,并希望在场的中国运动员向她学习。

松崎君代以后几次来华,周恩来总要请她到家中做客。1964年已担任日本乒乓球队主教练的松崎再一次来到周恩来家,得知她不久要结婚时,邓颖超拿出一套漂亮的红绣花被面赠送给她,作为结婚贺礼。这件礼物在日本成了新闻,被松崎视为珍贵礼物,放在专门存放婚衣的抽屉里,珍藏起来。周恩来还送给松崎父母一瓶茅台酒,松崎父母把它看做荣誉和友谊的象征,精心保存,只有非常特殊的场合,才会开瓶请客人品尝一小盅。这瓶酒一直喝了十多年,到周恩来去世时,还剩下半瓶,松崎一家决定永久封存起来,以示对周恩来的敬意和怀念。

5. 胸襟宽广,化敌为友

周恩来长期领导共产党对国民党反动派的斗争,与一些反动阵营的人士形成阶级对立的关系,但这是出于政治立场的不同,绝没有个人私怨。

20世纪20年代末,国民党特务机构负责人张冲曾经率领手下在上海大肆搜捕周恩来,并在报纸上造谣诽谤周恩来,以周恩来化名伍豪的名义在《申报》、《新闻报》等报刊上相继刊登伪造的《伍豪等脱党启示》,对周恩来的声誉造成严重损害。这个事件的策划者就是张冲,可以说,周恩来与张冲既有公仇又有私怨。

“西安事变”和平解决后,蒋介石派到西安与周恩来商谈国共两党合作的代表之一正是张冲。如何处理与张冲的关系,使周恩来陷入沉思。他决定从国家民族利益出发,不计前嫌,与张冲坦诚合作,在一个月的会谈中,他主动与张冲交往,朝夕相处,谈笑自如,完全看不出曾经是生死搏杀的对手。他的豁达胸襟赢得了张冲的敬佩,加上两人都以民族利益为重,张冲逐步由过去坚决反对共产党转变为同情共产党,与周恩来结下了超越党派的私人情谊。正如周恩来后来所讲:“先生与我,并非无党见者,唯站在民族利益之上的党见,非私见私利可比,故无事不可谈通,无问题不可解决。先生与我,以此互信。”

张冲极富民族正义感,主张全民族同心抗战,致力维护国共统一战线,给周恩来很多帮助。周恩来在重庆的住所在特务的严密监视之下,张冲不顾个人安危,保障周恩来顺利进出，开展工作。当重庆发生所谓“民众”捣毁苏联驻华使馆事件时，张冲亲自陪同周恩来到现场勘查，保证他的安全。1941年春，国民党发动“皖南事变”，意图削弱、消灭新四军，张冲对这种亲者痛、仇者快的行为十分痛心，愤慨地说：“生死存亡之时，还做这种兄弟相煎之事，可耻可悲。”为了弥合国共两党之间的裂痕，他劳神费力，勉力维持，身体日益憔悴。1941年6月，张冲不幸病逝。周恩来送去挽联，上书：“安危谁与共，风雨忆同舟。”并亲自出席追悼会，发表了20分钟的演讲，讲到感情激动之处，语不成声，闻者无不动容。

与张冲从对手到朋友的经历，使周恩来更加坚信，只要有一颗宽容的心，善于做转化工作，就能够化敌为友，把消极因素转化为积极因素。

周恩来与李宗仁、张治中、杜聿明等国民党高级将领后来都成为知心朋友。

6. 鞠躬尽瘁，死而后已

作为数亿人口大国的总理，周恩来可以说是席不暇暖、日理万机，工作异常繁重。特别在“文革”期间，面临纷繁复杂的政治、经济、社会局面，面对“四人帮”的种种刁难和破坏，要勉力维持国民经济的运转，不使国家社会经济系统陷入崩溃，周恩来总理付出了极大的心血。

【星星点灯】午夜来访

1963年底，英中友好协会会长格林先生访问北京，要求会见周恩来总理。当时距周恩来率团出访非洲仅剩一天时间，有许多政务要处理，但他得知格林的请求时，仍欣然接受并允诺处理完事务后当晚到宾馆拜访。一直到午夜12点，周恩来才处理完各项政务，他不顾自己一天的劳累疲倦，赶去宾馆看望格林先生。宾主二人进行了友好长谈，对格林提出的许多问题，周恩来都做了耐心细致的回答。话题一个接着一个，当格林猛然想到应该结束谈话时，已经是凌晨两点半了。

第二天，格林惊讶地看到报纸头版消息，周恩来总理于早晨六点乘机前往非洲访问，才明白周恩来为何午夜来访。想到周恩来从结束谈话到率团出访仅剩三个半小时，难得再有一点儿休息睡眠时间，格林不仅感到十分歉疚，更对周恩来勤恳敬业、言而有信的品德非常敬佩。

一个日本记者曾追寻过“文革”时期周恩来一天的活动轨迹，发现他通宵达旦，一天竟工作了20个小时，从外交活动到国内会议，真正是日理万机。在林彪“9·13事件”前后，周恩来三天三夜没有休息。

【星星点灯】周总理139天的工作时间

有一项记录显示，周总理在1974年1月至5月的5个月共计139天的实际工作时间为：

每天工作12～14小时，9天；

每天工作 14～18 小时,74 天;

每天工作 19～23 小时,38 天;

每天工作连续工作 24 小时,5 天;

只有 13 天的工作时间在 12 小时以内。

1974 年 6 月,劳累成疾的周总理住入中国人民解放军第 305 医院接受治疗。可以说,正是“文革”中后期超出往常几倍的繁重工作压力摧毁了周总理的身体健康,使他过早离开了我们,在勉力支撑数年后,在 1976 年 1 月 8 日逝世。噩耗传来,举国悲伤,万民同哀,周总理以他崇高的道德风范和为祖国民族的奉献精神赢得了全国人民的衷心爱戴和崇敬。

（三）周恩来的智慧

美国前总统尼克松说过:“20 世纪只有少数人比得上周恩来总理对世界历史的影响。在过去 25 年我有幸会见过的一百多位政府首脑中,没有一个人在锐敏的才智、哲理的通达和阅历带来的智慧方面超过他,这些使他成为一位伟大的领导人。”斯里兰卡前总理班达拉奈克夫人说周恩来是“伟大的行政官和卓越的谈判者”,“他以他的智慧和领导才能,帮助解决了中国的许多困难,并且成功地解决了许多国际问题。”

周恩来有过人的智慧,思维清晰,反应异常敏捷。这一点连通常很挑剔的西方记者也表示钦佩。

1. 中国人民银行有多少资金

在一次记者招待会上,有位外国记者提了一个涉及当时中国国家机密的问题:“请问总理阁下,中国人民银行有多少资金?”这句话同时也有讥笑中国贫穷的含义。周恩来看了一眼这位记者,回答说:“中国人民银行的货币资金嘛……有 18 元 8 角 8 分。”这一回答使全场记者为之愕然!场内鸦雀无声。只听周恩来不慌不忙地解释道:“中国人民银行发行面值为 10 元、5 元、2 元、1 元、5 角、2 角、1 角、5 分、2 分、1 分的主辅 10 种人民币,合计为 18 元 8 角 8 分。”在场记者爆发出热烈的掌声。他接着又说:“中国人民银行是由中国人民当家做主的金融机构,信誉卓著,币值稳定。”这段巧答,充分表现了周恩来的睿智和从容。

2. 为什么是马路

有外国记者问周恩来:“中国人为什么把走人的路叫做马路?”

周恩来笑一笑回答:“因为我们中国走的是马克思主义的路,所以称作马路。”

3. 求同存异的新中国外交家

1955 年 4 月 18 日至 24 日,29 个国家领导人在印度尼西亚万隆出席第一届亚非会议——著名的万隆会议。大会发言初期,各国代表的调子都比较缓和友好,但后来的发言中也暴露出一些分歧。伊拉克的贾马利发言说:“世界上有三股扰乱和平和谐的国际势力:第一股是旧殖民主义,第二股是犹太帝国主义,第三股就是共产主义。”他还断言,共产党创造了一种新形势的殖民主义。有的国家代表也在发言中攻击共产主义是一种颠覆性宗教。一些国家由于对新中国缺乏了解，也表示对中国的疑虑。会场气氛越来越紧张。

周恩来仔细倾听各国代表的发言，没有立即进行反驳。4 月 19 日下午是最后一次公开发言机会，周恩来决定把原定的发言稿散发，自己做一个新的补充发言。下午 4 点，他沉稳地走上讲台，说道："中国代表团是来求团结，不是来吵架的。""我们共产党人从不讳言我们相信共产主义，并认为社会主义制度是好的，但是在这个会议上用不着来宣传个人的思想意识和各国的政治制度。""中国代表团是来求同而不是来立异的，在我们中间有无求同的基础呢？有的。那就是亚非绝大多数国家和人民近代以来都曾经遭受过并且现在仍在受着殖民主义所造成的灾难和痛苦。这是我们大家都承认的。从解除殖民主义痛苦和灾难中找共同基础，我们就很容易互相了解和尊重，互相同情和支持，而不是互相疑虑和恐惧，互相排斥和对立。"

周恩来还说："我们的会议应该求同而存异。第二次世界大战后，亚非兴起许多独立国家，一类是共产党领导的国家，一类是民族主义者领导的国家。这两类国家都是从殖民主义统治下独立的，并且继续为完全独立而奋斗。我们有什么理由不可以互相了解和尊重，互相同情和支持？"针对会上提出的宗教信仰自由问题，他说："中国是一个有宗教信仰自由的国家……我们共产党人是无神论者，但是我们尊重有宗教信仰的人，我们希望有宗教信仰的人也应该尊重无宗教信仰的人。为什么在亚非的大家庭中不能将有宗教信仰的人和没有宗教信仰的人团结在一起呢？"他最后说："中国准备在坚守五项原则的基础上与亚非各国乃至世界各国，首先是我们的邻邦建立正常关系。让我们亚非国家团结起来为亚非会议的成功而努力吧！"

周恩来的讲话驱散了笼罩在亚非会议上空的分裂和疑惧的乌云，他坦白而诚恳的话语打动了亚非国家代表的心，得到了绝大多数国家的赞同。大家觉得与中国的距离缩短了、靠近了。暴风雨般的掌声使大会的气氛达到高潮，他 18 分钟的简短讲话被称为是"最出色的、和解的、表现了民主精神"的演讲。

一位美国记者评论说："周恩来并不打算改变任何一个坚持反共立场的领导人的态度，但是改变了会议的方向。以他的才干和通情达理的态度给那些反共国家的领导人也留下了深刻印象。"

【星星点灯】国王的问题

1963 年底，周恩来率团访问摩洛哥。摩洛哥长期实行君主制，哈桑二世国王想了解周恩来对君主制的看法，就问周恩来："当今世界像我们这样的国王、皇帝为数不多了，不知以后会怎样？"这是一个非常棘手、很难回答的问题。周恩来笑笑说："你们可以组织一个委员会，开会商量一下。"旁边的陈毅外长接着说："亚洲有个西哈努克亲王，我们是好朋友，可以邀请他参加。"周恩来又说："陛下可以担任这个委员会的委员长嘛！"周恩来和陈毅机智幽默的回答，化解了这个有政治敏感性的问题，也表达了中国对他国人民选择自己国家制度的尊重。

二、本杰明·富兰克林

美国首任总统乔治·华盛顿曾讲过："在我的一生中最钦佩的人有三位，第一位是本杰明·富兰克林，第二位是本杰明·富兰克林，第三位还是本杰明·富兰克林。"富兰克林因为有自知之明和善于自省而成为人们多年来尊敬和模仿的典范。

(一)富兰克林的生平

本杰明·富兰克林(1706～1790 年)是美国历史上著名的社会活动家、外交家、科学家、发明家，是人类历史上少有的通才之一。更为重要的是，他是美国人崇敬的道德完美的代表人物。

在自然科学方面，富兰克林深入探讨电运动的规律，借用数学上正负的概念，第一个科学地用正电、负电概念表示电荷性质，创造出一系列关于电的专用名词，如正电、负电、导电体、电池、充电、放电等，他还提出了电荷不能创生也不能消灭的思想，后人在此基础上发现了电荷守恒定律。他研究雷电及其危害，最先提出避雷针设想，发明了避雷针。他还发明了双焦距眼镜、新式路灯、节能型炉子等，并在气象、地质、声学及海洋航行等方面都有所研究。

在政治和社会活动方面，他参加了第二届北美大陆会议，参与起草了《独立宣言》，参与制定美国宪法，是美国开国之父(founding father)之一；他出使法国，担任美国第一位驻外大使，缔结美法同盟，在国际上享有很高的声誉。

1706 年 1 月 17 日，本杰明·富兰克林出生在波士顿。他的父亲乔赛亚·富兰克林原是英国漆匠，1682 年携妻子和三个孩子移居北美，主要靠制造蜡烛和肥皂维持生计，乔赛亚的第一个妻子生育了 7 个孩子，第二个妻子又生育了 10 个孩子，本杰明·富兰克林排名第 15 位，下面还有两个妹妹。富兰克林八岁入学读书，虽然学习成绩优异，但由于家中孩子太多，父亲难以负担他读书的费用，所以他十岁时不得不离开学校，回家帮父亲做蜡烛。富兰克林一生只在学校读了两年书。十二岁时，他到哥哥詹姆士经营的小印刷所当学徒，自此当了十年的印刷工人，但他的自学从未间断过。他从伙食费中省下钱来买书，并利用工作之便，结识了几家书店的学徒，将书店的书晚间偷偷借来，通宵达旦、如饥似渴地阅读，第二天清晨归还。他阅读的范围很广，从自然科学、技术通俗读物到科学家论文和著名作家的小说等，他都喜欢。

1723 年富兰克林离开了波士顿，到费城和英国伦敦的印刷厂当工人。1726 年秋，20 岁的富兰克林由英国返回费城，在船上写下了自己的人生计划，决定以"节俭、诚实、勤奋和得体"作为人生信条。富兰克林以其掌握的先进印刷技术，开始独立经营印刷所，印刷和发行《宾夕法尼亚报》大获成功。随后印刷所的业务源源不断，出版物中包括美国第一本医学专著和第一部小说，甚至还负责印刷当地的纸币。在克服了创业初期的重重困难之后，富兰克林终于成了真正的企业家。他的事业与费城同步成长，当费城发展成为美国最重要的城市时，富兰克林在文学和出版业方面也获得了巨大成功。他撰写了《穷理查年鉴》，成为 13 个殖民地的畅销书。

1727 年秋，他和几个青年创办了"共读社"，组织了小型图书馆，帮助工人、手工业者和小职员自学,每星期五晚上讨论哲学、政治和自然科学等问题。这时富兰克林还不到30岁,通过广泛阅读和刻苦自修,逐步成为一个学识相当渊博的学者和启蒙思想家,在北美地区声誉日高。在富兰克林的领导下,"共读社"存在了40年之久,后来发展为美国哲学会,成为美国科学思想的中心。

1736年,富兰克林当选为宾夕法尼亚州议会秘书,虽然工作繁重,但仍然坚持每天读书学习。他孜孜不倦地学习外国语,先后掌握了法文、意大利文、西班牙文及拉丁文。

1752年7月,他做了著名的吸引雷电的"风筝实验",证明闪电与静电一样是自然放电现象。在天空乌云密布时,富兰克林和儿子威廉做只风筝放到空中。很快富兰克林注意到牵引风筝的线开始分裂,说明有电荷产生。他在牵引线上挂把钥匙,摩擦指关节后与钥匙接触,结果火花出现了,证明闪电实际上就是大量的静电。富兰克林的理论后来被法国人证实,奠定了他的科学家地位。富兰克林在电学方面的论著有《电的实验与观测》、《对于导电物质的性质与效应的见解和推测》、《在美国费城所进行的关于电的实验与观测》、《论闪电与静电的同一性》等。后来人们用一句名言描绘他的成就:"他从天空抓到了雷电,从专制统治者手中夺回了权力。"

正当他在科学研究上不断取得新成果的时候,北美殖民地的民族解放运动日益高涨。他毅然放下实验仪器,积极站在了独立斗争的前列。从1757年到1775年他几次作为北美殖民地代表到英国谈判。独立战争爆发后,他参加了第二届大陆会议和《独立宣言》的起草工作。1776年,在美国国会通过《独立宣言》的当天,已经70岁高龄的富兰克林,忍受着痛风和肾结石的折磨,远涉重洋出使法国,赢得了法国对美国独立的承认,并担任美国驻法大使。1778年法国和美国正式结盟。

1785年春天,美国政府同意了富兰克林去职回国的请求。富兰克林说尽管他爱法国,但还是希望在自己的祖国度过余生。当年富兰克林是以说客的身份去法国的,离开时他成了一个主权国家的代表。在6个星期的返航途中,80岁的富兰克林忍受着肾结石所带来的病痛,测量和记录海水温度,那是一项他坚持了30年的研究——绘制湾流图。回到费城后,富兰克林本想完全退出政治生活。但是没过多久,他又被选为宾夕法尼亚州的代表,加盟联邦制宪会议。在1787年夏天的制宪会议上,各州代表争论激烈,他设法使双方达成了妥协。在新宪法拟定的最后一天,他发表了一份声明:"对宪法中的部分条款,我并不完全赞成,但我不能肯定我永远不会赞同,因为许多我过去以为是正确的观点现在发现却是个错误……"所以他要求参加会议的代表们审视一下自以为一贯正确的立场,像他一样在文件签上自己的名字,宪法终于通过。

躺在病床上的富兰克林给一位法国科学家写了封信,"我们的新宪法出台了。它应该会永远生效,但是这个世界上只有死亡和征税是确定无疑的……"1790年4月17日晚上,84岁的富兰克林溘然长逝,走完了他闪耀人性光辉的84个春秋。他的离去在美国、法国和英国都引起了震动。乔治·华盛顿这样评价他:"因为善行而受景仰，因为才华而获崇拜，因为爱国而受尊敬，因为仁慈而得到爱戴，这一切将唤起人们对你的亲切爱戴。你可以得到最大的欣慰，就是知道自己没有虚度一生。”4月21日，费城人民为他举行了葬礼，两万人参加了出殡队伍，并服丧一个月以示哀悼。

本杰明·富兰克林的墓碑非常简朴，只刻着一行字：“印刷工富兰克林”。

（二）富兰克林的品德

富兰克林十分注重个人品德修炼，他的一生就是自我奋斗、自我教育、自我完善的过程。品德修炼帮助他在众多不同领域都取得了重要成就。他在自传中详细介绍了如何在一段时间集中修炼某项美德而成为习惯，先后获得13项个人美德，这对我们中年、青年和少年都有重要启发和借鉴价值。

【星星点灯】富兰克林推崇的13项品德

1. 节制：食不可过饱，饮不得过量。
2. 缄默：避免无聊闲扯，言谈必须有益。
3. 秩序：生活物品要放置有序，工作时间要合理安排。
4. 决心：要做之事就要下决心去做，决心做的事一定要完成。
5. 节俭：不得浪费，任何花费都要有益。
6. 勤勉：珍惜每一刻时间，去除一切不必要之举，勤做有益之事。
7. 真诚：不损害他人，不使用欺骗手段。
8. 公正：不损人利己，履行应尽的义务。
9. 中庸：避免任何极端倾向，尽量克制报复心理。
10. 清洁：身体、衣着和居所要力求清洁。
11. 平静：戒除不必要的烦恼。
12. 贞洁：少行房事，绝不使身体虚弱，生活贫乏。
13. 谦逊：以耶稣和苏格拉底为榜样。

这些品德看来简单易行，但真正成为自己每天恪守的行为规范和习惯，则需要勇气、决心和自制力。富兰克林逐一修炼培养，每项优秀品德用5～8周时间天天提醒自己遵守执行，直到把13项美德集于一身，成为自己的日常生活习惯。

（三）富兰克林的名言

富兰克林还留下许多有益的格言，提醒人们在生活工作中遵行，以下是一些今天仍被广泛传播的名言：

1. 欲速则不达。
2. 时间就是金钱，时间就是生命。
3. 生前何必久睡，死后自必长眠。
4. 懒惰像生锈一样，比操劳更能消耗身体。
5. 空袋子是难以站得直的。

6. 推动你的事业，不要让你的事业推动你。

7. 唯坚韧者能遂其志。

8. 命运变化如月亮的阴晴圆缺，无损于智者。

9. 对人生的幸福最重要的莫过于真实、诚意和廉洁。

10. 成功与失败的分水岭，可以用这五个字来表达——我没有时间。

11. 打断蠢人的话头，是失礼的，而让他说下去，却是残忍的。

12. 每年改正一个坏，会让最差的人变好。

13. 跟你身上的邪恶作战，跟你的邻居和睦共处，每一年都让自己变得更好。

14. 你爱生命吗？那么不要浪费时间，因为时间是组成生命的材料。

15. 诚实和勤勉，应该成为你永久的伴侣。

一个人在保持自信的同时也要善于自省，客观分析评价自己，勤勉学习，珍惜时间，不断完善自己，这样既能够发挥自己的能力和潜力，迎接人生的挑战，也不会因为好高骛远而最终一事无成。

富兰克林给我们树立了一个很好的榜样，谦虚谨慎，终生学习，不断反省完善自己，不断提高自己的道德修养，不断增强自己的知识能力，在诸多方面都做出了杰出贡献，全面体现了自己的人生价值。像富兰克林这样的人生信念和习惯可以使人避免平庸，也是一个人走向成功的坚实基础。

第二章　德之要

第一节　孝亲为本

一、百善孝为先

孝道是中华民族历史悠久的传统美德，也是中华文明的特点之一。在中华五千年的文明史中，关于孝道的论述见诸历朝历代的众多典籍，关于孝道的人物事迹比比皆是。“百善孝为先”——中国人把孝敬父母放在善心、善行的首位，看做评判一个人品行高下的重要尺度。

中国古代的孝治思想，使孝道由原来的主要属于家庭伦理的学说变为社会政治学说。曾子早期提出的“孝为天下大经大法”的思想是建立在处理家庭内部父子关系基础之上的，尚未提高到孝治的政治层面。《孝经》则认为父子关系是社会最基本的关系，孝是上自天子、下自庶人都应当恪守的最基本的道德规范，也是统治者能够用以教化社会民众的至善之德，“圣人因严以教敬，因亲以教爱”。贤明的君主正是根据人们对父母的爱敬之情教育人们相互爱敬，故所有道德教化都是从孝道中产生出来的。因此，孝也就成为可以教化万民的至善之德。

因此，《孝经》认为孝具有治家和治国双重功能，以孝治家，则家庭亲爱和睦；以孝治国，则“其教不肃而成，其政不严而治”，从而使天下太平，祸乱不生。《孝经》把孝道同伦理和国家治理揉为一体，适应了中国古代以家族为本位的伦理社会的需要，几千年传承不衰。

【星星点灯】也谈教育失误

我最敬重的中国领导人是邓小平。小平同志曾说过，前些年最大的失误是教育。这句话人们通常理解是指“文革”期间忽略了青少年的文化教育。我想小平同志的话可能更有深意。从 1964 年提出“千万不要忘记阶级斗争”的口号，到十年“文革”，一波接一波不断强化的政治斗争恶化了人与人之间的关系，破坏了讲究友善、和谐、互助的中华民族传统美德，也就动摇了教育的根本。

就“教育”两字而言，按照《说文解字》的解释，所谓“教”，是上所行，下所效；“育”是养子使做善也。那么，“教”所要“上行下效”是什么呢？从字面看已经很清楚了。“教”是由“孝”和“文”两部分构成的，而且是孝在文先，也就是说首先要学习体行孝道，其次再学文化知识。“百善孝为先”，这应是中华民族以孝为本的善良“教育”理念的真实含义。

就"孝"字而言，字意也很明显：上面是老，下面是子。做子女的，要负担老人的生活，要承担起养老的责任。奉养父母是最起码的孝道，是做子女的基本责任，还要争取做得更好。而现今社会上的"啃老族"，不但不守基本孝义，甚至背道而驰，这显然是"教育失误"造成的社会后果。

很长一段时期，我们把孝顺父母、尊师敬老的传统美德当作封建糟粕抛弃了；在现今的教育体系中，从小学、中学到大学，对中华孝道的教育传承仍几乎是空白，而把从早到晚刻苦学习的重点放在数理化外等方面，使得少年儿童以至青年人、中年人对英语、计算机越来越熟练，而做人做事的行为规范普遍欠缺。

让人略感欣慰的是，近几年国家意识到这方面的问题，日益重视中华传统美德的重建。连续两届全国道德模范的评选，都有"孝老爱亲"模范的感人事迹和形象。榜样的力量是无穷的，这种"孝老爱亲"模范对于青少年心智成长的积极影响，丝毫不亚于"劳动模范"或"科技标兵"的作用，对社会风气有良好的引领作用。

我认为，在中国的各级学校里应当普遍开设中华孝道的必修课，最好是从小学生就开始"教育"，这样"教育"出来的下一代，才是中国未来的希望和脊梁！

（摘引自"君子兰博客"，http://lanyisheng. blog. sohu. com。）

在经济现象研究中有一个"技术溢出"概念，指的是引进新技术可以提升一国生产力水平，增加经济产出。提倡和弘扬孝道同样有一个道德溢出效应：一个懂得孝敬父母的人，往往也懂得尊重师长、爱护同学同事、乐于助人，因为他的孝心提供了源源不断的释放善意的泉流。

孔子讲，仁爱是有层次的，这应该比墨子的"兼爱"更容易接受和施行。一个人应该从关心、爱护自己身边的父母兄弟姐妹等开始，逐步培养生成更加广阔博大的爱心，一层层向外传递，让亲友、同学、同事、街坊邻居等都能感受、得到自己的爱。而墨子的兼爱，让一个人无选择、无差别地爱世界上所有的人，这往往成为空洞的理想，在实践中也很难看到这样的人物和事例。

"文革"期间片面提倡斗私批修，提倡灵魂深察爆发革命，提倡家庭内部的阶级斗争，这种种割裂否定亲情和父母之爱的错误观念，使中国传统文化中的孝道受到严重冲击和损毁。这既是中华文明发展史上一件不幸的事，也影响着当今社会的和谐发展。重新提倡和重视孝道，会使中国社会更加和谐安定，人际关系更加友好，社会矛盾大为减少。因为孝道推而广之会成为友善之道和尊敬理解之道。

在创导"和谐社会"的今天，我们推崇孝敬品行，提倡孝敬教育，目的就是要把孝敬品德和爱人之心进一步提升，充实到每个人的心田，使整个社会都能形成互尊互爱、相互敬重的新风尚，让社会充满爱。

二、孝敬父母之道

作为子女晚辈，应如何孝敬父母呢？曾子分析过对父母尽孝的方式和重要性：

“大孝尊亲，其次不辱，其下能养。”

（一）“大孝尊亲”

最重要的是对父母的尊敬以及使父母受尊敬，包括两种方式：一种是自己尊敬父母，终身无违；另一种更重要的是使父母受人尊敬。

曾子曰：“君子之孝也，忠爱以敬；反是，乱也。尽力而有礼，庄敬而安之。”尊敬有礼、体贴关心是子女孝敬父母的日常基本行为表现。曾子认为孝不仅要关心、尊敬父母，而且要做令父母高兴的事情，不要违背父母。“孝子之养老也，乐其心，不违其志，乐其耳目，安其寝处，以其饮食忠养之。”与物质方面的供养相比，精神方面令父母愉悦是更为重要的内容，而能否和颜悦色服侍父母就在于是否有永远热爱父母的孝心。“孝子之有深爱者，必有和气；有和气者，必有愉色；有愉色者，必有婉容。”如果父母有过，子女要和颜悦色地以尊重的态度进谏：“君子之孝也……微谏不倦，听从而不怠，欢欣忠信，咎故不生，可谓孝矣。”

通过自己的优良品行和社会贡献使父母受他人尊敬，也就是《三字经》里面讲的“扬名声，显父母”。得到大众的广泛赞誉和敬重让父母在精神方面获得很大满足和享受，对于十分爱惜脸面的中国人来说，那是一种更重要的孝。每个人要注意保持自己的良好品行和名声，“身言之，后人扬之；身行之，后人秉之；君子终身守此惮惮。”扬己之名就是扬父母之名，使父母受到人们的尊敬称赞。《孝经》对这一思想进行了拓展，认为扬名声显父母是孝的最终形式：“立身行道，扬名于后世，以显父母，孝之终也。”

（二）“其次不辱”

不要因自己不合乎礼的言行而连累父母受到侮辱。不辱，包括两方面内容：一是保其身，不辱父母之遗体；二是慎其行，不辱及父母的人格，不遗父母恶名，“父母既殁，慎行其身，不遗父母恶名，可谓能终也”。如果子女不注意自己的言行举止，连累父母，令父母的人格受到侮辱，甚至被挖坟掘墓，给父母带来身后之灾，则有违孝道。

（三）“其下能养”

能养就是赡养父母，这是孝敬父母的最低要求和标准。父母赋予子女生命与身体，含辛茹苦地将其抚养成人，子女应思鸟兽反哺之情，尽力孝养双亲，满足父母在物质生活方面的需要，使老人晚年衣食无忧，生活安舒。

三、及时行孝

人常说：“父母对儿女的恩情，是天下最深厚、最久远、最牢固、最无私的。”做子女的从生命的孕育到长大成人，不知要倾注父母多少心血！

“孝亲敬长”是子女感激父母生育、养育、教育之恩的最好行为。孝敬父母，尊重长辈，知恩图报，这是每个子女最起码、最基本的做人准则和道德规范。

我们都听过“树欲静而风不止，子欲养而亲不待”的说法。曾子提出子女要及时行孝：“往而不可还者，亲也；至而不可加者，年也。是故孝子欲养而亲不待也，木欲直而时不待也。是故椎牛而祭墓，不如鸡豚逮存亲也。”

孝敬父母要尽早，要从力所能及的小事做起，从细节小处做起，不应推迟延宕，更不应“以孝小而不为”。计划安排自己的学习工作生活等，要尽可能考虑父母的需要，努力做到“忠孝两全”。

曾子认为子女安身处事应以如何奉养好双亲为基本价值尺度，从而提出一个入仕原则：父母在世时，不择官而仕。“曾子仕于莒得粟三秉，方是之时，曾子重其禄而轻其身；亲没之后，齐迎以相……方是之时，曾子重其身而轻其禄……窘其身而约其亲者，不可与语孝……家贫亲老者，不择官而仕。”在曾子看来，官位虽低，但俸禄能供养双亲，在身边尽孝，对父母奉养的人生价值就已经实现，如果一定要等到高官厚禄、荣华富贵时才想起奉养双亲，那实际上是一种不孝的行为。

【举一反三】为母亲洗脚

一个冬日，一名大学毕业生去一家公司应聘。公司老总出乎意外地问：“你替父母洗过脚吗？”“从来没有。”青年人很老实地回答。“那么，你替父母捶过背吗？”青年人想了想说：“有过，那是我读小学的时候。”交谈中，老总觉得这个青年人本性纯真朴实，于是对他说：“明天请你再来一次，不过来之前，希望你一定要为长辈做一次生活护理。”青年人一口应承。

这个青年人家境贫寒，他出生不久父亲便去世，母亲靠打工挣钱养家。他渐渐长大，读书成绩优异，考进一所名牌大学，母亲继续拼命挣钱供他上学。

青年人想，母亲每天在外奔波，脚一定很累，决心替母亲洗洗脚。听儿子说要替自己洗脚，母亲感到诧异，但还是把脚伸进了温水盆里。青年人握着母亲的双脚，才发现母亲长满老茧的双脚已变得有些僵硬变形，不由得搂着母亲潸然泪下。在读书时，他心安理得地花着母亲挣来的钱，现在他才深知，那些钱是母亲的血汗钱。

第二天，青年人如约去那家公司，对老总说：“现在我才真切地知道母亲为我受了多大的苦，我以后要照顾好母亲，再不让她受苦了。”老总欣慰地点了点头，说：“下周一你来上班吧。”

一个人如果能深刻体会父母之爱，懂得很好地孝敬回报长辈，那么他就具备基本的道德素养，通过刻苦努力，肯定可以成为一名优秀的员工以至企业领导者。

第二节 仁爱之心

孟子曰：“老吾老以及人之老，幼吾幼以及人之幼。”以仁爱之心善待普天下的百姓大众，抚老爱幼，帮危济困，既是一个人的良知天性的表现，也是成功者的思想行为特征。

一、爱是最强大的精神力量

奥格·曼迪诺在《世界上最伟大的推销员》第二篇羊皮卷里指出，我要用全身心的爱来迎接今天，因为这是一切成功的最大秘诀，强力可以劈开盾牌，甚至毁灭生命，但只有爱才能征服一切，没有人能阻挡爱的威力。

我要爱每个人的言谈举止，因为人人都有值得钦佩的性格。

我要铺一座通往人们心灵的桥梁。

爱是我打开人们心扉的钥匙，也是我抵挡仇恨之箭和愤怒之矛的盾牌。

从今往后，我要爱所有的人。

现代人生活在商业氛围日益浓厚的环境中，一些人容易变得自私自利，自私的人难以培养出助人为乐的精神，更不会有博爱的胸怀，在与他人种种计较、争斗之中，自己的路也越走越窄。这样的人不但难以走上成功之路，工作往往也处处碰壁，生活也会越来越艰难。

而那些充满慈爱之心、心地善良、乐于助人、与人为善的人，生活中充满快乐，工作积极乐观自信，在给他人带来阳光普照的同时，自己也得到他人回报的阳光。以爱为武器的人，是社会生活中的强者，也是成功的候选人。

【星星点灯】爱心的价值

这是发生在英国的一个真实故事。

有位孤独的老先生，无儿无女，又体弱多病，准备搬到养老院去。老人宣布出售他漂亮的住宅，购买者闻讯蜂拥而至。住宅底价8万英镑，人们报价很快到了10万英镑以上，报价继续攀升。老人深陷在沙发里，满目忧郁悲伤——要不是身体健康差，他真舍不得卖掉这栋陪他度过大半生的住宅。

这时，一位衣着朴素的男青年来到老人眼前，弯下腰低声说："先生，我很想买这栋住宅，可我只有1万英镑。但如果您把住宅卖给我，我保证会让您依旧生活在这里，和我一起喝茶、读报、散步，天天生活得快快乐乐的——相信我，我会用整个心来照顾您！"

老人注视着小伙子，颔首微笑，把住宅以1万英镑的价钱卖给了他。

二、博爱是一种重要美德

孙中山先生提倡博爱，视为一种最重要的民族精神。"我为人人，人人为我"是一个国家、一个民族长期兴旺发达的重要思想基础，也是中华民族自立于世界民族之林的精神利器。

【星星点灯】爱是成功的最大原因

有位教社会学的美国教授，曾叫学生走访巴尔的摩的贫民窟，调查200名男孩的成长背景和生活环境，并对他们未来的发展做一评估，大学生的调查结论几乎都一样——"他毫无在社会上出头的机会"。

25年后，另一位社会学教授看到了这份研究结果，他叫学生去做后续调查，看看这些男孩今天的发展状况。结果发现，除了20名男孩搬离此地或过世，剩下的180

人中有176名成就不凡，其中担任律师、医生或商人的比比皆是。

这位教授在惊讶之余，决定深入调查此事。他拜访了当年接受评估的年轻人，请教他们同一个问题，“你今日成功的最大原因是什么？”结果他们不约而同地回答：“因为我遇到了一位好老师！”

这位女老师仍然健在，虽然年迈，但还是耳聪目明，教授找到她后，问她到底有何绝招，能让这些贫民窟长大的孩子个个出人头地？

这位老太太眼中闪着慈祥的光芒，嘴角带着微笑回答道：“我没有什么绝招，我只是爱这些孩子。”

诚然，在中国和世界历史长河中，确实有一些缺少爱心甚至毫无爱心的人登上了很高的社会位置，成为说一不二的暴君或三军统帅。但这些残暴无德的统治者往往只能维持短暂的统治地位或当时的“荣耀”，如昙花一现便退出了历史舞台，并被史学家和民众评论钉在历史的耻辱柱上。

从修德成功学的研究角度来看，登上最高权位并不是成功的标志，而当代民众及千百年后的历史评说才是对一个人成功与否的评价标准。我们倡导的修德成功是要弘扬人们的善良本性，在助人为乐、互利双赢的情况下实现个人发展，创造更大的社会价值，走上人生的巅峰。我们不赞同那种不择手段、踩着别人去攀爬社会阶梯的思想和行为，反对那种缺德的所谓“成功”。

三、无私的母爱

在每个人的一生中，可能最难以忘怀的爱就是母爱。母爱是没有任何企图心、不要求回报、无私心杂念在其中的真爱。

特别在中国，父母与孩子的关系，与欧美西方国家父母与孩子的关系有很大差别。欧美的父母对孩子的培养，往往像接力棒传递一样，按照法律规定把子女培养到18岁、20岁成人以后，子女自谋生路，走上社会，从此子女与父母的关系日渐疏离；等到这些子女结婚成家后，会将接力棒传递到下一代。因此，西方家庭中父母与子女的感情色彩比较淡，法律责任的意识很清楚。比如：父母不能责打子女，不能过多干预子女，当然也没有责任义务为成年子女付出太多精神上和物质上的关心和帮助。而中国家庭中，父母与子女的关系往往是回馈式的，子女身上寄托着父母的关心和理想，希望他们成就自己未曾成就的事业，过上比自己更加美好的生活，培养出更优秀的下一代，传承家族的荣誉和希望。

因此，中国父母对子女的关心爱护，可能要远远超过18岁、28岁，甚至在他们成为中年人之后。在中国，可以看到许多父母拿出毕生积蓄甚至卖掉自己的住房帮助子女买房，而这在西方家庭是难以理解和想象的做法。当然，中国父母的高度关心也往往跨越了子女隐私的界限，可能引来子女的抵触情绪和反抗。

两相比较，欧美家庭与中式家庭各有利弊。欧美家庭培养的孩子，独立性、责任感更强，独立在社会中生存的能力也更强，但他们与父母之间的相对冷淡的感情联系，可能是我们难以接受和理解的。中式家庭对子女的长期关注和爱护，有时是过度的关爱，会削弱子女的自立意识和自立能力，在父母亲能力所及之外，会暴露出子女软弱无力的一面，对他们的自立自强和人生发展是不利的。所以，如果对这两种父母子女关系模式做一定的调和，可能对子女的成长发展、对家庭亲情关系的发展都更为有利。

我们在体会无私的母爱的同时，要想一想母亲为孩子从小到大的成长所付出的辛劳和心血，从而更深刻地体会到自己要孝敬父母的责任或义务，而这一点有许多人是直到自己成为父母才体会到的。然而，更可悲的是，在当今中国社会中，许多已经为人父母的青年人、中年人，仍然没有体会到父母对自己的养育之恩，没有想到回报父母，甚至把养育第三代的重担也“理所当然”地压在父母身上，乐得自己清闲。我国社会风气的改善，也需要从感恩父母、回报父母之爱这个方面做起。父母对子女的爱，不能是“单行线”或“单程车票”，应当有回馈的路线。

四、发现别人身上的优点

（一）发现别人优点是一种能力

发现别人优点并不是件容易的事，这从我们日常听到的言论中可以得到一定的证明：我们经常听到张三抱怨李四的缺点，李四指责王五的不是，而比较少听到一个人总结归纳别人身上的优点。这是人性的一个弱点吗？也许确实如此。但我们知道了自己身上可能存在这样的弱点，就要设法改正。当我们转变思想和观察角度，不是用放大镜去找别人的缺点，而是细心观察体会别人身上的优点时，我们就会发现，其实每个人身上都有一些可敬的优点。

如果我们善于虚心学习，把别人的优点一项一项嫁接到自己身上，我们在得到更多朋友和友情的同时，自己的道德品行会日益完善，才能日益提高。我们在社会上如鱼得水，游刃有余，人生之路也会越走越顺利。

（二）多赞赏，少批评

发现别人的优点后，我们应该怎么办？是默不作声，心怀嫉妒；还是诚心赞赏，为对方高兴，也为自己拥有这样的朋友或同事而庆幸。奥格·曼迪诺在《世界上最伟大的推销员》中说得好：“我要常想理由赞美别人，绝不搬弄是非，道人长短。”“想要批评人时，咬住舌头；想要赞美人时，高声表达。”

每个人都喜欢听到表扬和赞赏，不愿意听批评和贬损。这是人性的一个弱点，却可以让其转变为好事。丘吉尔说过：“你要别人具有怎样的优点，你就要怎样赞美他。”表扬赞赏可以激发一个人的上进心和荣誉感，鼓励他做得更好、更出色，争取做到名副其实。相反，批评指责往往会打击、挫伤人的上进心，使人变得消沉落后。

要真诚地赞赏别人的优点，必须有“责己严、对人宽”的基本观念，即使自己是正确的、高尚的、完美的，也不能要求别人都与自己一样，达到自己的水平，况且，自己也未必十分完美。

【星星点灯】"讲道理"

一个男人领着孩子走在街上，看到两个妇人在吵架。一个妇人说："你怎么一点儿道理都不讲？"另外一个回敬："我怎么不讲道理？你才不讲道理！你连一点儿良心都没有！""你的良心才让狗吃了！"

父亲对儿子说："你听，她们在讲道理和良心呢。"男孩说："爸爸，她们是在吵架骂人呢。"父亲说："她们一个在讲良心，一个在讲道理，怎么是骂人呢？不是在讲道理吗？"孩子听了也觉得糊涂了。父亲接着说："良心和道理用来要求自己就是道理，用来要求别人就可能变成对骂。"

（三）学人所长

虚心学习别人的长处是每个人进步的捷径。每个人都有优点和缺点、长处和短处。要学习别人的长处，首先，要有一种谦虚的心态，真心欣赏别人比自己表现优秀的地方，愿意从别人身上吸取聪明才智和能力；其次，细心观察别人处理事务、接待他人的行为举止和语言逻辑，有意识地反思模仿别人行之有效的处事方式，把别人的好习惯移植到自己身上；再次，在各种不同场合随时随地向优秀者轻松自然地学习借鉴，无论是学习方面、生活方面、工作方面，都可以吸取采纳别人的优点，但这应当是一个快乐的"君子上达"的过程，而不是违背本心、乔装打扮的刻意表现或伪装。

第三节　帮人之诚

一、谦虚助人

管仲曰："以德分人谓之圣，以财分人谓之贤。以贤临人，未有得人者也；以贤下人，未有不得人者也。"

帮助人是好事，但如果帮助人的态度和方式不恰当，好事可能变成坏事。每个人要真心实意地帮助他人解决实际困难和问题，态度要诚恳，表现要谦和，不能趾高气扬、居高临下地给人恩惠，借以显示自己的优越地位和超凡不俗能力。其结果，受助者会感到屈辱和愤慨，不但没有好感和感激，反而可能结怨。

没有一个人可以在各个方面都比别人强，也没有一个人在所有方面都比别人差。因此，当我们有能力帮助那些在某个方面不如自己的人时，我们应该感到幸运，真诚地给予他人力所能及的帮助和支持；当我们在某些方面有欠缺或能力不足时，也可以虚心请求别人的帮助和指导。

谦虚是一种美德，助人为乐也是一种美德，能把这两种美德结合起来就成为一种更大的美德。我们可以设想，当一个富人帮助一个穷亲戚时，他可以这样讲："看你也没什么出息，笨得连自己养家糊口都做不到，给你这笔钱去买年货吧！"得到这样一笔资助，受助者一点儿也不会感到高兴，也不会有感恩之心，而可能积压一股怨气，甚至产生报复心理。反过来，如果富人讲："我今年运气好一点，做生意挣了一些钱，是我们大家的福分，你要是不嫌弃，认得我是你兄弟，就不要客气，把这点儿钱拿去补贴一些家用，将来你运气好了，挣了大钱之后，你再来帮助我。"那么受助者一定会心存感激。这才是助人为乐的谦虚精神和态度。

【星星点灯】骄矜无功　忏悔消罪

"盖世的功劳，当不得一个矜字；弥天的罪过，当不得一个悔字。"（菜根谭）

二、坚持"双赢"思维

人际关系大致有四种情况和四种思维模式：利人利己（赢/赢）；损人利己（赢/输）；损己利人（输/赢）；两败俱伤（输/输）。

利人利己的"双赢"模式是最好的选择。当今世界进入经济全球化时代，各个国家的企业和劳动者都被纳入一个复杂的全球分工体系当中，人类社会进入相互依赖（interdependence）时期，谁离开别人都会面临福利损失。所以现在强调"双赢"，讲团队合作，不论是国家之间、企业之间还是个人之间，"双赢"思维是最能够持久、最能增大个体和集体福利的思维方式，损人利己或损己利人都是难以持久的。

"双赢"思维需要建立在真诚正直的个人品格和富足心态的基础上，认为世界有足够的财富资源，或者能开发出足够的财富资源，人人可以分享，也应该分享，无论是名誉还是财富，都是可以分享的。如果没有这种宽阔的胸襟和世界观，觉得人与人之间是一种"零和博弈"，别人所得就是自己所失，帮助别人就是自己吃亏，是不可能树立"双赢"思维的。

同行不是冤家，同行是"饭碗"。当今世界已不是手工生产的个体经济时代，必须依靠分工协作。举例来说，现在国内高校申报一个硕士点至少要有一个教授、四个副教授；申报一个博士点至少要有三名教授，才具备资格条件提出申报。一个人本事再大，也不能独自办一个硕士点或博士点。

常言道："一个篱笆三个桩，一个好汉三个帮。"凡事应当多依靠集体或他人的帮助，而互助或合作的最坚实基础，就是"双赢"。实际上老板与员工的关系是体现"双赢"思维的最好例子：如果老板给员工足够的信任和好的待遇，或采取利润分成的方式，员工会更加勤奋工作，既为老板创造更多财富，也为自己带来更高的收入；反之，如果老板处处压低员工的薪金，搞得下属牢骚满腹，消极怠工，业务江河日下，老板和员工会两败俱损。

【星星点灯】卡内基与施瓦布的友谊

安德鲁·卡内基赏识并聘任年仅38岁的查尔斯·施瓦布担任新组建钢铁公司的总经理，给予年薪100万美元的待遇，这是当时全球最高的经理年薪。施瓦布虽然不熟悉钢铁生产技术，但熟谙如何调动员工的工作积极性，被卡内基视为经营管理天才，大胆把管理整个公司的重担交给他。施瓦布没有辜负卡内基的信任，帮助卡内基迅速成为美国以至全球钢铁大王。

若干年后，施瓦布希望实现自己当老板的人生理想，向卡内基恳请辞去总经理职务，要去接手投资濒临倒闭的伯利恒钢铁厂，并最终把这家工厂变成美国单产最高的钢铁厂。卡内基并没有把施瓦布的辞职离去视做背信弃义，也没有把他当做同业竞争对手而多方限制打击，相反很能理解他想自己当老板的想法："如果一个人有梦想不能实现，那是非常痛苦的事，此时你给他再多的其他东西也无法解除这种痛苦。"

卡内基宽宏大度地给予创业初期的施瓦布许多力所能及的帮助，两人仍是很好的朋友，个人及家庭保持密切交往。他们的友谊和人品也被商界广为称颂，为双方的事业发展赢得了更多的朋友和便利。

中国人大多会打麻将，这是一种典型的单赢游戏，每个人要盯着上家、防着下家，宁可我自己不和，把牌拆开打，也不能让你和了牌。这种游戏思路或精神要是带入工作和生活中，成为一个人的思维常态，那实在是害人害己。西方许多人爱打桥牌，讲究合作制胜，双方必须建立起"桥路"，才能充分发挥牌点实力，保证赢墩，因而西方企业比较容易形成团队意识和协作精神。围棋在日本和韩国较为普及，围棋讲究大局观，许多时候要牺牲局部来获取全局胜利，因此，日本人和韩国人往往可以为整体利益放弃个人利益，集体主义精神比较强。在1997～1998年的亚洲金融危机中，许多韩国民众把家里的黄金饰品卖给甚至献给国家以补充国际支付手段不足，就是一个例证。"他山之石，可以攻玉"，我们可以向世界各国民族学习一些好的品格。

三、有舍才有得

人的生命是有限的，精力和时间也是有限的，要把所有资源掌控在自己手里，既不必要，也不可能。要学会与别人分享机会、分享资源，共同把蛋糕做大做好。在这中间，帮助别人其实也是帮助自己，帮助别人成功有助于自己成功。如果事事把持在自己手里，似乎什么也没失去，但结果可能是因小失大，失去了朋友，也失去了成就大业的机会，这就是精明而不聪明者常犯的错误。

【星星点灯】舍得不舍得？

一位妈妈正在厨房里忙活，四岁的小儿子在客厅沙发上自己玩耍。突然孩子大声哭喊起来，妈妈急忙跑来看孩子发生了什么事。原来孩子的手插进了茶几上的花瓶，而花瓶是上窄下宽的形状，他的手伸进去怎么也拔不出来。母亲用了许多办法，还是不能把孩子的手拽出来，只要稍一用力，小孩就疼得大叫。妈妈想到最后的下策，就是把花瓶打碎。这是她多年收藏的一个古董，价值不菲，可是为了儿子，也只能忍痛割爱了。瓶子打碎，她叫儿子把手伸开看看有没有损伤。孩子的手没有任何皮外伤，可是拳头紧紧的，好像不能张开。"是不是抽筋了？"——妈妈又惊慌了。原来小孩的手并没有抽筋，拳头张不开是因为他紧紧握着一枚硬币。

人生也是如此，有时候一些麻烦是因为你不舍得放手造成的。只要能轻松放手，问题就可以立刻化解，朋友会更多，人生会变得更顺利。

第四节　容人之量

曾子曰："夫子见人之一善而忘其百非，是夫子之易事也。夫子见人有善若己有之，是夫子之不争也。闻善必躬亲行之，然后道之，是夫子之能劳也。夫子之能劳也，夫子之不争也，夫子之易事也，吾学夫子之三言而未能行。"

一、宽容与包容是中华民族的传统美德

宽容与包容意识是中华民族传统美德之一。儒家将"宽容"作为"仁"的重要内容，强调"君子尊贤而容众，嘉善而矜不能"。中国文化有着强大的接受力和同化力，正因为中国传统文化博大的包容性，才使其成为世界四大文化体系中唯一没有中断的文化体系。

中国传统文化的宽容精神，首先是对人的宽容，人与人之间友爱相处，形成人际关系的和谐，是中华民族一以贯之的重要精神。孔子提出"仁"就是"爱人"，主张对人要充满爱心，能爱人方能宽容人。《易经》讲："君子以厚德载物。"也就是要求君子应当有大地之广阔胸襟，以宽厚之德包容万物。中华大地有各种学术思想和流派，但在对人要宽容这一思想上高度一致，足以证明中国文化的宽容精神。同时可以看出，宽容精神是人的道德修养达到较高水平的一种体现，是中华民族待人处事的一种美德。作为一个中国人，应当自觉学习和培养这种美德。

中华民族是一个多民族的大家庭，长期以来民族间的不断融合，形成中华民族的统一整体，而中华民族的形成正是基于特有的宽容精神。在中国大地上也曾有过连绵的战争，但大多由于经济和政治方面的原因，却从来都没有发生过像欧洲那种以宗教信仰为旗帜对异教进行大规模征讨屠杀的战争。民族融合、文化融合，在中国这块土地上成为传统，反映了中国文化的包容性特色。

包容就是对各种文化思想的兼收并蓄，表现在对各种文化的同化、融合和共存等方面，相辅相成，形成了中国文化的博大精深，悠久绵长。中国大地上生活着56个民族，汉民族本身又有齐鲁文化、楚文化、吴越文化、巴蜀文化、三晋文化、秦文化等绚烂多彩的文化习俗。中国是个多宗教的国家，在佛儒道三大教派之外，还有伊斯兰教、摩尼教、犹太教、基督教等，长期共存，并且各个宗教信徒之间可以和睦相处，相互宽容和理解。甚至可以一人兼信两种宗教，既信佛也信道。而官方在宗教政策上也基本上采取兼容并包的方针，如唐太宗李世民就尊道、礼佛。因此，宗教在中国不像西方那样具有强烈的排他性。

英国历史学家汤因比指出："就中国人来说，几千年来，比世界任何民族都成功地把几亿民众，从政治文化上团结起来。他们显示出这种在政治、文化上的统一的本领，具有无与伦比的成功经验。"这里所说的成功经验，很大程度应归功于中华文化的宽容和包容意识。

二、大人有大量

宽容思想体现在治国方面，表现为“以君子长者之道待天下”，以广阔的胸襟，善于听取不同意见，容纳不同的观点，“兼听则明，偏信则暗”便是经典的概括。儒家的“德治”、“仁政”、“宽政”等思想，都是主张以宽恕的思想治理国家，并由此形成了中国政治的伦理化传统。

尹文曾对齐宣王讲：“大道容众，大德容下。”人最难得的品德是宽容，有时原谅他人的无意之失、无心伤害还比较容易，但要原谅那些故意伤害自己的人则需要很大的勇气和宽广的胸怀。而宽容待人往往是保持身心健康和取得人生成功的一个重要条件。在这方面我们应当向那些品格高尚的伟大人物学习。

【星星点灯】林肯总统与蔡斯部长

林肯当选美国总统时，有一个叫萨蒙·蔡斯的参议员，性格狂妄自大，嫉妒心很重，与林肯竞争总统候选人提名失败后，想当国务卿，遭到很多人反对未能如愿，但林肯认为他在财政预算方面有专长，就任命他为财政部长，并十分器重他。而蔡斯并不领情，仍然为谋求竞选总统四处活动，批评林肯缺乏能力。有朋友把他的行为告诉林肯，林肯给这位朋友讲了一个故事：林肯和他弟弟在肯塔基家乡耕地，马走得慢吞吞的，吆赶也没有效果，但突然马飞快地跑起来，弟兄俩几乎跟不上它，到了地头才发现，原来有一只大马蝇叮在马背上。林肯不忍心马被叮咬折磨就把马蝇打死了，可林肯的弟弟却说：“别打掉它呀！就是因为有马蝇，马才跑得这么快。”林肯意味深长地对朋友说：现在正好有一只叫“总统欲”的马蝇叮着蔡斯先生，只要它能使蔡斯先生努力地工作，我还不想打掉它。

林肯可以说是美国历史上最有容人雅量的总统。

当你取得一些成就后，往往会发现有人故意毁坏你的声誉，这些人不是以建设为目标而是以破坏别人的成果为目标，会使你很生气。但是你不妨换个角度想就释然了：我们比那些中伤我们的小人更有优势——你拥有原谅他的能力而他却不能。有时候，反击只会浪费你的宝贵时间，分散你的注意力，对取得更大的成功是没有帮助的。要记住，发展才是硬道理。

三、宽容有益健康

（一）报复别人也是伤害自己

美国密歇根州立大学的研究人员发现：当人们设想对那些伤害过自己的人报复时，血压会明显上升；当他们想象自己宽恕那些人时，血压会明显下降。报复心会使人焦躁不安、烦闷、生气、失眠，损害自己的健康，影响工作心态和工作效率。

有人可能会问，当我非常愤怒的时候，怎么能控制我的情绪呢？我们不妨设想一个场景：当你和家人激烈争吵时，突然门铃响了，有一位尊贵的客人登门拜访，你能立刻改变自己的态度和声调，用一种完全不同的口气接待客人。在愤怒的时候，控制思想也是如此，只要你愿意控制，你就可以真正控制自己的情绪。

打一个比喻，你的愤怒就像你的“孩子”，对于一个孩子而言，最了解他的人是谁呢？当然是他的父母亲，所以最了解你愤怒情绪的人就是你自己。因此，你的愤怒应该靠自己去转化，就像一个孩子应该由他的父母亲照管一样。当你的愤怒要发作的时候，你应该很快进入父母的角色，来找出你愤怒中隐藏的问题，把它尽快化解掉，安抚这个淘气“孩子”。

(二)理直气和

一般人往往是理直气壮，却容易忽视“理直气和”。常言道：“有理不在声高”，“有理也要让三分”，理直气和是一个真正有道德修养的人的表现。

世事复杂，我们在工作生活中难免遇到被他人误解、“冤枉”的情况，对此要冷静平静地说明真相，取得理解或谅解。即使一时无法解释清楚，或者对方根本不给你解释的机会，也不必火冒三丈，怒气冲冲，要相信任何事情最终都会水落石出，真的假不了，假的真不了，时间会解决许多问题。有时着急生气，急于说明事情真相，结果可能更糟。

【星星点灯】“会飞”的乌龟

有只乌龟住在池塘里，看到天上的大雁自由翱翔，心里羡慕极了：真希望自己也能飞得高高的。冬去春来，夏去秋至，岁月一年年流逝，终于有一天，两只大雁飞过时落下来喝水。乌龟伸长脖子恳求大雁：“雁大哥，我有个心愿，希望你们无论如何要帮助我实现。我希望能像你们一样，在空中飞一次，享受一下空中遨游的乐趣。”大雁听了这荒谬的请求连忙摇头：“万万使不得，你没有翅膀怎么飞啊？即使飞起去，万一摔下来就是粉身碎骨啊！”乌龟苦苦请求：“即使为此丢了性命，我也要飞一次！求你们成全我吧。”两只大雁拗不过乌龟的苦苦哀求，只好答应它：“你身体很重，我们只能一个用嘴叼住你的尾巴，一个叼住你的嘴巴，为了你的安全，飞起来后不管发生什么情况，你都不能把嘴巴张开，否则会从空中摔下来，丢掉性命。”

两只大雁果然合力托着乌龟飞上了高空。乌龟多年的梦想终于实现了，兴奋地俯视着脚下的山丘、森林、河流、村落。原来空中飞翔是如此美妙啊！乌龟正沉醉在风驰电掣的遨游快感中，忽然听到下面一阵喧哗声，原来是一群在村外玩耍的小孩子。有人大声呼唤：“大家快来看呦！一只乌龟被两只大雁抓走啦！这乌龟真够笨的，竟然能让大雁抓走。”气急败坏的乌龟忘记了大雁的叮咛，张口骂小孩不懂事理。谁知刚一张口，一个字眼还没吐出，就像断线的秤砣从空中掉下来，摔成了肉饼。

在每个人的潜意识当中，都有一些愤怒的种子，有些人愤怒的种子大大超过了慈爱的种子，这样的人就容易生气、发火。所以，人的言语修养与爱心有关，我们需要扩大心怀慈爱的基础上，才能不断提高个人修养，这样遇到一些误解或伤害时，也不会太在意。

（三）宽容平和有益身心健康

宽容平和的心境有利于专心工作，取得更好的成就业绩。伏尔泰说过："让你疲惫的不是高山，而是你鞋里的一粒沙子。"要保持自己身心健康，提高学习工作效率，就要把心里的愤怒、怨气、烦躁等"沙子"挑出去，不要让它影响自己的生活态度和工作效率。

保持心胸开阔的一个重要良方，是避免听、更不要传无益的闲话。

【星星点灯】三个"筛子"

有一天，某人气喘吁吁地跑进一个哲学家屋里，说："我有个消息告诉你……""等一等，你要告诉我的消息，用心灵的三个筛子筛过了吗？""三个筛子？什么筛子？"那个人不解地问。哲学家不慌不忙地解释说："第一个心灵筛子叫真实，你要告诉我的消息是真的吧？"那个人不好意思地说："我也不知道，我是在街上听到的。"哲学家停了停又说："那么用第二个筛子筛一下，即使不真实，也应该是善意的吧？"那个人犹豫了一下，不好意思地说："不，恰好相反……"哲学家说："那就再用我的第三个筛子，你急急忙忙要告诉我的这个消息很重要吧？"那个人红着脸说："好像并不怎么重要。"哲学家听完微微一笑："既然这个消息既不真实，也非善意，更不重要，那你就不用告诉我，我也没有听的必要了。"

正是这样，在生活中如果能够时时用真实、善意、重要这三个心灵筛子去筛选，对不真实、不善意、不重要的事情不去关注，那么你的身心更轻松，人生将变得简洁而精美，自如自在。

四、不抱怨，不牢骚

（一）不抱怨是一种德行

心地仁厚的人一般很少抱怨、牢骚，他（她）们对世界总是充满了感激之心，对他人怀抱感恩心态，总在想着帮助和回报别人，哪里还有时间去抱怨、牢骚呢？不抱怨是德行深厚的体现。

【星星点灯】不抱怨的典范

我身边有两个不抱怨的典范：

一个是我的母亲。我母亲出生于1925年，逝世于2008年，一生经历了许多坎坷，但从不埋怨命运不公或人生艰辛。特别难得的是，母亲晚年照顾中风半身不遂的父亲21年，从衣食冷暖到收拾便溺，承受了许多劳累和脏乱，却从不向子女抱怨，把一切辛劳看做是自己应尽的责任。当我们做子女的遇到生活、工作中一些不顺心的事，母亲总开导我们要往好处想。我觉得"往好处想"正是母亲一生根本的人生态度或人生观。靠这一条，她克服了人生的许多磨难。母亲常讲的一句话："高高兴兴也是一天，愁眉苦脸也是一天，为什么不高高兴兴的呢？"母亲离开我们已经快两年了，但她慈祥爽朗的笑容总历历在目。

另一个是我的导师——复旦大学经济学院洪文达先生。洪老师今年已经87岁，一生也经历了许多坎坷，特别是1957年被错划为“右派”，忍受不白之冤多年。洪老师是个很健谈的人，谈起人生经历和形形色色的人物事物，可以滔滔不绝讲三四个小时。但我和洪老师多次谈话交流中，却从未听他抱怨过被打成“右派”的不公正待遇，更不会指责某个人，似乎那20年的坎坷人生被一阵风刮走了。

这就是有德之人的人生态度。他(她)会牢牢记住别人为自己做的每一件好事，却不愿记住他人对自己的伤害。他(她)会始终看到生活中光明的一面，却不会盯着阴暗的角落和不公。

天道酬勤，人道酬德。不抱怨的人往往有更多朋友，享受更多的尊敬和爱戴。他们崇高的品德像磁石一样把越来越多善良的人吸引到身边，他们的行为语言也在潜移默化影响和改变周围的亲友同事，形成一个快乐友善圈。不抱怨的人表面上看不够精明，吃哑巴亏，实际上他们得到了那些斤斤计较、牢骚满腹的人永远得不到的宝贵财富。

与不抱怨的人为伍，与乐观友善的人交朋友，我们的生活会变得天天阳光灿烂，更加美好。

(摘编自“君子兰博客”，http://lanyisheng. blog. sohu. com。)

(二)不抱怨则生活不累

生活中遇到一些不顺心的事情，工作中遇到一些不公平的情况，往往是难以避免的。我们要提醒自己面对此类事情的态度——尽量不抱怨，少发牢骚。抱怨牢骚是不能改变生活工作现状的，而且可能使情况变得更糟。抱怨者由于心态失衡，往往会夸大景况的悲惨和待遇的不公，多次重复不幸的故事之后，自己也觉得自己是天下最大的“倒霉蛋”。在这种心理暗示下，自己会变得怨天尤人，放弃努力，最后就验证了自己的描述，真正成了一个穷困潦倒的“倒霉蛋”。

【举一反三】“什么是气?”

有个妇人经常为一些琐碎的小事生气，她也知道自己这样很不好，便去求一位高僧为自己开导。高僧听了她的讲述，一言不发，把她领进一间禅房，锁上门就走了。妇人气得跺脚大骂，但高僧一直不予理会。妇人又开始哀求，高僧也置若罔闻。

直到妇人沉默了，高僧来到门外问他：“你还生气吗?”

妇人说：“我生自己的气。怎么跑到这个地方来，受这份罪。”

“连自己都不原谅的人怎么能心静呢。”高僧拂袖而去。

过了半晌，高僧又来问她：“还生气吗?”

妇人说：“不生气了。”

“为什么?”

“气也没有办法啊!”

"看来你的气未消散，还压在心里，爆发后会更为剧烈。"高僧转身走了。

当高僧第三次来到门前，妇人告诉他："我一点儿也不生气了，因为不值得生气。"

高僧笑着说："还考虑值得不值得，心里还有衡量，还是有气根。"

当高僧第四次来到门外时，妇人问高僧："大师，什么是气？"高僧将手中的茶水倾洒于地，妇人视之良久，顿悟，叩谢而去。

（三）世上没有十全十美的事

追求生活、事业的完美是每个人的愿望，但这个世界却是由不完美构成的。因此，对人和事要有一种客观理性的判断，虽然我们要兢兢业业做事，向最好的方向努力，但既不要强求他人，也不要强求自己，不要用不切实际的完美标准去衡量现实结果。十全十美的事在这个世界上是不存在的，及早认识到这一点对每个人都非常重要，生活工作中会减少许多牢骚怨气。

【星星点灯】十全十美的女士

有一位未婚男士来到一家自助服务的婚姻介绍所，进入大门后迎面看到两扇门。一扇门上写着"美丽的"，另一扇门上写着"不太美丽的"。

他推开"美丽的"门，又看到两扇门：年轻的和不太年轻的。

他推开年轻的门，又看到两扇门：温柔善良的和不太温柔善良的。

他推开温柔善良的门，又看到有钱的和不太有钱的两扇门……

就这样他又陆续推开了有钱的、诚实的、勤劳的、高学历的、健康的、有幽默感的等十几道门。

当他推开最后一道门时，发现来到了大街上，一个箭头指向街对面的产科医院——"您追求的女士还没有出生，请耐心等待吧！"

五、知避善戒

与宽容相似，有时候忍让或退让也是必要的。忍让或退让并不一定是懦弱的表现，而往往是一种理性的选择。与以卵击石或两败俱伤的结果比起来，忍让可能是当下避免或化解矛盾的最好选择。

【星星点灯】亶父的退让

上古时期，亶父率领的部落居于邠地，不时受到狄人的侵扰。狄人来犯，亶父便以皮裘、丝绸相与；狄人再犯，又以好狗名马相与；亶父采取不抵抗政策，是因为亶父的部落很弱小，完全不具备抵抗的条件。但是，狄人仍然不停止侵犯。亶父明白了狄人的意图，便召集长老们说："狄人要的是我们的土地，土地本是养人之物，我不能因为它而使人遭害。我们只好先离开它了。"于是亶父将自己的部落迁到岐山，最终不仅部落完整保存下来，而且发展成为强大的部落。如果亶父当时选择与狄人拼死一战，结果很可能是部落的灭亡。因此，孟子认为，亶父在不得已时采取的暂时退避策略，正是智者成事之心。

在我们日常工作、生活中，并没有你死我活的敌我矛盾斗争，有的只是一些工作意见分歧或生活态度差别，但一些人讲话咄咄逼人，总要把自己意见强加于别人，往往使别人感觉很郁闷生气甚至愤怒。这时候，我们就需要调用宽容的思想理念，避免僵持冲突造成双方关系损害或事情搁置延误，在非原则性问题上不妨退让一步，而保持双方合作关系的大局，促成事情的解决。在以后气氛融洽的合适场合，再指出对方的不妥之处，此时往往容易沟通理解。

第五节　成人之美

一、成人之美是君子的重要特点

孔子曰："君子成人之美，不成人之恶。小人反是。"这句话把君子与小人的一个重要区别描述出来。道德高尚的人对他人做的好事总是乐助其成，乐见其成，而防止、阻止别人犯错误。小人则恰恰相反，他对别人要做的好事处处拆台设绊，而对别人做错事会煽风点火、火上浇油，唯恐天下不乱，事后在一旁幸灾乐祸。

促人和谐相处还是处处挑拨离间，也是君子与小人行事的重要区别。刘向的《说苑·杂言》中记载有一段精辟分析："夫仁者好合人，不仁者好离人，故君子居人间则治，小人居人间则乱；君子欲和人，譬犹水火不相能然也，而鼎在其间，水火不乱，乃和百味。是以君子不可不慎择人在其间！"

【星星点灯】"东方大道"

文怀沙老人说过："孔子尚正气，老子尚清气，释迦尚和气。东方大道其在贯通并弘扬斯三气也。"

二、成人之美为自己带来朋友

人性都有善良的一面。一个乐于助人、成人之美的君子，通常也会从他人那里得到善意的、友好的回报。日久天长，在自己身边会聚拢一群志同道合、心地善良、诚恳热心的好朋友。在你的事业需要他人鼎力相助时，往往也能得到这些朋友的支持和帮助。如果有一些心胸狭隘的小人骗得了你的善意帮助，俗话说"人不可能两次涉足同一急流"，这些小人也会抱愧远离，你身边的小人会越来越少，好人会越来越多。

【星星点灯】快乐的朋友

有位太太请一个油漆匠来家里粉刷墙壁，油漆匠看到她双目失明的丈夫，顿时流露出怜悯的眼光。可是男主人开朗乐观，讲话妙趣横生。油漆匠工作的那几天，两人谈得很投机，成了无话不谈的好朋友。油漆匠粉刷得也格外认真细致。待全部工作完成后，油漆匠拿出账单，那位太太发现比原来谈妥的价钱打了一个很大的折扣，就问："怎么少算了这么多呢？"

油漆匠回答："我跟你先生在一起，觉得每天工作很快乐。他对人生的态度，使我觉得自己的境况还不算很坏。减去的那一部分钱，算是我对他表示一点谢意，因为他使我把工作看得不会太艰苦。"

油漆匠的话使这位太太禁不住流下了眼泪，因为这位慷慨的油漆匠自己只有一只手。

三、成人之美的结果是双赢

"种瓜得瓜，种豆得豆。"一般而言，这话是对的。帮助别人也就是帮助自己，帮助别人成就好事，既是对别人的助益，对社会的贡献，也是对自己道德品行的完善提高，是自己的一个进步成果。当然，这里的基本前提是帮助别人成就好事，如果是做坏事，则不但不能帮，反而要尽力制止。假如出于所谓"哥们儿"义气帮人做坏事，则最终是害人害己的双输结果。

诚然，在复杂的社会生活中，我们会遇到各种各样的人、各式各样的事，有时候，我们是出于诚心善意要帮助别人完成一件好事，结果却发现是被心地不良的人设计欺骗和利用。这时怎么办呢？第一，自己尽量不要生气，不要为骗子的行为惩罚自己；第二，要把骗子的本相揭露出来，把骗子的行为告知他人，以免更多的人上当受骗，使骗子成为过街老鼠；第三，总结经验教训，提高自己识别判断人的能力。

孔子曰："始，吾于人，听其言而信其行；今，吾于人，听其言而观其行。"这是一种人生智慧。笔者以前在《选择成功》一书中，曾主张把"害人之心不可有，防人之心不可无"修改为"害人之心不可有，帮人之心不可无"，现在看来也不全面，应当加一句："帮可帮之人，防应防之人。"

一般而言，做一个诚实、正直、善良的人，乐于助人，最终是不会吃亏的。即使遇上个别坏人坏事，仍然应该相信世界上是好人多、坏人少，一些坏人也可能转变为好人，人性更多的是善良的一面。助人者，人助之；乐于助人者，天亦助之。要从自身做起，促成社会友好互助氛围的形成，全体社会成员的生活都会变得更加美好。

【星星点灯】"握手交易"

1906年4月28日清晨5点12分，一场地震震撼了旧金山。城内多处起火，供水系统陷入瘫痪。阿迈兹·贾尼尼在市里开有一家小银行——意大利银行，他从家里步行17英里，在火灾蔓延前及时赶到银行。银行的屋顶被毁，他只得把抢救出来的8万美元现款藏在柳条箱内用货车运回家，存放在屋里壁龛内。当时许多银行要歇业整顿数月之久，贾尼尼却立刻在一个码头上重新开张营业，为人们重建家园提供贷款，并及时购进了大量木材。当时许多贷款都是"握手交易"，贾尼尼对人们绝对信任，也这么经营，他让人们认识到这是自己的银行，是自己受到尊重的地方。不久，贾尼尼的银行开始吸收存款，存款金额很快超过贷款金额。

贾尼尼在旧金山各地建立了支行，最终把业务拓展到全国和全球。这个最初临时搭建起来的银行在贾尼尼人情味十足的管理模式指导下不断发展壮大，成为举世闻名的大银行，这就是美洲银行。

第六节　报人之恩

一、感恩是一种美德

常怀感恩之心是一个人心地善良的本性体现，也是一个人不断提升自己道德境界的结果。中华民族历来有知恩图报的美德，历史上也留下许多感人的故事。在社会进入21世纪的时候，这样的人物和故事仍然在温暖着我们的心。

【星星点灯】知恩图报的刘子歌

刘子歌在2008年北京奥运会夺金一举成名，2009年她又三次打破世界纪录。

从9岁进体校练游泳开始，训练占据了刘子歌生活的多数时间。多年的朝夕相处，使刘子歌与教练金炜、席秋菊夫妇建立了深厚的感情，刘子歌几乎把金炜夫妇视作自己的父母了。

在刘子歌身上，金炜教练倾注了大量心血。每天训练后，不管再累，有关刘子歌的一切安排，除了妻子席秋菊外，金炜从不会让第三人插手。当教练、按摩师、康复师、厨师、司机，样样亲力亲为。

2004年，金炜带着弟子们参观上海国际车展，看到教练对陆虎十分着迷的样子，刘子歌突然冒出的一句话让金炜吓一跳，“教练，等我拿了世界冠军，一定给你买辆陆虎。”当时，刘子歌的成绩还进不了全国前八。金炜听了，一股热流涌上心头，稍微镇定了情绪，故意板起脸，“行，那你得抓紧啊，别让我等到老”。

北京奥运会后，金炜和刘子歌获得的奖励达到600万元。因为基地还要投入，金炜决定先奖励200万元给刘子歌。不料，刘子歌一口谢绝。“教练，奖金我不要，你留着还有用。”在金炜再三坚持下，刘子歌同意了。但谁也没想到，两天后，刘子歌将一辆市价170万元的陆虎开到金炜面前。面对一脸笑容、讲话依然慢条斯理的女弟子，这位性格刚烈豪爽的东北汉子，也感动得落泪了。

二、感恩不是等价交换

中国有句成语：滴水之恩，涌泉相报。感恩不是一种等价交换行为，也很难用价值来衡量。感恩是一种真挚的感谢之情、理解之情、友善之情，是人性中的无价之宝。俗话说：商品有价，人品无价。有感恩之心的人往往也是在各方面品行出众的人。

【星星点灯】两角钱的恩情用30年回报

2010年2月10日凌晨，南兰高速上发生重大车祸，这起车祸牵出一个感天动地的故事：为抢在大雪封路前给已回家的民工发工钱，武汉市黄陂区建筑商孙水林连夜从天津驾车回家，一家五口不幸在车祸中遇难。为替哥哥完成遗愿，弟弟孙东林在大年三十前一天，将33.6万元工钱发到60多名民工手上。

现年50岁的孙水林在北京做工程，2月9日，孙水林从北京工地回到天津，原定与暂住天津的家人和弟弟孙东林聚一天再回武汉，但他查看天气预报了解到，此后几天，天津至武汉的高速公路可能因雨雪封路。他决定在封路前赶回武汉，给民工发放工钱。春节前发放工钱，是他对民工的承诺。而此时，先期回家的民工也正期盼着孙水林。

当晚，孙水林提取26万元现金，带着妻子和三个儿女出发了。次日凌晨，他驾车行驶至南兰高速开封县陇海铁路桥段时，由于路面结冰，发生重大车祸，20多辆车追尾，孙水林一家五口不幸遇难。

2月10日早上，孙东林打电话回家，发现哥哥仍未到家。预感不妙的孙东林开车沿途查找，结果在河南兰考县人民医院太平间发现了哥哥及家人的遗体。

由于哥哥的后事处理尚需时日，沉浸在巨大悲痛中的孙东林和家人商量决定，先替哥哥完成遗愿。除夕前一天，孙东林拿出哥哥遗留在事故车中的26万元，又从银行提取自己的6.6万元，加上母亲拿出的1万元养老钱，发放到了60多名民工手上。

“哥哥离世后，账单多已不在，我也不知道该给每个民工发多少钱。我们让民工们凭着良心领工钱，大家说多少钱，我们就给多少钱！”孙东林说。

从CCTV《新闻联播》报道可以看出，孙水林是一个重情有义的人，对所有帮助过自己的人，一直铭记在心。黄陂区刘集镇的刘爱国家里有一套红颜色的家具，已经用了30年，其中有一个感人故事：30年前的一天，刘爱国和工友们在一家小餐馆吃饭，门外徘徊的孙水林引起他的注意。他走过去说：“小伙子，你是不是肚子饿了。”孙水林点点头。原来，做木工的孙水林由于找不到工作，已经几天没有吃饭了。

刘爱国花2毛钱请孙水林吃了一碗饭，事后就没放在心上。谁知一年后，孙水林提着两瓶酒来看望他，看到他家新盖的房子还没家具，二话没说，用自己的木匠手艺，花了4天的时间，给刘爱国打了一套家具。

以后每年春节，孙水林都会拎两瓶好酒来给刘爱国拜年。

刘爱国拿着两个酒瓶，面对电视镜头动情地说：“这是水林去年送给我的，现在还剩下一瓶，这瓶酒我要保存到最后，我舍不得喝啦。水林走了，我再也喝不到他的酒了。”

（根据CCTV、《楚天都市报》相关报道整理。）

三、每个人都要感别人的“恩”

人是一种社会化的动物，必须依靠别人的帮助才能生存，每天我们在街上看到的一个个“陌生人”，可能正在以我们不知道的方式和渠道帮助着我们，为我们提供衣食，替我们建房修路，帮我们排忧解难。因此，我们要对社会有感激之情，对大众怀感恩之心。

【星星点灯】“千人糕”

一位农村母亲对孩子说：“今晚我们吃千人糕。”小孩稀奇期待得不得了，想那一定是难得一见、新鲜可口的美食。等到糕端上桌子，却原来就是普普通通的年糕。母亲开导孩子说：“我们吃的年糕是由许许多多人做成的——糕是米磨成的，米是农民种出来的，种地的农具又是许多工匠做的，这些工匠用的原材料又是由更多的人做出来的，我们面前的年糕又何止‘千人’所做呢！”

在感恩别人的同时，我们却不要记挂自己对他人的帮助和给予，应当把这些事情看做自己应尽的责任或善行，不必期待他人的回报和感激。洪应明在《菜根谭》中讲：“我有功于人不可念，而过则不可不念；人有恩于我不可忘，而怨则不可不忘。”这是一种更崇高的道德境界。

四、做人不能恩将仇报

作为一个人，要懂得感恩、报恩，这是人的善良本性。虽然每个人的能力有大小，对恩人也不能都做到“涌泉相报”，但最起码的底线是不能恩将仇报。孔子在回答弟子关于“以德报怨”的问题时，明确表示应当“以德报德，以直报怨”。

如果由于各种迫不得已的原因，伤害了自己的恩人，一定要想办法弥补，真诚忏悔。在“文革”期间，许多人在政治狂热的高压下，不得不违心地批判自己的恩师甚至父母，这对双方都是巨大的心理打击和折磨，所幸历史已经走出了那段阴影，但教训仍要记取。

【星星点灯】数学家的忏悔

在“文革”中一次批斗会上，造反派勒令王元必须在大会上发言，批判自己的导师华罗庚。王元知道如果拒绝发言，就可能会被打成反革命。面对强大的政治压力，他推辞自己写不了批判稿，只能由别人写，自己上台念一下。没想到造反派真的找人代笔，让王元去读。无奈之下，王元只好当众读了一遍批判稿。

王元深知此事对恩师心理的打击，他在心里把自己做的事叫做“背叛”，愧悔自己屈从于高压，一直不能原谅自己。此后，他再也不像过去那样去恩师家了，遇到恩师，也总是设法躲开。多年后，华罗庚先生出访归来，给王元带回来国外数学界关于“华王方法”的论著，两个人才重新走到一起，继续他们的科研合作。

但是，两个人面对面时，无论是老师还是学生，都从不提起“批斗会”这件事——不约而同地保持缄默。

恩师辞世后，作为数学家的王元费时10年为华罗庚先生写了一本传记。在传记中，他记录了自己痛苦的内心历程，深刻忏悔了自己的过错。在接受电视主持人的采访时，他称这是自己一生的最大遗憾。

主持人很奇怪王元用传记来消弭自己内心愧疚的方式，问他为什么不当面请求华罗庚先生原谅，不善言辞的王元有些动情了："这种事情，我觉得一个人做错了，自己知道，改了就算了，不要去要求他人原谅。要求人家原谅是不对的。事情本来就是你做错了，凭什么要人家原谅你？人家已经很痛苦了。你还要为了自己，非要人家原谅不可，让人家第二次受痛苦。"

人物案例

一、邓小平

（一）邓小平生平

邓小平（1904～1997年），伟大的革命家、政治家、军事家、外交家，中国共产党、中国人民解放军、中华人民共和国的主要领导人之一，中国改革开放和现代化建设的总设计师。

1904年8月22日，邓小平生于四川广安。原名邓先圣，是邓家长子，由于邓家三代单传，其父刻意为长子取名"先圣"。1909年，5岁的邓先圣到村里私塾读书，老先生很喜欢这个孩子，但觉得孔子才是圣人，就建议改个名字："我看就叫邓希贤，希望他将来成为贤人。"

邓希贤高小毕业后考入广安县中学。1919年秋考入重庆勤工俭学留法预备学校，1920年夏赴法国勤工俭学。1922年参加中国社会主义青年团，1924年转为中国共产党党员。1926年初到苏联学习。

1927年春回国，被派往西安冯玉祥国民军联军从事政治工作。第一次国共合作破裂后，改名邓小平，在武汉参加中共中央紧急会议，年底随中央机关迁往上海。1928～1929年任中共中央秘书长。1929年夏，作为中央代表前往广西领导起义，化名邓斌，同张云逸等发动百色起义和龙州起义，创建红军第七军、第八军和左江、右江革命根据地。1931年夏，到江西中央根据地担任中共瑞金、会昌县委书记等。由于拥护毛泽东的正确路线，被当时党内"左"倾领导者撤职。以后，任红军总政治部秘书长、总政治部机关报《红星》报主编。1934年10月随中央红军长征，年底任中共中央秘书长。1935年1月参加中共中央政治局扩大会议（即遵义会议），后任红一军团政治部主任。

抗日战争爆发后，任八路军129师政治委员，与刘伯承师长深入华北敌后，创建了太行、太岳抗日根据地。1942年9月兼任中共中央太行分局书记，1943年10月代理中共中央北方局书记，主持八路军总部的工作。1945年中共第七次全国代表大会当选中央委员。

解放战争时期，任中国人民解放军晋冀鲁豫野战军、中原野战军、第二野战军政治委员，晋冀鲁豫中央局书记，中原局、华东局第一书记。1947 年夏，刘邓大军南渡黄河，挺进大别山地区，揭开了人民解放军战略进攻的序幕。参与指挥了淮海战役、渡江战役。

1949 年 9 月，他当选为中央人民政府委员，参加开国大典。10 月，和刘伯承率部向西南进军，解放云、贵、川、西康诸省，参加领导西藏和平解放，任中共中央西南局第一书记、西南军区政治委员。

1952 年 7 月调中央工作，任政务院副总理兼财政部部长。1954 年任中共中央秘书长、组织部部长，国务院副总理，国防委员会副主席。1955 年 4 月中共七届五中全会上，被增选为中央政治局委员。1956 年 9 月在中共第八次全国代表大会上，作修改党章的报告，当选为中央政治局常务委员、中央委员会总书记，成为以毛泽东为核心的中国共产党第一代领导集体的重要成员。

1966 年“文革”开始后，失去一切领导职务。1969～1973 年间下放到江西省新建县拖拉机修造厂劳动。1973 年 3 月恢复国务院副总理职务。他主持起草了周恩来在第四届人大会上的《政府工作报告》。1975 年 1 月任中共中央副主席、国务院副总理、中央军委副主席。周恩来病重以后，在毛泽东支持下，他主持党、国家和军队的日常工作，对“文革”造成的混乱局面进行全面整顿，收到显著成效。由于“四人帮”的诬陷，1976 年 4 月又被撤销一切职务。

1976 年 10 月“四人帮”被粉碎，“文化大革命”结束。1977 年 7 月中共十届三中全会恢复了邓小平原来担任的党政军领导职务。1977 年 8 月中共第十一次全国代表大会上，当选为中共中央副主席。1978 年 3 月当选为中国人民政治协商会议第五届全国委员会主席。他首先推动思想路线的拨乱反正，把全党工作重点转移到经济建设上。

1978 年 12 月召开的中共十一届三中全会，开辟了中国改革开放和集中力量进行社会主义现代化建设的新时期，形成了以他为核心的中国共产党第二代领导集体。他坚持解放思想、实事求是，创立和发展了建设有中国特色的社会主义理论。他指出，社会主义根本任务是发展生产力。科学技术是第一生产力。教育是一个民族最根本的事业。他设计了从 20 世纪 80 年代到 21 世纪中叶分三步走基本实现现代化的发展战略目标。

他为解决香港、澳门、台湾问题，实现祖国和平统一，倾注了大量心血。他创造性地提出“一个中国，两种制度”的构想，按照这个构想，香港于 1997 年回归中国，澳门于 1999 年回归中国。

1989 年 11 月，他辞去了最后担任的中央军委主席职务，在中央领导集体顺利过渡中，发挥了关键作用。退休以后，他仍然关心党和国家的事业。1992 年视察中国南方深圳、珠海、上海等地，发表重要谈话，总结改革开放以来的基本经验，从理论上回答了一些重大问题。以这次谈话和中共十四大为标志，中国改革开放和现代化建设进入了新阶段。1997 年中共第十五次全国代表大会，将建设有中国特色社会主义理论概括为邓小平理论，作为行动指南之一。

1997 年 2 月 19 日，邓小平在北京逝世。主要著作收入《邓小平文选》。

(二)邓小平的道德情操

邓小平本人有很高的道德素养，对道德教育也发表了很多重要论述。

1. 重视道德教育的地位："德育为首"

邓小平强调开展道德教育，提高全民族的道德素质，"从长远看，这个问题关系到我们的事业将由什么样的一代人来接班，关系到党和国家的命运和前途。"邓小平把教育目标确定为培养"有理想、有道德、有文化、有纪律"的一代新人。

邓小平同志反复强调要对全体人民尤其是对青少年进行艰苦奋斗的思想教育。他说："要有一种艰苦奋斗的创业精神。中国搞四个现代化，要老老实实地艰苦创业。"为什么呢？因为"我们穷，底子薄，教育、科学、文化都落后，这就决定了我们还要有一个艰苦奋斗的过程"。邓小平指出："艰苦奋斗是我们的传统，艰苦朴素的教育今后要抓紧，一直要抓 60～70 年。我们的国家越发展，越要抓艰苦创业。"

2. 孝敬赡养继母

邓小平小时在家虽然只有 16 年时间，但父亲邓绍昌和母亲淡氏对其良好品德的形成影响甚大，淡氏信奉"逢恶不怕，逢善莫欺"的古训，宽厚待人，邻里纠纷多请她去调解。邓小平对母亲十分敬重，曾深情地说："当时那个家庭能够维持生活下去，全靠母亲。"1919 年，邓小平离开家乡，母亲十分挂念，辛勤劳作和对远在异国他乡儿子的长久思念，终致积劳抑郁成疾，于 1926 年过早辞世。

夏伯根算是邓小平的继母，虽然没有抚养之恩，直到 40 多岁才初次见面，但邓小平对夏伯根老人如同亲生母亲一样敬重，一样细致关心照顾。

邓小平十分同情和体谅继母出身贫寒的家世和一生的艰难遭遇。夏伯根出身于嘉陵江上一个贫苦船工的家庭，田无一垄，地无一分，她嫁给邓小平的父亲邓绍昌后，生下第三个女儿邓先群还不到一年，丈夫便去世了，带着孩子艰难生活。

邓小平对这位正直、善良、勤劳、肯干的继母十分敬重和爱戴。全国解放时，邓小平已是 45 岁，有一个相对安稳的家庭环境后，邓小平就承担起赡养继母的义务，让夏伯根老人享受天伦之乐。

从四川到北京，邓小平把夏伯根老人带在身边。在共同生活的年头里，邓小平夫妇待她如亲母，在饮食、卫生、穿戴等各方面，十分周全地照顾老人，使她晚年心情愉快。夏伯根老人也保持勤俭持家的品德，尽可能帮助做一些轻便的家务活，为邓小平夫妇分担不少家务。

值得一提的是，在邓小平被打倒"流放"到江西住"牛棚"的日子里，夏伯根老人同邓小平夫妇相依为命，熬过了艰难的岁月。三个人没有工资，每月仅靠 20 元的生活费，日子困窘。三个人年龄加在一起超过 200 岁，卓琳的身体不好，邓小平既要照顾卓琳，又不能让年事已高的继母承担过重的家务，便独身挑起了家务劳动的重担，开荒种菜、劈柴生火等重活邓小平都亲自干。夏伯根老人也总是多干一些力所能及的家务，以减轻儿子的负担。她趁邓小平夫妇去工厂劳动的时候，总是先把饭做好等着他们回来吃，不时帮助洗洗衣服，还为家里养了一些鸡。夏伯根老人能享高寿 101 岁，与邓小平夫妇对她几十年如一日的敬重、关心、照顾是分不开的。

3. 廉洁自律

邓小平认为，党员干部的不正之风中大多涉及道德问题，少数党员干部以权谋私、权钱交易，严重败坏了党的声誉。邓小平强调："现在需要全国的干部，首先是高级干部起模范带头作用，把我们党的艰苦朴素、密切联系群众的优良作风很好地恢复起来，坚持下去。"

邓小平本人就是廉洁自律、弘扬社会正气的光辉典范。他以"一名老共产党员"的名义向"希望工程"捐款；他提出破除干部领导职务终身制，坚决向中央提出退休请求；他坚决反腐败，经常查问、提醒家里人不要有违法乱纪的事，等等。邓小平身体力行，严格自律，从不把"小事"看小，显示出他的道德修养和高风亮节，成为各级领导干部的楷模，受到全国人民的衷心爱戴。

正如赵朴初先生为《万松图》题诗所赞："中有一松世莫比，似柳三眠复三起。眠压冬云八表昏，起舞春风亿人喜。喧天爆竹是心声，共助松涛争一鸣。枝扫氛霾光焰焰，骨傲霜雪铁铮铮。为梁为栋才难得，老不图安身许国。日月光华华岳高，愿松长葆参天色。"

二、纳尔逊·曼德拉

（一）曼德拉生平

纳尔逊·罗利赫拉赫拉·曼德拉（Nelson Rolihlahla Mandela）1918 年 7 月 18 日出生于南非特兰斯凯一个部落酋长家庭。他名字的意思是"自找麻烦的人"，这是父亲送给他的第一份礼物。1938 年，曼德拉进入黑尔堡学院学习，后就读于威特沃特斯兰德大学，获法学学士学位。1952～1956 年，他在约翰内斯堡当开业律师。

曼德拉自幼性格刚强，崇敬民族英雄。他是家中长子并被指定为酋长继承人。但他表示："绝不愿以酋长身份统治一个受压迫的部族"，而要"以一个战士的名义投身于民族解放事业"，毅然走上了追求民族解放的道路。曼德拉 1944 年参加主张非暴力斗争的南非非洲人国民大会（简称"非国大"）。1948 年当选为非国大"青年联盟"的全国书记，1950 年任非国大"青年联盟"全国主席。1952 年先后任非国大执委、德兰士瓦省主席、全国副主席。同年年底，他成功地组织并领导了"蔑视不公正法令运动"，赢得了全体黑人的尊敬。为此，南非当局曾两次发出不准他参加公众集会的禁令。1961 年，他领导罢工运动，抗议和抵制白人种族主义者成立的"南非共和国"。

1961 年 6 月曼德拉创建非国大军事组织"民族之矛"，任总司令。1962 年 8 月，曼德拉被捕入狱，南非政府以"煽动"罪和"非法越境"罪判处他 5 年监禁。1964 年 6 月，他又被指控犯有"企图以暴力推翻政府"，改判无期徒刑。他在狱中备受迫害和折磨，但始终未改变反对种族主义，建立一个平等、自由国家的坚强信念。

1990年2月11日，南非当局在国内外舆论压力下，被迫宣布无条件释放曼德拉，71岁的曼德拉终于把牢底坐穿。出狱那天，世界各国来采访的记者多达2 000人。同年3月，他被非国大全国执委任命为副主席，代行主席职务，1991年7月当选为主席。1994年4月，非国大在南非首次不分种族的大选中获胜。同年5月，曼德拉成为南非第一位黑人总统。1997年12月，曼德拉辞去非国大主席一职，并表示不再参加1999年的总统竞选。1999年6月正式去职。

曼德拉的主要著作有《走向自由之路不会平坦》、《斗争就是生活》、《争取世界自由宣言》以及自传《自由路漫漫》。

(二)曼德拉的高尚品德

1. 曼德拉的博大胸怀

曼德拉被白人种族主义统治者囚禁在鲨鱼环绕的大西洋罗本岛长达27年，饱受折磨。曼德拉身高1.83米，但小小囚室仅有4.5平方米，睡在水泥地上，曼德拉只有三条破旧的薄毛毯御寒。为了不被恶劣的环境摧垮身体，曼德拉以顽强的毅力坚持锻炼，每天牢房内原地跑步45分钟，做100次俯卧撑、200次仰卧起坐、50次下蹲。在囚室中，曼德拉用木炭和蜡笔绘画来打发时间，渐渐形成了独特画风：线条简单、色彩丰富。他用画笔讲述自己的心情故事，从不选用阴沉的颜色，总是用明亮轻快的色彩，培养自己乐观积极的心态，一直坚持到1990年南非种族主义破产。

曼德拉被囚禁长达四分之一世纪，苦难磨炼着他的意志，也陶冶着他的胸怀。在1994年有5万人参加的盛大总统就职仪式上，曼德拉把三名曾待他以礼的监狱看守人员也作为客人请来，并介绍给在场的各国政要和宾客。美国总统夫人希拉里为此深受感动，她问曼德拉如何保持这种博大、宽容的心怀。曼德拉告诉希拉里，感恩与宽容经常源自痛苦和磨炼，必须以极大的毅力来训练，自己年轻时性子急，在狱中学会控制情绪才能够活下来，牢狱岁月给自己时间和激励，能够深入自己的内心，学会处理人生遭遇的各种痛苦。“当我走出囚室、迈向通往自由的监狱大门时，我已经清楚，自己若不能把悲痛和怨恨留在身后，那么我其实仍生活在狱中。”

2. 曼德拉的幽默宽厚

曼德拉的幽默也体现出他的宽容。1999年，曼德拉谢绝南非各界对他连任总统的请求而离任。“我已经演完了我的角色，现在只求默默无闻地生活。我想回到故乡的村寨，在童年时嬉戏玩耍的山坡上漫步。”

2000年，南非全国警察总署发生一件严重的种族歧视事件：电脑主页上的曼德拉头像被人篡改成“大猩猩”的头像。南非民众非常气愤，警察总监也非常生气和紧张，下令彻底调查，但曼德拉却十分平静，让大家不要大惊小怪，“我的尊严并不会因此而受到损害”。几天后参加地方选举投票，当工作人员例行身份证检查时，曼德拉笑着说：“你看我像大猩猩吗？”逗得在场的人都笑了。在参加南非东部农村地区一所学校改建竣工典礼之后，曼德拉看着整修一新的校舍，笑眯眯地对小学生讲：“看到你们有这么干净明亮的教室，连大猩猩也会感到很开心的。”

3. 曼德拉无私品德的感召力

曼德拉追求公平正义的无私奉献精神以及宽仁大度、不计私怨的胸襟，为他赢得了南非人民的爱戴和国际社会的广泛尊敬。1991 年联合国教科文组织授予曼德拉“乌弗埃—博瓦尼争取和平奖”。1993 年 10 月，诺贝尔和平委员会授予他诺贝尔和平奖，以表彰他为废除南非种族歧视政策所做出的重要贡献。2000 年 8 月南部非洲发展共同体授予曼德拉“卡马”勋章，以表彰他在领导南非人民争取自由的长期斗争中，在实现新旧南非的和平过渡阶段，以及担任南共体主席期间做出的杰出贡献。

曼德拉开放豁达的胸怀和不谋私利的精神，也为他赢得了世界各国领导人的普遍尊敬。在一些重大国际会议上，各国元首和政府首脑往往一致同意推举曼德拉作为主要演讲者。在集体合影时，也会以曼德拉为中心。

中国古代哲人讲：圣人处上而民不重，圣人处前而民不害，以其不争而莫能与之争。曼德拉就是这样一位通达的圣人。虽然他的经济专业知识不是很丰富，比如曼德拉曾经把南非货币兰特与美元的汇率算错，搞出一个笑话，但是他作为国家领导人仍得到广大南非人民的衷心拥护，他的人品也为他赢得了各国领导人和民众的广泛尊重。

曼德拉 84 岁时曾在南非举办了个人画展，作品主题是他的监狱生活：“我想用乐观的色彩来画下那个(罗本)岛，这也是我想与全世界人民分享的。我想告诉大家，只要我们能接受生命中的挑战，连最奇异的梦想都可以实现！”

第三章 德之得

第一节 修身养德

一、严以律己,宽以待人

孔子在两千多年前就提出“宽以待人,严以律己”的思想,要求“躬自厚而薄责于人”,“己所不欲,勿施于人”。在人际交往中要多检点自己,少责备别人;自己不愿意做的事情,就不要强加给他人。《菜根谭》中讲:“责人者,原无过于有过之中,则情平;责己者,求有过于无过之内,则德进。”后者就是有德之人的思想境界和人生态度,他们总是对自己严格要求,遇到问题先从自己身上查找原因,也就是“行有不得,反求诸己”。

《大学》中讲:“古之欲明明德于天下者,先治其国;欲治其国者,先齐其家;欲齐其家者,先修其身;欲修其身者,先正其心;欲正其心者,先诚其意;欲诚其意者,先致其知。致知在格物。”

反过来由内而外阐释:“物格而后知至;知至而后意诚;意诚而后心正;心正而后身修;身修而后家齐;家齐而后国治;国治而后天下平。”

“格物”、“致知”、“诚意”、“正心”、“修身”、“齐家”、“治国”、“平天下”是《大学》中的“八目”,是《大学》的核心思想。这八个层次形成一个由外到内的系列:“天下”、“国”、“家”、“身”、“心”、“意”、“知”、“物”。相应地使用八个动词,“平”、“治”、“齐”、“修”、“正”、“诚”、“致”、“格”。

由小及大,由内及外,行有不得,反求诸己,是所有道德品行高尚人士的思维逻辑。他们不会把问题或挫败归咎于他人或环境,而是从自己身上找原因,通过完善自身来扩大自己的影响力,取得不俗的业绩。

二、格物致知的重要性

古代贤人强调从身边的事物中学习领悟做人做事的道理,不断提高自身道德修养,这就是格物致知。“格物”就是尽可能去把握观察研究对象的本质,“致知”就是自己去除蒙昧变得更加智慧。“格”的一个重要含义是“穷极”,即对事物的方方面面尽可能精微地加以观察了解分析,透过事物的表面现象,有时甚至需要去掉那些蒙蔽人的假象,看清事物的本质。

【举一反三】水的11种美德

刘向在《说苑·杂言》中记载了孔子与学生子贡的一段对话:

子贡问曰:"君子见大水必观焉,何也?"

孔子曰:"夫水者,启子比德焉。遍予而无私,似德;所及者生,似仁;其流卑下,句倨皆循其理,似义;浅者流行,深者不测,似智;其赴百仞之谷不疑,似勇;绵弱而微达,似察;受恶不让,似包蒙;不清以入,鲜洁以出,似善化;至量必平,似正;盈不求概,似度;其万折必东,似意。是以君子见大水必观焉尔也。"

孔子从水这一常见事物竟然看出11种可以学习修炼的美德,是仁者、智者不断提高个人道德修养的范例。

在《礼记·聘义》中也记载了孔子与子贡关于玉的一段对话,同样是对格物致知、见物思德的一个很好阐释。

子贡问于孔子曰:"敢问君子贵玉……何也?"

孔子曰:"夫昔者君子比德于玉焉。温润而泽,仁也;缜密以栗,知也;廉而不刿,义也;垂之如队,礼也;叩之其声清越以长,其终诎然,乐也;瑕不掩瑜,瑜不掩瑕,忠也;孚尹旁达,信也;气如白虹,天也;精神见于山川,地也;圭璋特达,德也;天下莫不贵者,道也。"

正如孔子通过对玉的深入观察而阐释的,君子爱玉并非因为玉少石多,稀少为贵,而是从玉可以看到仁义礼智忠信等多种美德和天地的精义。

三、反省自勉

曾子曰:"日三省乎己:为人谋不忠乎?为友交不信乎?传不习乎?"

人非圣贤,孰能无过?以谦虚诚恳的态度细细反省自己每天的思想和行为,是一个人不断提高自己道德修养的有效方法。套用一句中国老话来说:"前半夜想想自己,后半夜想想别人。"

【星星点灯】英雄的忏悔

1961年4月12日,苏联宇航员尤里·加加林圆满地完成了探索太空的第一次飞行,成为苏联家喻户晓的超级英雄。

他与苏联火箭之父科罗廖夫并肩坐在一起,与苏共中央总书记赫鲁晓夫握手、交谈,与各界名人拥抱举杯,勋章挂满胸前,军衔从上尉晋升少校,接着进入高等军事学院研究生院学习。他走到哪里都有人簇拥着,到处都有盛宴款待。

在巨大的荣誉面前,加加林变得有些飘飘然了,日益骄傲自满,肆意妄为。他常常无视法规,驾着国家奖励的伏尔加小轿车在街上横冲直撞,甚至因为喜欢一位女护士而不顾影响地从大楼窗口飞身跳下。

有一天,他又闯红灯了,几乎撞翻另一辆汽车,两辆车毁得不成样子,幸好他和另一位司机都只受了点轻伤。赶到出事地点的警察一眼就认出了加加林,连忙举手行礼,并保证"追究肇事者的责任"。那位受害的退休老人虽然受了伤,但见面前是加加林,也赔起了笑脸。随后,警察拦下一辆过路汽车,嘱咐司机将加加林安全送到目的地，准备将全部责任记在无辜的老人身上。

加加林坐上汽车，但老人的苦笑和伤痛却深深印在他的脑海中。他震惊于这个事实：有了英雄的名号竟可以让执法者颠倒黑白，也能让一位退休长者违心顶罪——这难道像一个英雄所为吗？这一刻，加加林淳朴善良的本性复苏了，意识到自己的过错。他让司机迅速开回出事地点，在警察和老人面前诚恳认错，帮助老人修好了汽车，并承担了全部费用。

第二节　学贤进德

一、君子上达

要完善提高自己的德行，就要善于学习反思。孔子曰：“三人行，必有我师焉。择其善者而从之，其不善者而改之。”生活中时时刻刻都有学习进德的机会，就看自己是否注意把握。我们每天都可以看到好的榜样和坏的例子，就看自己的选择——是学好还是学坏，是往上走还是往下滑，也就是孔子所说的：“君子上达，小人下达。”

【星星点灯】杰克·伦敦的选择

杰克·伦敦在晚年为自己修建了一所住宅。

耗费了他多年的精力和全部财产建造的大厦，却在落成的当晚，被一个心怀嫉妒的人纵火焚毁了。

痛心、焦急的杰克·伦敦久久望着在烈火中的大楼，喃喃地说：“我宁愿是这被烧毁房子的主人，而不愿做那个放火烧房的人！”

杰克·伦敦的话，体现了一个品德高尚者的选择——宁可物质财产受到巨大损失，也不能让自己的人格品行受到污损。

据国内某青少年组织对一些中小学生和幼儿园小朋友进行的一项意向调查，其中有：最佩服的人是谁？自己最想当什么样的人？当官竟然是多数人的选择。

问幼儿园的小朋友：“为什么喜欢当官？”他们说：“当官的都有钱，有小车来接自己的孙子。”因为他们身边就有一位小朋友的爷爷被其他人议论为“贪官”，他却照常用小车接送自己的孙子，而且消费水平令周围的小朋友羡慕不已——为什么我就没有一个当官的爷爷呢？许多小朋友最羡慕的是能有一个当“贪官”的爷爷或者爸爸，这是他们“幼稚”的认识。

问贫困地区的小朋友：“为什么喜欢当官？”他们说：“当官肯定有钱，自己的孩子读书不发愁。”因为他们现在面临上不起学，而当官的孩子有上不起学的吗？如果是贪官，则孩子可以豪华自费留学——老子有的是钱。所以，他们羡慕当官，更羡慕贪官，懊悔自己为什么不出生在贪官家。

问城市的高中生：“为什么喜欢当官？”他们说：“当官的孩子无论是出国读书或是

国内读书，完全没有就业的烦恼。”

如果小学生的理想是长大做个贪官，那确实值得深思！在反思不良社会风气对少年儿童心灵的毒害、严厉惩治官场腐败现象的同时，也应深刻认识到整个社会道德重建的重要性、迫切性，对少年儿童心智成长应进行正面引导。

二、人无完人

“金无足赤，人无完人。”这句话可以从两个方面来理解：一个是道德方面，人的德行总有需要进一步完善的地方，始终处于学贤进德的过程中；另一个是才能方面，每个人掌握的知识技能相对于千万种社会职业分工是极为有限的，没有人是无所不能的“超人”或“完人”，对不懂的专业知识要虚心请教学习，对已有的专业知识要不断精进提高。

现在，企事业单位提倡成为学习型组织，建设学习型团队，就是要让全体成员利用各自掌握的不同专业知识，通过取长补短的“互学”机制，产生“逆桶板效应”，提高整个团队的工作效率和竞争力。

现代社会信息流通量大，新知识层出不穷，各门学科经典林立，发展很快，我们既要抬高手眼，广博地吸收有关的新知识、新成果，以期追随现代科学发展的步伐；又要认定自己的学习目标，把握住一定的主题和中心，一以贯之，锲而不舍，使自己学有专长，成为真正的专家，才能够在事业上有所建树，并为国家、集体作出突出贡献。

【星星点灯】“看不见的顾问”

美国著名的成功学家拿破仑·希尔(1883～1969年)，在人际关系学、创造学、成功学等领域都有着很高的地位。他曾任美国两位总统威尔逊和罗斯福的顾问。他的演讲鼓舞了千百万人，被人称为“百万富翁的创造者”。

拿破仑·希尔曾在20年里访问过包括福特、罗福斯、洛克菲勒、爱迪生、贝尔在内的500多位名人，对这些成功人士的经验进行了深入研究，完成了有划时代意义的八卷本《成功法则》，成为成功学研究领域的开创者。

拿破仑·希尔培养了一种习惯，就是和他最崇拜的9位伟人进行想象中的交流，这9个人是爱默生、潘恩、爱迪生、达尔文、林肯、波明克、拿破仑、福特与卡内基，他们的生平经历给了他很深的影响。每天晚上，拿破仑·希尔和这一群已经作古的大人物举行“想象式会议”，称他们是自己“看不见的顾问”。

他会闭上眼睛，想象这群人围坐在会议桌旁，自己是会议主席，主持整个会议。他会这样对每位顾问说：

“爱默生先生，你以了解自然闻名，我希望能从你这里了解适应自然规律的气质，融合在我的潜意识中。”

“拿破仑先生，我希望从你这里获得鼓舞别人并唤起人们果断行动的神奇能力，还要从你这里获得持久的信心，一直以来，正是这种信心使你反败为胜，并克服了重重的障碍。”

"林肯先生,我希望能在自己的性格中,建立起敏锐的正义感、不倦的耐性、幽默感、对人性的了解和坚强的毅力,这些是你最突出的性格。"

"卡内基先生,我希望对建立合作努力的各项原则获得彻底的了解。你曾十分有效地利用这些原则,建立了一个伟大的企业组织。"

"福特先生,我希望得到你的坚毅、果断、镇定和自信的精神。这些精神使你克服了贫困,改变了人类生活。我要效法你,使自己有助于别人。"

"爱迪生先生,我希望从你这里获得强大自信心,以及不屈不挠的精神。"

由于希尔曾经详细研究过他们一生的事迹,在这种晚间的想象会议进行了几个月之后,他觉得,这些想象中的人物几乎变成了真实的人,每个人均有其特殊之处。例如,林肯总是迟到,脸上总是挂着沉重的表情,严肃地踱步;拿破仑往往武断地做着评论……

希尔说:"正是这些会议诱导了我走上光辉灿烂的道路,使我领略了真正的伟大,激励了我的创造力,并使我拥有思想与财富。"

(摘编自拿破仑·希尔《思考致富》)

第三节 友善益德

一、慎重交良友

孔子提倡"无友不如己者"(《论语·学而》)。

近朱者赤,近墨者黑。这是人们都明白的道理,但不一定都能以此来指导自己的行为。

孔子曾曰:"吾死之后,则商也日益,赐也日损。"

曾子曰:"何谓也?"

孔子:"商也好与贤己者处,赐也好说不若己者。不知其子,视其父;不知其人,视其友;不知其君,视其所使;不识其地,视其草木。故日与善人居,如入芝兰之室,久而不闻其香,即与之化矣;与不善人居,如入鲍鱼之肆,久而不闻其臭,亦与之化矣。丹之所藏者赤,漆之所藏者黑。是以君子必慎其所处者焉。"

由于两个弟子选择朋友的标准不一样,子夏愿意与比自己更好的人交朋友,子贡则愿意与比自己差的人为友,久而久之会形成两人德行上的巨大差距。

孔子还清楚地指出:"益者三友,损者三友。友直,友谅,友多闻,益矣。友便辟,友善柔,友便佞,损矣。"那些正直坦诚、宽容大度、博闻广识的人,是让人得益的好朋友;而那些夸夸其谈、见风使舵、阿谀奉承的人,是让人受损而不觉的坏朋友。因为坏朋友会处处迎合人愿意听赞赏奉承话的心态,于不知不觉中引人走着一条下坡路,还感觉很轻松,所以他们往往给人一种贴心体己的错觉。和珅之于乾隆就是一例。

二、朋友贵在知心

俗话说:在家靠父母,出门靠朋友。或者说:一个篱笆三个桩,一个好汉三个帮。

能结交一些好朋友,在事业上、生活中互相支持,互相帮助,有助于一个人的事业发展和成功。

孟子讲过:“人之相知,贵在知心。”与朋友相交,也是贵在知心,贵在长久,贵在志同道合。这方面,管仲与鲍叔牙为我们中国人留下了一个交友的典范。

【星星点灯】管鲍之交

管仲夷吾者,颍上人也。少时常与鲍叔牙游,鲍叔知其贤。管仲贫困,常欺鲍叔,鲍叔终善遇之,不以为言。已而鲍叔事齐公子小白,管仲事公子纠。及小白立为桓公,公子纠死,管仲囚焉。鲍叔遂进管仲。管仲既用,任政于齐。齐桓公以霸,九合诸侯,一匡天下,管仲之谋也。

管仲曰:“吾始困时,尝与鲍叔贾,分财利多自与,鲍叔不以我为贪,知我贫也。吾尝为鲍叔谋事而更穷困,鲍叔不以我为愚,知时有利不利也。吾尝三仕三见逐于君,鲍叔不以我为不肖,知我不遭时也。吾尝三战三走,鲍叔不以我为怯,知我有老母也。公子纠败,召忽死之,吾幽囚受辱,鲍叔不以我为无耻,知我不羞小节,而耻功名不显于天下也。生我者父母,知我者鲍子也。”

(选自《史记·管仲列传》。)

三、不恶小人,礼待君子

洪应明《菜根谭》中讲:“待小人不难于严,而难于不恶;待君子不难于恭,而难于有礼。”

十指长短不一,草木良莠不齐,生活中遇到人品高下不一的人是难免的,对于人品高尚的谦谦君子,我们应以谦虚礼貌的方式多亲近,可以多受教益;而对于人品低下的小人,可以避而远之,不必浪费太多时间与其争高下、论短长,以不教为教,以不交为教,静观其变。

【星星点灯】与人交,取三益

与人交应取三益:养心、养脑、养眼。

一曰养心。有的人一身正气,品行端正,待人接物礼貌得体,有良好的道德修养和人格魅力。与这样的人交往,会感受到自己精神境界的不断提高和人品修养的升华,所谓近朱者赤,应是其中的道理。

二曰养脑。有的人知识渊博,学术造诣很深,或者生活阅历丰富,上知天文,下知地理,各国各地风土人情知道很多。与这样的人交往,有问即答,随言得益,于不知不觉中自己的知识也在加深加厚。与这样的朋友交往实在是学习的捷径。

三曰养眼。如果一个人没有特别高尚的品行或渊博的知识,但长得顺眼,或仪表堂堂,或秀美怡人,则与之交往可收赏心悦目、心怡气和之益。

反之,如果一个人无德无知,又容貌举止猥琐,见之令人生厌,言之空无一物,甚至狂妄自大，以贬损他人为乐，与这样的人交朋友没有丝毫益处，白白浪费宝贵的人生，应当戒免。

（摘选自“君子兰博客”，http://lanyisheng. blog. sohu. com。）

第四节 施善积德

一个人在向外界传递善意的过程中，其道德也在不断积累，日益深厚。传递善意的方式有语言和行动，传递善意的手段有物质、精神等多种选择。只要出自真心帮助关心别人、造福社会，就是善行，自身的道德修养也日趋完善。

一、表达善意

人与动物的主要不同是人有复杂深刻的语言表达能力，语言可以作为攻击敌人的强大无形武器，德国诗人海因里希·海涅曾说过：“言语之力，大到可以从坟墓唤醒死人，可以把生者活埋，把侏儒变成巨无霸，把巨无霸彻底打垮。”但语言最主要的作用还是向别人表达传递善意。

俗话说：“良言一句三冬暖。”佛家强调以“四善”待人，即“善言不离口，善事不离手，善念不离心，善眼不离面”。善言排在四善的首位，可见是最重要的善行。对于我们每个人来说，戒除随意出口伤人的毛病，养成善言善语的习惯，既是对他人的礼貌尊重和关心体贴，可以形成良好的人际关系氛围，也是一种修炼提升个人道德素养的有效方法和途经。

（一）关心他人

人是一种社会化的动物，需要群体的关心和帮助。在当今复杂多变的社会环境中，每个人都可能遇到各种困难和坎坷。这时候，来自亲友、同事、同学等的关心问候就显得更加珍贵，让人获得战胜克服困难的力量和勇气。古语讲：“路遥知马力，日久见人心。”有句英文谚语：“A friend in need is a friend indeed. ”我们要养成关心别人、多为别人着想的习惯，特别是关心鼓励那些遭遇暂时失败挫折的朋友。

【举一反三】点亮心灯

有一位脾气不好的妇人开始吃斋念佛，希望信佛能使自己心静。但效果不明显，她仍然经常生气，脾气反复无常，一会儿风平浪静，一会儿又变得怒气冲冲。一天她又去庙里听大师念经，恳切地向大师求教。大师平静地说：“虽然你每天礼佛，经也念了很多，但你心中的杂念不减反增，那是因为你的心里只有自己，没有其他人。你总在想别人使你心烦了，但你从来不想你有没有让别人难过。关注自己太多是你的问题所在，这个念头必须用关注别人来驱散。这就像点一盏灯，无论你把灯放在脚边，悬在头顶，甚至用一片灯海把自己团团围住，还是会看到自己的影子，而且灯越多，影子也越多；灯越亮，影子也越显。只有当你把这盏灯点在自己心里时，才不会看到影子。”妇人豁然省悟，从此以后开始关心体谅别人，注意别人的感受，果然发脾气少了，眉头舒展了，家里整天欢声笑语。

人有时难免产生一些不好的情绪，如何把负面情绪迅速驱逐出去，可以尝试一些方法，比如“移念”的方法：当一些不顺心的事情发生，为了避免自己产生焦躁、愤怒、恐惧等情绪，或者被这种负面念头长期控制，我们需要马上把自己的注意力转到其他事情上，比如站起来倒杯茶，或走出去散步，或者抄写一段名言，读一读唐诗宋词。总之要使自己的心念转移，这样忧虑、烦躁、愤怒的情绪不会累加，而很可能迅速摆脱掉负面念头，使自己冷静下来。

这种转移不愉快情绪的暂时性措施，可以保证目前不发火，但如果这些情绪压抑在心里，没有一个正确的思维方式去消解的话，仍然不能根本消除其负面影响。我们应当把生活当中遇到的一些不好的事情当成生活的养分，当成树林里的枯枝落叶，可以变成树木生长、壮大的营养。当我们能够承受的压力挫折、无理指责谩骂越多，我们就是一棵经得起风霜雨雪的参天大树了。

（二）记住别人的名字

尊重和关心别人的一个重要表现就是牢记每个认识人的名字。一般人对自己的名字比对世界上所有其他名字加起来还要敏感。如果能准确记住别人的名字，等于是对别人的巧妙赞美，而如果你经常把别人的名字忘掉或写错，则可能失去别人的友谊和支持。

西安交通大学的李琪教授是国内最早从事电子商务研究的著名学者，性格开朗热情，乐于助人，他的优点之一是善于记住别人的名字，发明了一种很好的联想方法，他曾把我的名字解释为“兰花适宜生长的地方”，这确实比记忆“兰宜生”三个字更能加深印象。

【星星点灯】卡内基的“用名之道”

安德鲁·卡内基从小就知道每个人重视自己姓名的道理，他 10 岁时，在苏格兰乡村田野有一次捉到一只母兔和一窝小兔子，但没有东西喂它们，于是他对小伙伴们说，如果你们能找到足够的苜蓿和蒲公英喂饱这些小兔子，就用你们的名字来替小兔子命名。这个方法十分灵验，小伙伴们找来的鲜草比他需要的更多。卡内基一辈子都忘不了这一成功经验，成年之后，他在商界同样利用人性的这一“弱点”，赚了千百万美元。比如，他想把钢轨卖给宾夕法尼亚铁路公司，艾格·汤姆森担任该公司的董事长，卡内基在匹兹堡建立的钢厂就命名为艾格·汤姆森钢铁厂，大家不难猜想，当宾夕法尼亚铁路公司需要铁轨的时候会向哪家钢铁厂去订购。

（三）赞美别人

真心地赞美别人的优点和长处，是一个人具备良好道德修养的表现。赞美既可以鼓励他人日益彰显其优点，也有利于自己的学习借鉴和不断进步。

莎士比亚说过："赞美是照在人们心灵上的阳光，没有阳光，我们就不能生长。"我们要培养主动自觉寻找别人优点的习惯，每结识一个人，都试图发现他身上至少一个优点，并把你的发现告诉他人，这样会养成尊重和肯定他人的习惯。同时，也要努力把别人的优点学习、嫁接到自己身上，日益完善自己。

没有人会拒绝善意的称赞和表扬，即使是一个非常严肃或者不苟言笑的人，一句真心的赞扬也会使他心里生出一丝暖意，对你增加几分好感。事实上每个人都有自己的优点，我们需要做的是去发现别人身上的优点，并以真诚的话语把自己的赞赏表达出来。称赞别人、表扬别人实际上也是在称赞和表扬你自己，因为这展示出你发现美、欣赏美的能力。真心赞扬别人可以为你赢得更多的朋友，获得朋友对你的赞赏和帮助，对一个人的成功可以起到重要作用。

作为领导者，更不要吝惜赞扬和鼓励，即使下属能感到你对他们的肯定，也不会厌倦或拒绝你的好评，而且下属知道你尊敬、肯定和信任他们，就会更加努力地工作。要记住一点，做领导与医生看病不同，医生是要找出人的毛病，才能对症下药；领导者则要善于发现下属的优点和长处，并发挥其长处。

二、助人为乐

（一）同情病困

人们通常对于弱者会有一种同情心，对于那些由于种种原因而陷入贫困、疾病、灾难的不幸者，力所能及地给予他们一些帮助是作为一个人应当有的思想境界。当我们有能力帮助别人走出困境的时候，受益的不仅仅是对方，得到滋养的还有我们的灵魂和身心。每个人受自身条件的制约，在智力、体力、财产、收入、职位等方面不可能也不必都比别人强，当别人比自己做得更好、地位较高时，我们应当诚心诚意地为别人祝福，并从别人身上学到对自己有益的经验。当别人在某些方面不如自己，我们绝不能以此轻视对方，而要虚心地、热心地帮助别人，给予他们尽可能多的帮助。古往今来，许多有影响的伟大人物往往都具有这种扶危济贫的思想。

【星星点灯】"替世界上所有的穷人领奖"

1979年的诺贝尔和平奖授予了印度修女德兰，以表彰她"为克服贫穷所做的工作"。在授奖仪式上，德兰修女说："我以穷人的名义接受这笔奖金。"获奖后，她卖掉了奖章，连同19万美元的奖金，全部捐赠给贫民和麻风病患者。这就是德兰修女——终身为那些贫穷的人当中最贫穷的人、孤苦的人当中最可怜的人服务的伟大女性。

1979年12月10日，诺贝尔和平奖的颁奖典礼在挪威首都奥斯陆的一个大礼堂举行。在人们热切的期待中，一位矮小瘦弱的老妇人安详地走上了全世界瞩目的领奖台。

豪华的大厅里，坐着挪威国王、皇太子夫妇，还有各国外交使节，以及盛装的各界名流。但这位颁奖典礼的主角，仍旧穿着那身只值 1 美元的棉布纱丽。无论是服侍穷人时，还是晋见教皇时，她的穿着永远是这样简朴。

在经久不息的掌声中，和平奖委员会主席萨涅斯先生弯下腰恭敬地将奖牌、奖杯及奖金一一颁给她。

她是那样的瘦弱矮小，但她质朴的讲话，深刻感动、震撼着在场的每一个人。

她说："事实上，这项荣誉，我个人不配领受。但我愿意代替世界上所有的穷人、病人和孤独的人，来接受这项奖金。因为我相信：你们是愿意借着颁奖给我，而承认穷人也有尊严，也有在这个世界上生存的权利。"

德兰修女创建的仁爱传教修女会有 4 亿多美元的资产，许多大公司都乐意捐钱给她；她的组织有7 000多名正式成员，还有数不清的追随者和义工；她与众多的总统、国王、传媒巨头和企业巨子关系友善，并受到他们的敬仰和爱戴……

但是，她住的地方，除了电灯外，唯一的电器是一部电话，还是 1994 年安装的；她没有秘书，所有信件她都亲笔回复。她没有会客室，她在教堂外的走廊里接待来访者。她穿的衣服一共只有 3 套，而且自己换洗；她只穿凉鞋，没有袜子。

德兰修女于 1997 年去世，享年 87 岁。人们看到她拥有的全部个人财产：一张耶稣受难像、一双凉鞋和三件滚着蓝边的白色粗布纱丽。

她就像一位天使来到这个世界上，告诉我们真正的"爱"是什么。

(二)勿以善小而不为

《菜根谭》里有："平民肯种德施惠，便是无位的卿相；士夫徒贪权市宠，竟成有爵的乞人。"古人常讲：勿以善小而不为，勿以恶小而为之。帮助人随时随地可以做，行善大事小事都要做，都是在积德养德。

【举一反三】宋相子罕的宽仁

楚王蓄谋攻打宋国，派士尹池出使宋国查看情况。宋相司城子罕在家里宴请士尹池，他观看院子周围的情况：南边邻居的墙突出却不拆了取直，西边邻居的积水流过子罕的院子却不加制止。士尹池询问这是为什么，司城子罕说："南边邻居是个鞋匠，我要让他搬家，他父亲说：'我家靠做鞋谋生已经三代了，如果搬了家，那些买鞋的就不知道我的住处了，我将难以谋生，希望相国怜悯我。'因为这个缘故，我没有让他搬家。西边邻居院子地势高，我家院子地势低，积水流过我家院子比较方便，所以没有制止。"

士尹池回到楚国，楚王还要发兵攻打宋国，士尹池劝阻楚王："不能攻打宋国！宋国的君主贤明，相国仁慈。贤明的人能得民心，仁慈的人能感召别人为他出力。楚国去攻打宋国，不可能成功，且要被天下人耻笑！"楚王愧然同意。

宋国国相子罕，以自己的宽厚仁慈的道德品行，得到人们的尊重和拥护，而且以无形的仁德力量制止了楚国攻打宋国的企图。

三、爱护大自然

(一)天人合一的道德理念

人与自然的关系应当是一种和谐友好的关系。在中国古代的仁义道德思想中,实际上都包含有人与自然和谐相处的思想。孟子讲"以时入山林",还有"不要竭泽而渔"的思想,都讲到对自然力的爱惜。当今社会随着人口的增加、人类活动范围的扩大,人与动物和自然界的关系也变得日益紧张。大量的动物、植物物种在消失,长此以往,人类赖以生存的大自然将变得面目全非,最终导致人类自己的灭亡。

现在,我国与世界各国政府及国际组织大力倡导发展绿色产业、低碳经济,减少碳排放,防止气候变暖,这标志着人类对与自然的关系有了更深刻的认识。现在的绿色产业与原始社会人类的生活和生产活动完全融入自然生物圈的无污染时代是两个不同的概念。原始社会时期,人类并非有意识保护自然,而是因为生产力水平太低,无力向自然过多索取,随着生产工具进步和生产力水平提高,人类对自然资源的掠夺性开发逐步升级,造成越来越严重的生态退化和环境破坏,直到现在才清醒地认识到自然环境对人类社会的基础作用,只能在保护环境的前提下发展经济。

由于我国人口众多,人均自然资源拥有量大大低于世界平均水平,资料显示,我国的水径流量人均2 600 立方米,是世界人均水平的 30%;人均草原面积 0.2 公顷,是世界人均水平的 1/3;森林覆盖率 12%,约为世界平均水平的 30%。因此,我国更应重视生态环境保护,加倍爱护森林、草原、江河湖泊,建设资源节约型、环境友好型社会,实现经济可持续发展。

(二)爱护大自然是品德高尚者的特点

爱护自然、保护生物多样性是一个人、一个群体、一个民族道德高尚的体现,也是人类自身生存发展所必需的。

中国古代仁者贤人热爱山川湖泊、保护大自然的行为比比皆是,而且往往是一种天然意念的流露。苏轼的结发妻子王弗美丽贤淑,知书达理,但 27 岁即不幸病逝。苏轼依父言"于汝母坟茔旁葬之",并在埋葬王弗的山头种植三万株松树以寄哀思。其后苏轼还为王弗写了流传千古的悼念词《江城子·记梦》:"十年生死两茫茫。不思量,自难忘。千里孤坟,无处话凄凉。纵使相逢应不识,尘满面,鬓如霜。夜来幽梦忽还乡。小轩窗,正梳妆。相顾无言,惟有泪千行。料得年年肠断处,明月夜,短松冈。"古人用诗词和种树寄托哀思的做法值得称赞和大力提倡,固然诗词歌赋非人人所能,但种树植绿应当可以广泛效法。

【举一反三】一棵树的价值

印度加尔各答农业大学达斯教授曾对一棵树的价值做过估算,他指出,一棵 50 年的大树,通常在市场出售只能卖 125 美元,这大约只有其真正价值的 0.3%。

一棵树的价值其实至少应该从以下几方面计算:

(1)按每年平均释放 1 吨氧气计,50 年生产氧气的价值约为 31 250 美元;

(2)防止空气污染的价值达 62 500 美元；

(3)防止水土流水及增加土壤肥力的价值为 68 750 美元；

(4)为牲畜遮风挡雨和提供鸟类筑巢、栖息，促进生物多样性方面的价值为 31 250美元；

(5)创造动物蛋白的价值约 2 500 美元。

几项加起来，总共为 19.625 万美元，它还不包括大树每年所结花果所产生的价值，不包括调节气候、美化环境的价值等，更没有将它活到 100 年甚至更长时间的价值考虑进去。

一棵树的价值真能用金钱准确计算出来吗？

树的种子，可以播种出满山遍野的绿荫；

树的荫凉博爱，可以带给多少人童年嬉戏的美好记忆，青年人谈情说爱的幸福时光，老年父母对游子的守望思念……

(三)爱护自然环境从自己身边做起

爱护大自然并不一定要搞声势浩大的宣传活动、集体造林活动，我们完全可以从自己身边的点点滴滴小事做起，比如爱护树木和草坪，节约用水，节约用纸，节约用电，关闭教室、办公室、家里不用的电器电源；少使用一次性物品，少用塑料袋和各种包装物，尽量多利用废旧物品，少产生垃圾或废弃物。

如果我们十几亿中国人都从自己做起，节约资源使用，减少碳排放，每年节省的资源将是个天文数字，中国对世界文明的可持续发展会有巨大贡献。

人物案例

一、诸葛亮

(一)诸葛亮生平简介

诸葛亮(公元 181～234 年)，字孔明，号卧龙，琅琊阳都人，三国时蜀国著名的政治家、军事家、战略家、外交家。在世时被封为武乡侯，逝后追谥忠武侯。

汉建安十二年(公元 207 年)，诸葛亮 27 岁时，比他年长 20 岁的刘备诚恳地“三顾茅庐”，向诸葛亮询问统一天下大计，诸葛亮精辟地分析了当时的局势，提出了首先夺取荆州、益州作为根据地，对外联合孙权，南抚夷越，西和诸戎，等待时机，进兵中原，统一全国的战略思想，这即是著名的《隆中对》。刘备恳请诸葛亮出山，诸葛亮担任军师辅佐刘备，联孙抗曹，大败曹军于赤壁，形成三国鼎立之势。刘备在成都建立蜀汉政权，诸葛亮被任命为丞相。刘备病故后，诸葛亮尽心尽力辅佐刘禅，封武乡侯，领益州牧，为官勤勉谨慎，大小政事亲自处理，赏罚严明，实行屯田，加强战备，联吴抗魏。公元 227 年，上疏(即《出师表》)于刘禅，前后 6 次北伐中原，以攻为守，维护蜀汉政权。后因积劳成疾，病逝于五丈原军中。

诸葛亮在青年时代，只是一介书生，就“每自比于管仲、乐毅，时人莫之许也”，而当时名士徐庶和崔州平却“谓为信然”。时代跨越千年，现代民众可能有人不知道管仲、乐毅是何许人，而诸葛亮却是家喻户晓、人人皆知。西晋末年李兴为诸葛亮隆中故宅作的碣文高度评价诸葛亮：“英哉吾子，独含天灵，岂神之祇？岂人之精？何思之深！何德之清！”诸葛亮成为中国士大夫的学习榜样和楷模，历朝历代都有吟咏赞颂诸葛亮的诗篇。

唐朝大诗人杜甫作《蜀相》一诗，缅怀诸葛亮：

丞相祠堂何处寻，锦官城外柏森森。
映阶碧草自春色，隔叶黄鹂空好音。
三顾频烦天下计，两朝开济老臣心。
出师未捷身先死，长使英雄泪满襟。

宋朝大诗人陆游有《书愤》一诗，缅怀诸葛亮：

早岁哪知世事艰，中原北望气如山。
楼船夜雪瓜洲渡，铁马秋风大散关。
塞上长城空自许，镜中衰鬓已先斑！
出师一表真名世，千载谁堪伯仲间！

明朝诗人杨慎作《武侯庙》，追忆诸葛亮：

剑江春水绿沄沄，五丈原头日又曛。
旧业未能归后主，大星先已落前军。
南阳祠宇空秋草，西蜀关山隔暮云。
正统不惭传万古，莫将成败论三分。

（二）诸葛亮的道德品行

诸葛亮是中国历史具有传奇色彩的杰出人物，往往被作为智慧的化身，关于他的故事、成语比比皆是。比如：“三个臭皮匠，顶个诸葛亮”；“万事俱备，只欠东风”；等等。但诸葛亮的高尚道德品行是其智慧才能的坚实基础。

1. 清廉为官，不谋私利

诸葛亮是中国历史上严以律己、廉洁奉公的典范。他身为蜀国丞相，封武乡侯，领益州牧，集蜀汉军政大权于一身，一生掌管分配钱财无数，却不曾利用这种权力为自己或家族谋取一点儿利益，真正是一身正气，两袖清风。

诸葛亮临殁的遗表、遗嘱，使人读后不禁肃然起敬：

“臣家成都，有桑八百株，薄田十五顷，子弟衣食，自有余饶，至于臣在外任，别无调度，随身衣食，悉仰于官，不别治生，以长尺寸，若臣死之日，不使内有余帛，外有盈财，以负陛下。”

“亮遗命葬汉中定军山，因山为坟，土冢足容棺，敛以时服，不须器物。”

后人评论说:"……至读其将殁自表之辞,则知天下物欲,举不足以动之,所为者深,则所发者大,理固然矣……孟子曰:富贵不能淫,贫贱不能移,威武不能屈,此可谓大丈夫也。"读孔明之《遗表》、《遗嘱》,贪夫能不羞死?!

2. 虚心纳谏,举贤任能

诸葛亮的超群智慧和治国治军才智,除了得益于他天资聪慧、敏而好学外,更重要的是他从不骄傲自大、自以为是,而是虚心纳谏,博采众长。他对于听从别人的意见,改正自己的错误,"犹弃敝屣而获珠玉"。他特别赞赏董和向他提意见的态度,一个意见能反复十次提出,直到他接受意见或作出解释为止,提意见人的态度可贵,接受意见人的诚意也非常可贵。他对群下说:"苟能慕元直之十一,幼宰之殷勤,有忠于国,则亮可少过矣。"

出现失误时,他诚恳反省,引咎自责,绝不推诿。比如街亭之败后,他上疏自贬云:"臣以才弱,叨窃非据,亲秉旄钺,以励三军,不能训章明法,临事而惧,致有街亭违命之阙,箕谷不戒之失。咎皆在臣,受任无方……《春秋》责帅,臣职是当,请自贬三等,以督厥咎。"

诸葛亮英才盖世,也特别重视人才,他选才有慧眼,用人自公心,史称其治理下的蜀汉,"官属皆天下英俊"。蜀汉政权仅一州之地,然而文武将帅立传者达 88 人之多,其中有运筹帷幄的帅才、勇冠三军的武将、立法施度的能臣、临危死节的忠义之士。这和诸葛亮的荐贤任能分不开,《出师表》中,他就举荐了一批重要人才,包括费祎、董允、向宠等。

他任人唯贤,不讲门阀不论资历,唯看才德。无论来自刘璋或曹操旧部,凡有忠虑于国,皆量才录用,平等看待。如法正、李平、董和、张裔、许靖等是刘璋旧部,刘巴、姜维是曹魏能臣,为蜀汉政权的巩固和发展起到了重要作用。

他不仅自己千方百计选贤任能,而且鼓励部下积极推荐人才:"忠益者莫大于进人。"可见为国求才之渴,爱才之深。

3. 忠心为国,鞠躬尽瘁

刘备临终托孤于诸葛亮一事,堪称千古绝唱。刘备对诸葛亮坦诚相见:"君才十倍曹丕,必能安国,终定大事。若嗣子可辅,辅之;如其不才,君可自取。"诸葛亮也报以至诚至真,涕泣以答:"臣敢竭股肱之力,效忠贞之节,继之以死!"他受遗作相辅佐刘禅,"刘主授之无疑心,武侯处之无惧色,继体纳之无二情,百姓信之无异辞,君臣之际,良可咏矣!"

诸葛亮以其高尚品格,进而推演到治国的政治、经济、军事、外交以及民族政策,无愧一代贤相。在他为相的十四年,特别是辅后主的十二年,客观上蜀国几乎没有任何优势。范文澜先生在《中国通史简编》中说:"给他留下只有主观努力的一面,他在这一方面的努力,确实达到了无以复加的高度。"

诸葛亮主张"治世以大德,不以小惠",所谓"大德",即执法公允。陈寿评价称:"诸葛亮之为相国也,抚百姓,示仪轨,约官职,从权制,开诚心,布公道,尽忠益时者虽仇必赏，犯法怠慢者虽亲必罚，负罪输情者虽重必释，游辞巧说者虽轻必戮；善无微而不赏，恶无纤而不贬；庶事精炼，物理其本，循名责实，虚伪不齿；终于邦域之内咸畏而爱之，刑政虽峻而无怨者，以其用心平而劝诫明也。可谓识治之良才，管萧之亚匹矣！”

在政事方面，诸葛亮“忠顺勤劳”，在他的带动下，君臣敬重，上下和睦，吏治清明，人民悦服。他带军作战，不畏艰难繁险，以身作则，南征时“五月渡泸，深入不毛，并日而食，履瘴疠之地，涉蛮夷之乡”。将士用命，同仇敌忾，军纪严明，“戎阵整齐，赏罚肃而号令明”，“止如山，进退如风”。

他的德治、法制思想，贯穿于他的治国、治军的全部行动之中，他说：“人之忠也，犹鱼之有渊，鱼失水则死，人失忠则凶。”他还在《为将》中说：“古之善将者，养人如养己子，有难者，以身先之；有功者，以身后之；死者，哀而葬之；伤者，泣而抚之；饥者，舍食而食之；寒者，解衣而衣之；智者，礼而禄之；勇者，赏而劝之。将能如此，所向必捷矣。”

4. 信守承诺

诸葛亮坚持以信为本、一诺千金的士人理念。举例来说，他在蜀国推行农战方略，即主张农业和战争结合的经济、军事思想。为保证亦农、亦战，要实行士兵轮换制度。建兴九年(公元231年)二月，诸葛亮率十万大军北攻祁山，司马懿率三十万军迎击。此时，恰置蜀军应该轮换，诸葛亮只剩八万人，部将认为，应暂停轮换，以壮声威。诸葛亮说：“吾统武行师，以大信为本，得原失信，古人所惜。去者装束以待期，妻子鹤望而计日，虽临征难，义所不废。”对此，士兵很受感动，该离队的主动要求留下，该服役的奋勇作战，此次，射杀魏大将张郃，击退司马懿。

5. 教子传家，德播后世

诸葛亮写给儿子诸葛瞻的《诫子书》：“夫君子之行，静以修身，俭以养德。非淡泊无以明志，非宁静无以致远。夫学须静也，才须学也，非学无以广才，非志无以成学。淫慢则不能励精，险躁则不能治性。年与时驰，意与日去，遂成枯落，多不接世，悲守穷庐，将复何及！”

《诫子书》全文仅86个字，字字珠玑，言近旨远，含意深刻，是诸葛亮处世立身的智慧结晶。《诫子书》留给我们的不仅是优美的文辞、丰富的内涵，更有诸葛亮志存高远的精神境界和人格力量。从《诫子书》中，我们领悟到了静以修身、俭以养德的人生真谛，体会到了淡泊明志、宁静致远的生命哲思，大有裨益和启迪。

静思反省，修养身心，为官做人保持一种平和的心态，做到不受利诱，不为物惑。不要事事讲求名利，要耐得住清贫，守得住寂寞，重要的是不断学习，努力提高自己的思想品格，视名利淡如水，视责任重如山。

多读书、读好书，学习既是一种习惯，一种责任，也是一种必备的素养。一般而言，一个爱读书学习的人，往往是彬彬有礼、开朗豁达的人。

三国时，诸葛家三兄弟“并有盛名”，而各在一国。诸葛亮的胞兄诸葛瑾仕吴，官至大将军,举国“服其宏量”。堂兄诸葛诞仕魏,封为镇东将军、扬州刺史。但当时人们的评论是:“蜀得其龙,吴得其虎,魏得其狗”,把诸葛亮推崇为无与伦比的人物。

诸葛亮的后人遵守修身养德的祖训,以勤学、淡泊、宁静的品格教育子女,多以行医、做药、教书为业,居官的较少,千年世代相传不乏忠臣义士,却没有出现过乱臣贼子汉奸,对得起诸葛亮的嘱咐。诸葛亮的厚德传家是中国历史上其他名相无法相比的。管仲有贪奢的缺点,富拟公室,生活僭越;萧何强行贱买百姓田宅数千家。唐代五大名相房玄龄、杜如晦、姚崇、宋璟和魏征,持身正,治国贤,却都出过败家子。而诸葛亮勋业盖世,却持身极俭,治家极严,子孙得其忠直清正之风,因此诸葛亮更多了一分人格魅力。

二、林肯

(一)林肯生平简介

亚伯拉罕·林肯(1809～1865年),美国第16任总统。

1809年2月12日,林肯出生在肯塔基州哈丁县一个清贫的农民家庭。父亲是一个粗人,以种田、打猎、看林等为生。1816年,林肯全家迁至印第安纳州西南部,开荒种地为生。9岁的时候,林肯的母亲去世了。

一年后,父亲与一位寡妇结婚。继母慈祥勤劳,对待丈夫前妻的子女如同己出。林肯也敬爱后母。由于家境贫穷,林肯受教育程度不高。为了维持家计,少年时的林肯当过摆渡工、种植园工人、店员和木工。18岁那年,身材高大(1.93米)的林肯为一个船主雇佣,顺俄亥俄河航行千里到达奥尔良。

在25岁以前,林肯没有固定的职业,四处谋生。成年后,他成为一名土地测绘员,常被人们请去解决地界纠纷。在艰苦劳作之余,林肯始终热爱读书,夜读的灯火总要闪烁到很晚。在青年时代,林肯通读了莎士比亚的全部著作,读了《美国历史》以及许多历史、文学书籍。他通过自学使自己成为一个博学而充满智慧的人。由于抨击黑奴制,提出有利于公众事业的建议,林肯在公众中有了影响,加上他优秀的人品,1834年8月,25岁的林肯当选为州议员。

两年后,林肯通过自学成为一名律师,不久成为州议会辉格党领袖。1846年,林肯当选国会众议员。林肯反对蓄奴,认为奴隶制最终应归于消灭,首先应该在首都华盛顿取消奴隶制。代表南方种植园主利益的蓄奴主义者疯狂地反对林肯。1850年,美国的奴隶主势力大增,林肯退出国会,继续当律师。

1860年,林肯成为共和党的总统候选人,11月,选举揭晓,以200万票当选为美国第16任总统,但在奴隶主控制的南部10个州,他没有得到1张选票。

林肯的当选,对南方种植园主的利益构成严重威胁。为了重新夺回他们长期控制的国家领导权,他们在林肯就职之前就发动了叛乱。1860年12月,南方的南卡罗来纳州首先宣布脱离联邦而独立,接着密西西比、佛罗里达等蓄奴州也相继脱离联邦。1861年2月,他们宣布成立一个“美利坚邦联”,推举大种植园主杰弗逊·戴维斯为总统,还制定了“宪法”,宣布黑人奴隶制是南方联盟的立国基础。

1861年4月12日，南方联盟不宣而战，迅速攻占了联邦政府军驻守的萨姆特要塞。林肯不得不宣布对南方作战。林肯本人并不主张用过激的方式废除奴隶制，他认为可以先限制奴隶制，然后逐步废除，关键是维护联邦的统一。在这种思想的支配下，北方政府没有进行战争的准备，而南方则是蓄谋已久，有优良的装备和训练有素的军队，所以，北方被南方打得节节败退，首都华盛顿也险些被叛军攻破。

北方军队在战场上的失利引起广大人民的强烈不满，许多城市爆发了示威游行，要求政府采取措施扭转战局。这时林肯才意识到，要想打赢这场战争，就必须调动农民的积极性，废除奴隶制、解放黑奴。

1862年5月，林肯签署了《宅地法》，规定每个美国公民只交纳10美元登记费，便能在西部获得160英亩土地，连续耕种5年就成为土地的合法主人。这一措施从根本上消除了南方奴隶主夺取西部土地的可能性，也满足了广大农民的迫切要求，大大激发了农民参战的积极性。1862年9月，林肯又亲自起草了《解放黑人奴隶宣言》草案，1863年1月1日正式颁布，宣布即日起废除叛乱各州的奴隶制，解放的黑奴可以应召参加联邦军队。宣布黑奴自由，从根本上瓦解了叛军的战斗力，也使北军得到雄厚的兵源。内战期间，直接参战的黑人达到18.6万人，他们作战非常勇敢，平均每三个黑人中就有一人为解放事业献出了生命。

1863年7月1日到3日，南北双方在葛底斯堡展开规模最大的一次战斗。双方激战了三天三夜，北军重创南军，南军损失3.6万人，从此北军开始进入反攻，南军转为被动防守。1864年4月3日，北军攻占了叛军首都里士满。4月9日，叛军总司令罗伯特·李率残部2.8万人投降。历时4年的南北战争以北方的胜利而告终。

林肯成为黑人解放的象征。由于亚伯拉罕·林肯的卓越功绩，1863年11月，他再次当选为美国总统。但奴隶主却对他万分仇恨。1865年4月14日晚上，林肯在华盛顿的福特剧院看戏时，被南方奴隶主收买的暴徒刺杀。林肯的不幸逝世引起国内外的巨大震动，美国人民深切哀悼他，有150万人瞻仰了林肯的遗容，有700多万人伫立道路两旁向出殡的行列致哀。林肯是一位杰出的政治家，为推动美国社会向前发展做出了巨大贡献，受到美国人民的崇敬，人们怀念他的正直、仁慈、坚强的个性，在美国人的心目中，他的威望甚至超过华盛顿！

（二）林肯的品德

1. 宽容善良的个性

宽容往往是伟人的特质，林肯正是其中优秀的榜样。他说过："不要对任何人怀有敌意，要把善心施与众人。"他是这么说的，也是这么做的！有的下属认为林肯对待政敌的态度不够强硬，对他说："你为什么要和他们成为朋友呢？你应该想办法消灭他们才对。"林肯温和地说："我难道不是在消灭政敌吗？当我使他们成为我的朋友时，政敌也就不存在了。"

在一次演说中，下面传上来一张纸条，林肯打开看到写着"笨蛋"，他不但没有生气，反而幽默地说："以往我收到的匿名信都是只有内容，不具名；而这个人却只写了名字,没写正文。"

有一次,一个妇人来找林肯,理直气壮地说:"总统先生,你一定要给我儿子一个上校职位。我们应该有这样的权利,因为我的祖父曾参加过雷克星顿战役,我的叔父在布拉敦斯堡是唯一没有逃跑的人,我的父亲参加过纳奥林斯战役,我丈夫是在曼特莱战死的,所以……"林肯回答说:"夫人,你们一家三代为国服务,对国家的贡献实在够多了,我深表敬意。现在你能不能给别人一个为国效命的机会?"那妇人无话可说,只好悄悄走了。

有一次,林肯在擦自己的皮鞋,一个外国外交官走来说:"总统先生,您竟擦自己的皮鞋?""是的,"林肯显得诧异地反问,"难道你擦别人的皮鞋?"

2. 谦虚平和的态度

谦虚是林肯最突出的优点,马克思曾经这样评价林肯:"他是一位达到了伟大境界而仍然保持自己优良品质的罕有的人物。这位出类拔萃和道德高尚的人竟是那样谦虚,以致只有在他成为殉道者倒下去之后,全世界才发现他是一位英雄。"

林肯极少批评别人,对于悲惨的生活他也从无怨言。尽管他常处在深深的悲哀之中,他却尽量给人带来欢笑。他常常换位思考,从不随便呵斥某个人,因为他博爱地认为:如果我是他,我也会那样做。

【举一反三】"我当然也不反对"

一天晚上,忙碌了一整天的林肯总统正准备上床休息。忽然,电话铃响起,有个善于钻营的人来电话询问,刚刚听说有位税务官去世了,能否让他来取代税务官。林肯开玩笑地回绝:"如果殡仪馆没有意见,我当然也不反对。"

3. 超常的忍耐力

林肯与他妻子玛丽·陶德在性格上格格不入,妻子爱慕虚荣,追求衣饰装扮,而林肯本人不太注意穿着,服装随便;妻子性格暴躁,矜持自傲,而林肯为人谦虚,与人为善。一次,林肯夫妇和客人用餐,两人有一件事意见不同,玛丽就勃然大怒,端起一杯咖啡泼到林肯脸上,客人们目瞪口呆,林肯却一声不吭,默默地拭去脸上的咖啡。

林肯夫人喜欢在琐事上挑剔,经常当着众人把民众敬仰的丈夫贬得一无是处,指责林肯身体挺不直,走路样子滑稽可笑,举止缺乏气派,甚至抱怨他鼻梁不挺、嘴唇突出、手脚太大、脑袋太小等等。

每个人都有自尊,我们可以想见,当妻子在众多亲朋故旧前这样贬损自己时,林肯心里会是什么滋味!但林肯在婚后的23年中,一直竭力克制着自己,以超常的忍耐力和爱心忍受着妻子的坏脾气。他默默地吞下爱情的苦果,只要有可能,他总是躲避着妻子,下班后宁愿在办公室待到很晚,也不愿回到自己家里。

玛丽做了总统夫人后,态度更加傲慢,脾气更加暴烈,常对人大发淫威,一会儿责骂做衣服的裁缝收款太多,一会儿又痛斥肉铺、杂货店的东西太贵。有位吃够玛丽苦头的商人找林肯诉苦。林肯双手抱肩，苦笑着认真听完商人的诉说，最后无可奈何地对商人说："先生，我已经被她折磨了15年，你忍耐15分钟不就完了吗?"

林肯忍受了太多的创伤和煎熬，他的艰苦奋斗、他的忍耐、他的深深的哀伤，成为美国人民的榜样和精神力量。罗斯福总统曾说："每当我感到绝望时，我就看看墙上的林肯画像，想想他这时会怎么做。"同样，当我们感到耐力不够大、意志不够坚强时，想象一下林肯的处境和心境，我们会找到坚持下去的力量。

4. 坚定不移的上进信念

林肯出身贫困，从小生活条件十分艰苦，这也磨炼了他的毅力和勇气，在人生遭受一次次挫败时，他不会怨天尤人，自暴自弃，反而愈挫愈勇，屡仆屡起，最终成为美国最伟大的总统之一。

在1860年当选美国总统前，林肯有12次比较重要的人生尝试，其中10次失败，只有2次成功。但他一直没有放弃自己的追求，坚持做自己命运的主宰。以下是林肯进入白宫前跌宕起伏的部分经历：

1832年，竞选州议员——落选!

1833年，向朋友借钱经商，但年底就破产了，用了16年才把债还清。

1835年，再次竞选州议员——赢了!

1835年，26岁，订婚后即将结婚时，未婚妻死了。

1840年，争取成为国会议员候选人——失败!

1843年，参加国会众议员竞选——落选!

1848年，寻求国会众议员连任——失败!

1849年，想在自己州内担任土地局管理工作，遭到拒绝。

1854年，竞选美国参议员——落选!

1856年，在共和党内争取副总统的提名——得票不足100张。

1858年，再度竞选美国参议员——再度落败。

1860年，当选美国总统。

我们看看林肯讲的一些话，也可以了解他的坚韧性格：

"一定要有信心，把握住自己的未来。"

"学会忍受不公平，学会恪尽职责。"

"要感谢生活中的逆境和磨难!"

"主动锻炼自己，培养果决的性格。"

"只有自己去做，才可能知道能否成功。"

"做一个真正勇敢无畏的人。要战胜恐惧，而不是退缩。"

第四章 德之论

第一节 老子"道德"之论

按照司马迁在《史记》(老子申韩列传)中的记载,老子姓李名耳,春秋末期人,比孔子岁数略大,楚国苦县(今河南鹿邑)人,曾任东周王室管理藏书的官吏。有称他为"老聃","聃"指耳长,"老聃"即耳长的老者。当东周王室衰微,老子离职而去,不知所终。老子是中国历史上最重要的哲学家和思想家。

一、"道"与"德"的关系

老子在《道德经》中,几乎每章都讲到"道",但只有十八章谈及"德","德"比之"道",其重要性远远不及。道德后来虽被联用,并逐渐演变为同一概念,但在《道德经》中却不是相提并论的。

就"道"与"德"的关系而言,德是道的下属范畴。就体用关系而言,道为体,德为用,德是道的作用和功能的显现。不能离开体而言用,不言道无以见德,而言德必不能离开道。所以,如果对道作单独的考察,可以不涉及德;而要想深入地理解德,却不可能不涉及道,并自然而然引出道与德之间的关系问题。

尽管地位较低,"德"在老子哲学体系中仍是仅次于道的第二个重要范畴。德的原意就是得,即得道之得,"德与得通用,有得于道,叫有德"。陆德明《经典译文》解释:"德者,得也。道主万物,有得,获有,故名德。"所以"德"即为"得道",其最初含义就是道的呈现。作为根本的道,必须通过具体事物的发用,才能呈现出其性质和功能来;同样,万事万物的存在演进也必以道为其本原的根据,也就是得到了道,体现着道。

二、人性天然,道法自然

老子论述什么是道,强调合于自然是道的本质,在《道德经》中讲:"有物混成,先天地生。寂兮寥兮,独立不改,周行而不殆。可以为天下母。吾不知其名,字之曰道,强为之名曰大。大曰逝,逝曰远,远曰反。故道大,天大,地大,人亦大。域中有四大,而人居其一焉。人法地,地法天,天法道,道法自然。"

我们今天讲的做任何事都要尊重"客观规律",按照"客观规律"办事,应当是受老子思想的启发,关键是在实践中要真正重视探求符合自然规律的"道",遵循"道",不能蛮干。

老子把人格修养分为道、德、仁、义、礼等多个层次。合于道,社会一切自然而行,而当社会需要义、礼来维系的时候，必定诈伪丛生，祸乱也就跟着来了。老子认为合于道，境界很高，不自以为德，才是真正有德；离于道，境界其实低，有心施德，尽力守德，也就难有德。

老子曰："失道而后德，失德而后仁，失仁而后义，失义而后礼。"也就是说，丧失了道而后才讲求德，丧失了德然后才讲求仁，丧失了仁而后讲求义，丧失了义而后才讲求礼。因此，大丈夫应守质朴的道，舍弃虚伪的巧智；坚持道的厚实，舍弃繁礼的浮华。

三、阴阳相反而相成的辩证思想

在老子的哲学思想中，辩证法占有重要地位。在分析"道"如何演化为万物时，《道德经》中写道："道生一，一生二，二生三，三生万物。万物负阴而抱阳，冲气以为和。"在老子看来，万物都背负阴气而怀抱阳气，阴阳二气交互影响形成和气；和气就是对立面的统一，相反而相成。

在古代，中国和西方的哲学家都认识到事物中包含着相互对立的方面。在中国，思想家更强调的是相反而相成，即统一的和谐论，虽然儒家和道家在"相反"与"相成"哪一方面占主导上有异议，比如儒家强调刚强，主张自强不息，而道家则强调柔弱，主张以柔克刚，但最终他们都希望对立的两个方面能够"相成"、"合一"，归到一个"和谐"的"道"上去。而西方古代有些哲学家坚持二元对立的思维，强调差别、斗争的作用，这从一个方面展示了中、西方文明存在差异。

在分析事物都存在"阴阳"两面的同时，老子提醒人们思想行为不要走极端，强调"有无相生，难易相成，长短相形，高下相倾，音声相和，前后相随。"

老子《道德经》中还讲到"祸兮，福之所倚；福兮，祸之所伏。"已经认识到了矛盾的转化过程。这样的哲学思想和人生智慧，对我们现实生活和工作仍然有重要启示意义。

四、柔能克刚

老子认为，道的根本性质就是自然无为、"柔弱胜刚强"，这也是宇宙间万事万物的基本法则。认识并且掌握了这个根本规律，也就得到了道。所以他说："执古之道，以御今之有，以知古始，是谓道纪。"万事万物只有遵循这个规律，顺道而趋，不失道本，才能安处，并且发挥自己的本性，盛大德行，不然只会失道背德。

老子认为柔弱是道的作用的体现，所谓"弱者道之用"。通过对自然、社会深入细致的观察，老子发现在万事万物的发展中，成长的东西都处在柔弱的状态，柔弱的事物、柔弱的方面往往充满生机，更具有生命力，而强硬的东西则失去了生机，却又显露突出，往往容易遭忌招击而被毁坏。比如，人活着的时候是柔软的，死了就变得僵硬了；草木生长的时候是柔软的，死了就变得干枯了。所以他把强硬的东西归为死亡的一类，而柔弱的则属于生存的一类。在老子看来，天地之所以能长且久，是因为它不是为着自己而生存。圣人处处谦虚退让，反而赢得了大家的爱戴；事事不计较个人的利害得失，反而保全了自己。也正因此他把"守柔处弱，谦下不争"作为处世的基本原则。

老子并不反对个人建功立业，但他主张建功而不居功，打天下建天下而不占有天下，独享天下。“功成身退，自然之道”，这是一种积极高尚的人生观。他认为每个人的责任就是献身社会，在社会上实现个人价值，建立一番伟大的功业，等自己的使命完成以后，就应该隐退，空出舞台让后来人演出新的更辉煌的历史剧目。

五、无为而治

“无为而治”是老子另一重要思想，《道德经》中讲：“天之道，不争而善胜，不言而善应，不召而自来，繟然而善谋。天网恢恢，疏而不失。”大意是：自然大道不竞争而善于取胜，不说话而善于回应，不召唤而自动到来，和缓舒展而善于谋划，上天布下的网络看来是宽大稀疏的，却丝毫没有漏失！（“繟”原意指带子系得不紧）

在这方面，自然界的水给了老子极大的启发。《道德经》中讲到：“上善若水，水善利万物而不争；处众人之所恶，故几于道。居善地，心善渊，与善仁，言善信，正（政）善治，事善能，动善时。夫唯不争，故无尤。”

水总是自择卑下往低处流淌。它滋养万物而不图报，或滋润，或浇灌，或舟楫，只施利于人而不与万物争，所以无怨咎。老子认为最完善的人应该具有水一样的品格。他能“处众人之所恶”，别人不愿意去的地方他愿去，别人不愿意做的事他愿做，居卑忍辱，尽其所能帮助别人，而不争功名利禄，“善利万物而不争”，是“得道”的君子。

在许多情况下，实行“无为而治”，少折腾，减少扰民行为，是真正的以民为本，爱惜民生。

【举一反三】文景之治

汉朝的江山是汉高祖刘邦带领一大批能臣武将打出来的，但汉朝四百年长治久安的基础却是由汉文帝与汉景帝奠定的，史称“文景之治”。汉孝文帝刘恒是位很有才学的皇帝，他对老子的学说十分景仰。汉文帝与汉景帝实行的正是老子的“无为而治”。

司马光在《资治通鉴》中留下了这样一段记述：孝文、孝景清净恭俭，安养天下，七十余年之间，国家无事。非遇水旱之灾，民则家给人足，都郡廪庾皆满而府库余货财；京师之钱累巨万，贯朽而不可校；太仓之粟陈陈相因，充溢露积于外，至腐败不可食。众庶街巷有马，而阡陌之间成群。故人人自爱。孝文帝即位23年，宫室、苑囿、车骑、服御，无所增益；有不便辄驰以利民。尝欲作露台，召匠计之，直百金。上曰：“百金，中人十家之产也。吾奉先帝宫室，常恐羞之，何以台为！”身衣弋绨，所幸慎从，衣不曳地，帷帐无文秀，以示敦朴，为天下先。治霸陵，皆瓦器，不得以金银铜锡为锦，因其山，不起坟。吴王诈病不朝，赐以几杖；张武等受赂金钱，觉，更加赏赐以愧其心。是以海内安宁，家给人足。

司马光感慨地作一结论：“后世鲜能及之。”

第二节 孔子“仁德”之论

一、仁者爱人

“仁”是孔子思想的核心。孔子对仁有过许多解释，比如“夫仁者，己欲立而立人，己欲达而达人”；又如“己所不欲，勿施于人”。但最根本的解释应该是“仁者，爱人”，他主张以爱人之心调解家庭内部以至社会各阶层的关系，奠定社会秩序的基础。孔子提倡人与人之间要互相克制、谅解、关怀、亲善、照顾，以达到互利互惠的目的。

基于仁爱思想，“仁政”也成为孔子心目中最理想的政治模式，为政以德，勤政爱民，节用恤民，与民共忧等，是施行仁政的最基本要求。

孔子说过：“能行五者于天下为仁矣。”请问之。曰：“恭、宽、信、敏、惠。恭则不侮，宽则得众，信则人任焉，敏则有功，惠则足以使人。”

孔子解释君子施行“仁政”的方式和效果：“君子惠而不费，劳而不怨，欲而不贪，泰而不骄，威而不猛。……因民之利而利之，斯不亦惠而不费乎？择可劳而劳之，又谁怨？欲仁而得仁，又焉贪？君子无众寡、无小大、无敢慢，斯不亦泰而不骄乎？君子正其衣冠，尊其瞻视，俨然人望而畏之，斯不亦威而不猛乎？”

【星星点灯】二选一

富兰克林·罗斯福总统对小女儿爱丽丝非常慈爱。一天，有位客人到白宫拜访罗斯福，看到爱丽丝在办公室跳进跳出，不时打断他们的谈话，就抱怨说：“总统先生，难道你连爱丽丝都管不住吗？”罗斯福故意无可奈何地叹气说：“我只能在两件事中做好一件——要么当好美国的总统，要么管好爱丽丝。既然我已经选择了前者，对后者也就无能为力了。”

二、仁者君子快乐无忧

子路问于孔子：“君子亦有忧乎？”

孔子曰：“无也。君子之修行也，其未得之也，则乐其意；既得之，又乐其治，有终身之乐，无一日之忧。小人则不然，其未得也，患弗得之；既得之，又恐失之。是以有终身之忧，无一日之乐也。”

孔子：“仁者不忧，知者不惑，勇者不惧。”

孔子按人格境界，把人分为小人、君子和圣人三等；按心理行为特点，把人分为智者、勇者和仁者三类；把人格境界与心理行为特点结合起来则可以归纳为九种境界：

- 小人之智（小智）
- 小人之勇（小勇）
- 小人之仁（小德）
- 君子之智（大智）

- 君子之勇(大勇)
- 君子之仁(大德)
- 圣人之智(圣智)
- 圣人之勇(圣勇)
- 圣人之仁(圣德)

三、仁者乐见人善,见贤思齐

孔子:"见善无不及,见不善如探汤。"

孔子:"见贤思齐焉,见不贤而内自省也。"

孔子:"君子尊贤而容众,嘉善而矜不能。"

孔子:"修己以敬,修己以安人,修己以安百姓,尧、舜其犹病诸!"

孔子:"三人行,必有我师焉,择其善者而从之,择其不善者而改之。"

孔子认为仁者君子待人接物的行为举止应持守一定的中庸之道,既要保持质朴的本性,又要有一定礼节礼貌,两者恰当结合起来,不应走极端。过分质朴直率,可能显得粗鲁,没有教养;而过多的文饰,就流于虚伪。孔子曰:"质胜文则野,文胜质则史。文质彬彬,然后君子。"朱熹在《集注》中解释:"野,野人,言鄙略也。史,掌文书,多闻习事,而诚或不足也。彬彬,犹班班,物相杂而适均之貌。言学者当损有余,补不足,至于成德,则不期然而然矣。"

【星星点灯】"半部论语治天下"

赵普是北宋开国元勋,一生曾三次拜相。赵普自幼家境贫寒,读书读史很少。封为宰相后,宋太祖劝他要多多读书。从此,他每日退朝回家,手不释卷,尤其对《论语》研读甚精。到宋太宗时,有人扬言赵普不学无术,仅仅读过《论语》一书。宋太宗询问赵普有无此事,赵普毫不隐讳地回答:"臣平生所知,诚不出此一书。昔日以半部《论语》佐太祖定天下,现在以半部《论语》辅陛下致太平。"淳化三年(公元 922 年),赵普病卒,时年 71 岁。家人打开赵普书箱检视,内有《论语》20 篇。

四、仁者见利思义,见危授命

孔子:"富与贵,是人之所欲也;不以其道,得之不处也。贫与贱,是人之所恶也;不以其道,得之不去也。"

孔子:"君子谋道不谋食,君子忧道不忧贫。"

孔子:"君子食无求饱,居无求安,敏于事而慎于言。"

【星星点灯】孔子最赏识的学生颜回

颜回(公元前 523~公元前 490),春秋鲁国人,字子渊,或称颜渊,是孔子最满意的弟子。他贫而好学,以杰出的德行修养而著称,对孔门儒家思想,他以毕生精力"研之弥坚","欲罢不能",深得孔子的赞赏。自汉代起,颜回被列为七十二贤之首,祭孔时往往独以颜回配享。历代不断追加谥号:唐太宗尊之为“先师”,宋真宗加封为“兖国公”,元文宗又尊为“兖国复圣公”,明嘉靖九年改称“复圣”。

颜回“年十三,入孔子之门”,在众弟子中年龄最小,性格内向,沉默寡言,就连孔子一时也难以判断颜回的天资如何。经过一段时间的观察了解,才发现颜回聪慧。《论语》记载:“子曰:‘吾与回言终日,不违,如愚。退而省其私,亦足以发,回也不愚。’”颜回天资聪慧,能言善辩的子贡也坦承不能与颜回相比。《论语》记载:“子谓子贡曰:‘女与回也孰愈?’对曰:‘赐也何敢望回? 回也闻一以知十,赐也闻一以知二。’子曰:‘弗如也;吾与女弗如也。’”

颜回聪敏过人,加上虚心好学,使他较早地体认到孔子学说的博大精深,以尊崇千古圣哲之情尊崇孔子,其亲若父与子。《论语》记载:“颜渊喟然叹曰:‘仰之弥高,钻之弥坚。瞻之在前,忽焉在后。夫子循循然善诱人,博我以文,约我以礼,欲罢不能。既竭吾才,如有所立卓尔。虽欲从之,未由也已。’”所以即使“孔子之门三盈三虚”,唯有颜回未离孔门半步,王充评价说:“颜渊独知孔子圣也。”

孔子对颜回也有问必答,勤加指点。鲁定公七年,颜回西游卫、宋。《说苑·敬慎》记载:“颜回将西游,问孔子曰:‘何以为身?’孔子曰:‘恭敬忠信,可以为身。恭则免于众,敬则人爱之,忠则人与之,信则人恃之。人所爱,人所与,人所恃,必免于患矣。可以临国家,何况于身乎? 故不比数而比谏,不亦远乎? 不修中而修外,不亦反乎? 不先虑事,临难乃谋,不亦晚乎?’”

颜回曾随孔子在陈、蔡期间绝粮七天,子贡费了许多周折才买回一些米。颜回与子路在破墙下做饭,有灰尘掉进饭中,颜回便取出来自己吃了。子贡远远望见,以为他偷饭吃,很生气,便去问孔子:仁人廉士也改变自己的节操吗? 孔子说:改变节操还叫仁人廉士吗? 子贡说:像颜回,不会改变节操吗? 孔子说:不会。子贡便把自己看到的情况告诉孔子。孔子说:我相信颜回是仁人已非止一日,你虽如此说,我仍不会怀疑他,这里边必定有缘故。孔子叫来颜回说:日前我梦见先人,大概是启发佑助我,你把做好的饭端来,我将祭奠先人。颜回对孔子说:刚才有灰尘掉进饭里,留在锅里不干净,丢掉又太可惜,我就把它吃了,不可以用来祭奠了。颜回出去后,孔子环顾身边的弟子说:我相信颜回不是从今天开始的。从此以后,大家更加信赖钦佩颜回。

颜回是孔门中最有条件继承孔子思想学说的弟子之一,也是孔子的希望所在。孔子在不能入仕做官、达到以其思想治国的情况下,靠办学收徒来传播其治国理念。他希望弟子能入仕则入仕,不能入仕则通过讲学传授其治国之道,使其思想、主张能为后世所用。

颜回通过自己讲学授徒,传授儒学六经;通过协助孔子整理古代典籍,产生越来越大的影响,逐渐形成了儒家的一个流派——颜氏之儒。《韩非子》指出:自孔子死后,儒分八派,“颜氏之儒”是其中一派,主要有两个特点:

(1)重视立德。颜回留给后世最丰厚的思想遗产是重视立德,后世称他为“复圣”正是对其重于修德的肯定。颜回之德的核心是“仁”,他把孔子的“仁”落实在个人每天的行动中，以其高尚的道德人格影响启迪后世。

(2)认同天人合一。颜回的言行体现了他尊重客观规律，顺应自然，又重视发挥人的能动性，守道而不移其志。颜回有入仕的愿望，但在条件不成熟时，能主动退让，在家讲学授徒，待时而行。“用之则行，舍之则藏。”即使居陋巷箪食瓢饮，颜回也轻松自然，不改其乐观善良的天性，真正是一个不为物质追求所累的、自然忘我的乐观主义仁者。

颜回在学习和弘扬孔子儒家学说的过程中，殚精竭思，倾注全部心血，加上艰苦的生活条件损害了他的健康，不幸英年病逝，年仅32岁。

第三节　孟子“义德”之论

一、义节重要

孟子强调义节的重要，敬佩褒扬有气节和正直操守的人士，讲道：“富贵不能淫，贫贱不能移，威武不能屈，此之谓大丈夫。”

孟子：“何谓浩然之气？其为气也，至大至刚，以直养而无害，则塞与天地之间。其为气也，配义与道；无是，馁也。是集义所生者，非义袭而取之也。行有不慊于心，则馁也。必有事焉而勿正心，勿忘，勿助长也。”

孟子认为保持义节甚至比保有生命更重要：“生，亦我所欲也；义，亦我所欲也；二者不可得兼，舍生而取义者也。生亦我所欲也，所欲有甚于生者，故不为苟得也；死亦我所恶也，所恶有甚于死者，故患有所不辟也。”

作为一个有气节、守道义的人，不论穷困还是发达，永远不会随波逐流，与小人沆瀣一气，而是“穷则独善其身，达则兼济天下”。

二、“四端”是为人根本

孟子：“人皆有不忍人之心。无恻隐之心，非人也；无羞恶之心，非人也；无辞让之心，非人也；无是非之心，非人也。恻隐之心，仁之端也；羞恶之心，义之端也；辞让之心，礼之端也；是非之心，智之端也。人之有是四端也，犹其有四体也。”

恻隐、羞恶、辞让、是非之心，正是一个人的基本道德理念。孟子还强调接受道德教育是人之为人、人与动物区别的根本划分标准：“人之有道也，饱食暖衣，逸居而无教，则近于禽兽。”

古今中外的圣人仁者都有爱人、助人的博大胸怀，以天下苍生的快乐安宁为己任，为民请命，为民造福。

三、坚韧不移，守机待时

孟子列举古代一些圣人名士出身平凡甚至十分穷困的事例，说明动心忍性、修炼自身对于成功的重要性。“舜发于畎亩之中，傅说举于版筑之间，胶鬲举于鱼盐之中，管夷吾举于士，孙叔敖举于海，百里奚举于市。故天将降大任于斯人也，必先苦其心志，劳其筋骨，饿其体肤，空乏其身，行拂乱其所为，所以动心忍性，增益其所不能。”

孟子还提醒人们注意：“生于忧患，死于安乐。”

【星星点灯】欧阳修的少年勤学

唐宋八大家之一、北宋著名文学家和政治家欧阳修，是勤奋好学成才的一个榜样。据《欧阳公事迹》记载："欧阳公四岁而孤，家贫无资。太夫人以荻画地，教以书字。多诵古人篇章。及其稍长，而家无书读，就闾里士人家借而读之，或因而抄录。以至昼夜忘寝食，惟读书是务。自幼所作诗赋文字，下笔已如成人。"

欧阳修出生在江西吉安县，四岁丧父，幼年家境贫困，买不起笔、墨、纸、砚，祖母教他以芦苇做笔、沙滩为纸，刻苦习文练字。23岁进士及第，登上仕途，曾任滁州太守、扬州太守、颍州太守、刑部尚书、兵部尚书等职。欧阳修一生著述很多，至今看到的著作有《欧阳文忠公文集》约百万字，他的散文《醉翁亭记》已成千古名篇。

威廉·丹福斯是罗森·普林纳公司的创始人，他自幼体弱多病，有一次，他的老师问他敢不敢成为全班最强健的男孩。这个挑战使他感到十分难堪，并彻底激怒了他，他终于做出了足以影响其一生的选择。他接受老师的挑战，以顽强的毅力锻炼身体，磨炼意志，并最终成为全班最结实、最健壮的男孩。他后来写的一本书《你敢吗》流传甚广，这本小书以四种行为为基础，即"想得远"、"站得高"、"笑得甜"、"活得好"。他向读者提出挑战——塑造自己的性格，在任何时候都可以努力做得最好。

【星星点灯】"狂飙骑士"

美国的西奥多·罗斯福总统，年幼时瘦弱多病，羞怯胆小，总害怕受伤和生病，为此父母亲带他辗转迁移，希望为小"特迪"找到一个适宜养病的地方。在美国和欧洲一些地方旅行后，特迪认识到光靠改变环境解决不了自己健康的问题，决心进行大量体力锻炼，从根本上消除体弱这个缺陷。他下决心去做以往自己害怕做的事情，为此，他成了达科他州的一名牛仔，为增加勇气和力量而进行的搏斗中，甚至折腕断臂。进入哈佛大学后，他选择参加拳击运动，虽然经常被揍得一败涂地，但终于成长为一名合格的拳击手。在美国西班牙战争中，特迪荣任"狂飙骑士"的中校，在圣胡安战役中的赫赫战功使他成为民族英雄，而"狂飙骑士"的形象也使西奥多·罗斯福成了广受欢迎的军界和政界名人。由此，1898年，西奥多·罗斯福当选纽约州州长；1900年，当选美国副总统；1901年，麦金利总统遇刺身亡，西奥多·罗斯福继任美国总统。

四、民贵君轻的民本思想

孟子十分明确地提出："民为贵，社稷次之，君为轻。"

在《孟子·公孙丑》这部名篇中，孟子生动形象地说明了"得道多助，失道寡助"以及"天时不如地利，地利不如人和"的治国道理，也包含着"水可载舟，亦可覆舟"的君民关系。

"三里之城，七里之郭，环而攻之而不胜。夫环而攻之必有得天时者矣，然而不胜者，是天时不如地利也。城非不高也，池非不深也，兵革非不坚利也，米粟非不多也，委而去之，是地利不如人和也。故曰，域民不以封疆之界，固国不以山溪之险，威天下不以兵革之利。得道者多助，失道者寡助，寡助之至，亲戚畔之。多助之至，天下顺之。以天下之所顺，攻天下之所畔，故君子有不战，战必胜矣。”

孟子曰：“孔子曰：‘仁不可为众也。夫国君好仁，天下无敌。’今也欲无敌于天下而不以仁，是犹执热而不以濯也。”

孟子认为，统治者要想长治久安，首先要“得民心”，“合民意”，与民“同忧”、“同乐”，使人民的需要得到满足，能够安居乐业。因为“若民，则无恒产，因无恒心。苟无恒心，放辟邪侈，无不为已。”

孟子说过：“乐民之乐者，民亦乐其乐；忧民之忧者，民亦忧其忧。”

孟子指出：“不仁而得国者，有之矣；不仁而得天下者，未之有也。”

孟子还指出：“分人以财谓之惠，教人以善谓之忠，为天下得人者谓之仁。”国君要“行仁政”，方能“王天下”。得到百姓拥护、天下长治久安的关键是国君大臣要注重提高自己的道德修养，“养浩然正气”，并在社会上倡导实现人与人和睦相处、友爱互助的风气，社会秩序自然井然有序。

第四节　中外修德名言名篇

一、周敦颐《爱莲说》

“水陆草木之花，可爱者甚蕃。晋陶渊明独爱菊。自李唐来，世人甚爱牡丹。予独爱莲之出淤泥而不染，濯清涟而不妖，中通外直，不蔓不枝，香远益清，亭亭净植，可远观而不可亵玩焉。予谓菊，花之隐逸者也；牡丹，花之富贵者也；莲，花之君子者也。噫！菊之爱，陶后鲜有闻。莲之爱，同予者何人？牡丹之爱，宜乎众矣！”

二、马克思论伟大和幸福

“历史把那些为了大众目标而工作，因而使自己变得高尚的人看做是伟大的人；经验则把使绝大多数人幸福的人称赞为最幸福的人。”

三、林则徐论“十无益”

(1)父母不孝，奉神无益；

(2)兄弟不和，交友无益；

(3)存心不善，风水无益；

(4)行止不端，读书无益；

(5)心高气傲，博学无益；

(6)做事乖张，聪明无益；

(7)时运不济，妄求无益；

(8)妄取人财，布施无益；

(9)不惜元气，医药无益；

(10)淫恶肆欲，阴骘无益。

四、曾国藩论读书、进德、用人、孝友传家

“细思古人工夫，其效之尤著者，约有四端：‘慎独则心泰，主敬则身强，求仁则人悦，思诚则神钦’。”

“凡天下官宦之家，多只一代享用便尽。其子孙始尔骄佚，继而流荡，终而沟壑，能庆延一二代者鲜矣；商贾之家，勤俭者能延三四代；耕读之家，谨朴者能延五六代；孝友之家，则可绵延十代八代。”

“自其外者学之而得于内者谓之明，自其内者得之而兼于外者谓之诚，诚与明一也。”

“省事是清心之法，读书是省事之法。”

“学而废者，不若不学而废者。学而废者恃学而有骄，骄必辱。不学而废者愧己而自卑，卑则全。勇多于人谓之暴，才多于人谓之妖。”

“不深思则不能造于道。不深思而得者，其得易失。”

“多躁者必无沉毅之识，多畏者必无踔越之见，多欲者必无慷慨之节，多言者必无质实之心，多勇者必无文学之雅。”

“清高太过则伤仁，和顺太过则伤义，是以贵中道也。”

“勤于邦，俭于家，言忠信，行笃敬。”

“以才自足，以能自矜，则为小人所忌，亦为君子所薄。”

“立身之道，内刚外柔；肥家之道，上逊下顺。不和不可以接物，不严不可以驭下。”

“防身当若御虏，一跌则全军败没。爱身当如处子，一失则万事瓦裂。”

“说人之短，乃护己之短。夸己之长，乃忌人之长。皆由存心不厚，识量太狭耳。能去此弊，可以进德，可以远怨。”

“人有毁我诮我者，改之固益其德，安之亦养其量。”

“短不可护，护则终短。长不可矜，矜则不长。尤人不如尤己，如圆不如好方。用晦则天下莫与汝争智，谦则天下莫与汝争强。多言者老氏所戒，欲纳者仲尼所臧。妄动有悔，何如静而勿动？太刚则折，何如柔而勿刚。吾见进而不已者败，未见退而自足者亡。为善则游君子之域，为恶则入小人之乡。”

“以爱妻子之心事亲，则无往而不孝。以责人之心责己，则寡过。以恕己之心恕人，则全交。”

“轻财足以聚人，律己足以服人，量宽足以得人，身先足以率人。”

“夫知之而不用，与不知同；用之而不尽，与不用同。”

“惟正己可以化人，惟尽己可以服人。为善者常受福，为利者常受祸，心安为福，心劳为祸。”

“天下古今之庸人，皆以一惰字致败；天下古今之才人，皆以一傲字致败。”

“士有三不斗：毋与君子斗名，毋与小人斗利，毋与天地斗巧。”

五、魏征《谏太宗十思疏》

“臣闻求木之长者，必固其根本；欲流之远者，必浚其泉源；思国之安者，必积其德义。源不深而望流之远，根不固而求木之长，德不厚而思国之安，臣虽下愚，知其不可，而况于明哲乎？人君当神器之重，居域中之大，不念居安思危，戒奢以俭，斯亦伐根以求木茂，塞源而欲流长也。

凡百元首，承天景命，善始者实繁，克终者盖寡。岂取之易，守之难乎？盖在殷忧，必竭诚以待下；既得志，则纵情以傲物。竭诚，则吴越为一体；傲物，则骨肉为行路。虽董之以严刑，振之以威怒，终苟免而不怀仁，貌恭而不心服。怨不在大，可畏惟人，载舟覆舟，所宜深慎。

奔车朽索，其可忽呼？君人者，诚能见可欲，则思知足以自戒；将有作，则思知止以安人；念高危，则思谦冲而自牧；惧满溢，则思江海下百川；乐盘游，则思三驱以为度；忧懈怠，则思慎始而敬终；虑壅蔽，则思虚心以纳下；惧谗邪，则思正身以黜恶；恩所加，则思无因喜以谬赏；罚所及，则思无因怒而滥刑。总此十思，宏此九德。简能而任之，择善而从之，则智者尽其谋，勇者竭其力，仁者播其惠，信者效其忠。文武并用，垂拱而治。何必劳神苦思，代百司之职役哉！”

六、陶行知谈教学

“教师的职务是‘千教万教，教人求真’；学生的职务是‘千学万学，学做真人’。”

七、管仲谈树人

“一年之计，莫如树谷；十年之计，莫如树木；百年之计，莫如树人。”

八、子思论学

“学所以益才也，砺所以致刃也，吾尝幽处而深思，不若学之速；吾尝跂而望，不若登高之博见。故顺风而呼，声不加疾而闻者众；登丘而招，臂不加长而见者远。故鱼乘于水，鸟乘于风，草木乘于时。”

九、师旷论学

晋平公问于师旷曰：“吾年七十欲学，恐已暮矣。”师旷曰：“何不炳烛乎？”平公曰：“安有为人臣而戏其君乎？”师旷曰：“盲臣安敢戏其君乎？臣闻之，少而好学，如日出之阳；壮而好学，如日中之光；老而好学，如秉烛之明。秉烛之明，孰与昧行乎？”平公曰：“善哉！”

十、诸葛亮论志存高远

“夫志当存高远，慕先贤，绝情欲，弃凝滞，使庶几之志，揭然有所存，恻然有所感；忍屈伸，去细碎，广咨问，除嫌吝，虽有淹留，何损于美趣，何患于不济。若志不强毅，意不慷慨，徒碌碌滞于俗，默默束于情，永窜伏于平庸，不免于下流矣。”

十一、庄子论“明大道者”

“是故古之明大道者，先明天而道德次之，道德已明而仁义次之，仁义已明而分守次之，分守已明而形名次之，形名已明而因任次之，因任已明而原省次之，原省已明而是非次之，是非已明而赏罚次之，赏罚已明而愚知处宜，贵贱履位，仁贤不肖袭情。必分其能，必由其名。以此事上，以此畜下，以此治物，以此修身，知谋不用，必归其天。此之谓大平，治之至也。”

十二、司马光论积善

“尽小者大，慎微者著；积善在身，犹长日加益而人不知也；积恶在身，犹火销膏而人不见也。”

十三、荀子论“礼之三本”

“礼有三本：天地者生之本也，先祖者类之本也，君师者治之本也。无天地恶(何)生，无先祖恶出，无君师恶治。三者偏亡焉，无安人。故礼上事天，下事地，尊先祖而隆君师，是礼之三本也。”

十四、范仲淹论忧乐

范仲淹在《岳阳楼记》中讲：“先天下之忧而忧，后天下之乐而乐。不以物喜，不以己悲。居庙堂之高则忧其民，处江湖之远则忧其君。”

十五、管仲论王者“以百姓为天”

齐桓公问管仲曰：“王者何贵?”曰：“贵天。”桓公仰而视天，管仲曰：“所谓天者，非谓苍苍莽莽之天也；君人者以百姓为天，百姓与之则安，辅之则强，非之则危，背之则亡。”

十六、莎士比亚

“道德和才艺是远胜于富贵的资产。堕落的子孙可以把贵显的门第败坏，把巨富的财产荡毁，而道德和才艺却可以使一个凡人成为不朽的神明。”

十七、泰戈尔论内在品质

“你可以从外表的美来评论一朵花或一只蝴蝶，但你不能这样评论一个人……我宁愿要那种虽然看不见但表现出内在品质的美。”

十八、雨果论善良

“善良即是历史中稀有的珍珠，善良的人便几乎优于伟大的人。”

十九、伏尔泰论善与恶

“美德与过恶，道德上的善与恶，都是对社会有利或有害的行为；在任何地点，在任何时代，为公益作出最大牺牲的人，都是人们称为最道德的人。”

二十、戴尔·卡耐基的座右铭

“我的座右铭是：第一是诚实，第二是勤勉，第三是专心工作。”

二十一、培根论美德等

“美德好比宝石，它在朴素背景的衬托下反而更华丽。同样，一个打扮并不华贵，却端庄、严肃而有美德的人是令人肃然起敬的。”

“顺境的美德是节制；逆境的美德是坚忍。后一种是更为伟大的一种德性。”

“一个自身无德的人见别人有德必怀嫉妒。”

“一个人如能在心中充满对人类的博爱，行为遵循崇高的道德律，永远围绕着真理的枢轴而转动，那么他虽在人间也等于生活在天堂中了。”

“读史使人明智，读诗使人灵秀，数学使人精密，哲理使人深刻，伦理学使人有修养，逻辑修辞之学使人善辩。”

二十二、林肯论诚实

“你可以一时蒙骗所有人，也可以永远蒙骗一些人，但你不可能永远蒙骗所有人。”

二十三、尼采论进步

“如果你想走到高处，就要使用自己的两条腿！不要让别人把你抬到高处；不要坐在别人的背上和头上。”

二十四、朱熹为白鹿洞书院制定的《白鹿洞教条》：

五教之目：父子有亲，君臣有义，夫妇有别，长幼有序，朋友有信。

为学之序：博学之，审问之，慎思之，明辨之，笃行之。

修身之要：言忠信，行笃敬，惩忿窒欲，迁善改过。

处事之要：正其谊，不谋其利。明其道，不计其功。

接物之要：己所不欲，勿施于人。行有不得，反求诸己。

人物案例

一、孔子

（一）孔子简介

孔子名丘，字仲尼，春秋后期鲁国人。公元前551年9月28日（农历八月二十七日）生于鲁国陬邑昌平乡（今山东省曲阜市东南的鲁源村）；公元前479年4月11日（农历二月十一日）逝世，享年72岁（通常按虚岁讲73岁去世）。

孔子的六代祖叫孔父嘉，是宋国的大夫，做过大司马，在宫廷内乱中被杀，其子木金父为避祸逃到鲁国陬邑，从此孔氏在陬邑定居，变成了鲁国人。孔子的父亲叫孔纥，字叔梁，史称叔梁纥，母亲叫颜征在。叔梁纥是鲁国的武士，立过两次战功，曾任陬邑大夫。叔梁纥先娶妻施氏，生九女，无子。又娶妾，生一子，取名伯尼，又称孟皮。孟皮脚有毛病，叔梁纥不满意。得知颜家有五女皆未婚嫁，于是向颜家求娶一女，只小女儿颜征在愿意嫁给他。当时叔梁纥已65岁，颜征在才15岁，“祷于尼丘山”，次年生孔子，故以“丘”名之。

中国历史上能够诞生孔子这位千年伟人，实在也应感谢颜征在的慧眼识人。孔子三岁时父亲去世，十七岁时母亲去世。

孔子中年曾做过几任大小官职，但他一生大部分时间是从事教育，曾携弟子周游列国，相传所收弟子多达三千，有七十二贤人，教出不少有德行有才能的学生，“桃李满天下”。

孔子是春秋末期伟大的思想家、政治家、教育家，儒家思想的创始人。孔子修《诗》、《书》，定《礼》、《乐》，序《周易》，作《春秋》，其思想学说对后世产生了极其深远的影响。在世时已被誉为“天纵之圣”，是当时社会最博学者之一，后世更尊为至圣先师、万世师表。孔子自谓“述而不作”，实际是以“述”为“作”，通过诠释历史，来褒扬善良的人性和仁爱价值观。在中国五千年的历史上，孔子是对华夏民族文化产生最大影响的人物。

（二）孔子的性格特点和基本思想

孔子为人正直、乐观向上、积极进取，一生都在追求真善美，一生追求实现理想的仁爱社会。

1. 谦虚好学

学而不厌，诲人不倦。孔子以好学著称，对于各种知识都表现出浓厚的兴趣，因此他多才多艺，知识渊博，在当时是出了名的，几乎被当成无所不知的圣人，但孔子自己不这样认为，孔子曰：“圣则吾不能，我学不厌，而教不倦也。”孔子学无常师，谁有知识，谁那里有他不知道的东西，就拜谁为师，因此说“三人行，必有我师焉”。

作为学业宗师和教育家，孔子有许多关于学习的经典论述，比如：

“知之为知之，不知为不知，是知也。”

“知之者不如好之者，好之者不如乐之者。”

“吾尝终日不食，终夜不寝，以思，无益，不如学也。”

“学而不思则罔，思而不学则殆。”

“学而时习之，不亦说乎？”

“温故而知新，可以为师矣。”

“日知其所亡，月无忘其所能，可谓好学也矣。”

2. 孝悌思想

孝悌理念是孔子及其创立的儒家思想中极为宝贵的内容和重要组成部分。尊老敬长是一种值得各个时代重视的品德，孔子以其完整的以孝悌为核心的家庭伦理道德思想体系，创造了中华文化独具特色的一个重要内容——讲究孝顺，因其符合人类饮水思源的善良本性，而长期得到家庭社会的推崇和传承，也成为中国数千年历史长河中华民族凝聚力、融合力的重要力量源泉。

3. 非礼勿行

孔子十分重视礼的社会行为规范作用，提出：“非礼勿视，非礼勿听，非礼勿言，非礼勿动。”孔子对周礼推崇有加，对其作了详细阐释和解读。“不学礼，无以立。”“礼”的含义不仅包括一般的家庭社交“礼仪”，而且更广泛地指一整套维系国家、社会正常秩序的礼法制度及其观念。“居处恭，执事敬，与人忠。”“君子敬而无失，与人恭而有礼，四海之内皆兄弟也。”

孔子在其修订的《礼记》中阐述：“道德仁义，非礼不成，教训正俗，非礼不备。”

“鹦鹉能言，不离飞鸟。猩猩能言，不离禽兽。今人而无礼，虽能言，不亦禽兽之心乎？……是故圣人作，为礼以教人，使人以有礼，知自别于禽兽。”

“太上贵德，其次务施报。礼尚往来，往而不来，非礼也；来而不往，亦非礼也。人有礼则安，无礼则危，故曰礼者不可不学也。夫礼者，自卑而尊人。虽负 贩者，必有尊也，而况富贵乎？富贵而知好礼，则不骄不淫；贫贱而知好礼，则志不慑。”

孔子作为儒家学说的创始人，强调“仁”和“礼”，即“仁者爱人”和“克己复礼”，要实现仁和礼，必须提高个人道德修养，行事遵循中庸之道，这对于当今处理人与人之间、人与自然之间的关系仍然有着重要指导意义。

4. 奉献社会

孔子的仁爱思想和奉献精神塑造了他的崇高品格，几千年来影响着中国人的思想行为，特别是影响着中国的知识分子。范仲淹讲：“先天下之忧而忧，后天下之乐而乐。”这正是以孔子为代表的杰出中国知识分子的人生观，他们以天下兴亡为己任，为国家民族的发展殚精竭虑，而把个人享乐抛在脑后，在国家面临生死存亡的关键时刻，更以其铮铮铁骨成为民族的脊梁。

孔子一生传道授业解惑，修订典籍，带出许多弟子学生，把仁义礼智信的思想传播后世，为中华民族留下了弥足珍贵的精神财富。

(三)曲阜三孔——世界的文化遗产

曲阜三孔——孔庙、孔林、孔府(英文名称：Temple and Cemetery of Confucius and the Kong Family Mansion in Qufu)于 1994 年 12 月根据世界文化遗产遴选标准 C(Ⅰ)(Ⅳ)(Ⅵ)入选《世界遗产名录》(编号：200－012)。

世界遗产委员会评价：孔子是公元前 6 世纪到公元前 5 世纪中国春秋时期伟大的哲学家、政治家和教育家。孔夫子的庙宇、墓地和府邸位于山东的曲阜。孔庙是公元前 478 年为纪念孔夫子而兴建的，千百年来屡毁屡建，到今天已经发展成超过 100 座殿堂的建筑群。孔林里不仅容纳了孔夫子的坟墓，而且他的后裔中，有超过 10 万人也葬在这里。当初小小的孔宅如今已经扩建成一个庞大显赫的府邸，整个宅院包括了 152 座殿堂。曲阜的古建筑群之所以具有独特的艺术和历史特色，应归功于两千多年来中国历代王朝对孔夫子的大力推崇。

二、甘地

(一)甘地生平

莫罕达斯·卡拉姆昌德·甘地(Mohandas Karamchand Gandhi)是印度民族主义运动领袖、印度国父。他带领国家脱离英国的殖民统治，实现独立。他的“非暴力反抗”(nonviolent protest)的主张，影响了全世界的民族主义者和争取和平变革的国际运动。

1869 年 10 月 2 日，甘地出生于印度西部港口城市博尔本德尔的一个印度教家庭，他的祖父和父亲都是当地印度土邦的帝万(即土邦首相)。甘地 13 岁时，与同岁的加斯杜白(Kasturbai)成婚，婚后育有四个孩子。

1888 年，甘地 19 岁时，留学英国，在伦敦大学学院学习法律。在伦敦期间，他恪守母亲教诲，不吃荤、不酗酒，成为坚定的素食主义者。

留学回国后不久，1893 年 4 月，甘地去南非做律师工作。他看到侵犯印度移民基本权利的现状，开始抗争和游说，反对针对印度人的种族歧视。有一次他买一等车厢的车票，拒绝换到三等车厢，被人扔下了火车。

1916年，甘地开始向印度人民宣传自己的主张，即通过非暴力斗争实现印度的独立。甘地的非暴力不合作运动很快成为他加入的国大党的指导思想，获得了世界范围的关注。这期间他被英国当局多次逮捕。

1930年甘地领导了著名的“食盐长征”，抗议殖民政府的食盐公卖制，从沙尔玛第到丹地海边游行近400公里，数以千计的人们徒步到海边取盐而不给政府交税。

第二次世界大战结束后，英国在压力下被迫同意印度独立。但因为印度教与穆斯林教的分歧对立由来已久，加上英国分而治之的政策，印巴分治成为定局。甘地反对分裂为两个国家，主张印度教徒和穆斯林团结合作，提倡社会改良、自我道德完善和精神感化，但最终未能阻止分裂。印度独立后发生宗教仇杀与混乱，死亡几万人，78岁高龄的甘地通过三天绝食帮助平息了大规模宗教仇杀。但最后甘地也成了两教冲突的牺牲品，死在一个狂热的印度教教徒的枪口之下。

（二）甘地的品格

1. 严格自律与内心宁静

甘地终生食素，他认为人为了生命也必须有限度，不能为了自己的生命而剥夺动物的生命。当他严重腹泻而生命垂危时，医生劝他喝肉汤、吃鸡蛋，甘地只有一个字：“不!”甘地还坚持每周一天不说话，相信沉默带给自己内心的平静，在沉默时只用文字交流。

2. 博爱与自我牺牲

甘地毕生最重要的事业是以非暴力不合作的方式领导印度取得民族独立。非暴力不是懦弱，而体现了他的博爱精神。甘地说：“如果我们只爱那些爱我们的人，不是非暴力。只有当我们爱那些恨我们的人，才是非暴力。我知道遵循这条崇高的爱的律令是多么困难。所有伟大的善事不是都难以做到吗?”甘地的信念影响了许多民主人士，如马丁·路德·金、曼德拉等人。

（三）甘地的名言

1. 以眼还眼，世界只会更盲目。

2. 要活就要像明天你就会死去一般活着；要学习就要好像你会永远活着一般学习。

3. 信仰引导我们穿越风暴中的海洋，信仰能使人移山，信仰能使人跨越海洋。

4. 不使用暴力，是谦逊的极限。

5. 欲变世界先变自身。

6. 懦夫是不会有爱的，爱是勇者的特性。

7. 当我绝望时，我会想起：在历史上，只有真理和爱能得胜，历史上有很多暴君和凶手，在短期内或许是所向无敌的，但是终究会失败。

8. 贫穷才是最糟糕的暴力。

9. 手段的不纯洁，必然导致目的的不纯洁。

第五章　德与成

第一节　成功的内涵

成功是一个复杂的多视角的论题，既有主观判断和个人评价，也涉及客观标准和社会评价，俗话说，兼听则明，通过多角度的分析讨论，可以对事物有更明确的认识。

一、什么是成功？

成功学最早的研究者拿破仑·希尔认为：成功就是培养自己的能力，并在不妨碍他人权益的情况下，运用这一能力得到自己生活中需要的所有东西。他所强调的能力包括人的教育程度、才智、承受力、性格以及其他优秀品格，认为这些是获取成功的基本要素。

成功学另一研究者卡尔博士认为成功意味着许多美好积极的事物："成功意味着个人的兴旺发达：享有好的住宅、假期、旅行、新奇事物、经济保障，以及使你的孩子能享有优厚的条件。成功意味着能获得赞美，拥有领导权，并且在职业与社交圈中赢得别人的尊敬。成功意味着自由，免于各种烦恼、恐惧、挫折与失败的自由。成功意味着自重，能追求生命中更大的快乐和满足，也能为那些赖你为生的人做更多的事情。"

什么是成功？这是个见仁见智的问题。按照笔者对成功的基本理解，成功应当是指在符合社会大众利益和社会基本价值观的前提下，一个人为社会做出杰出贡献并由此得到社会民众的广泛赞扬称许。因此，观察一个人是否成功，必须考虑两个方面：首先他（她）必须创造出一定的社会价值，为公众、国家、民族做出了杰出的贡献，是有益于人民的；第二，他（她）应该是做出一种超越普通层面、超越过去、相对突出的贡献或成就，而不是混同于一般状况的表现。

另外，笔者认为，观察成功还可以从两个角度来分别考察：一个是横向比较的成功，另一个是纵向比较的成功。

（1）横向比较的成功。就是与相同类型、相同职业、同样群体的人进行比较，实现横向比较的成功只能是一小部分人，不管在任何领域、行业或地区，成功者都只是群体当中极少数出类拔萃的佼佼者，位于金字塔的顶端，比如，从事艺术的杰出艺术家，从事科学发明的杰出科学家，从政、从军的杰出政治家、军事家，他们以个人的聪明才智和胆略卓识发挥了影响国家、社会、民族利益的重要积极作用，或者在科技、文化领域有重大发明创造和突出成就。而位于各行各业金字塔底部的人则不是成功者。

成功是个人价值和潜力的实现。马斯洛把人的需求由低到高分为五个层次：基本生存需要、安全需要、亲情需要、尊重需要、自我价值实现的需要。横向比较的成功者必定达到了最高层次——充分实现了个人的价值，无论是画家、书法家、作家、诗人，还是企业家、政治家、军事家，他们必定得以充分展示个人的天赋和才能，取得了所在领域的超凡成就。

(2)纵向比较的成功。就是一个人与自己的过去进行比较——“我每天进步一点点就是走在一条成功之路上”，通过自身持续不断的努力和道德修炼，一个人每天都在进步着、完善着，每天都是一个新的“我”，那也是一种成功，这样的成功是每个人都可以做到的，并不限定为少数人。在追求实现成功的过程中，意味着自己这个小金字塔在不断增大，整个社会的大金字塔也在不断增大。当然，如果一个人陷入堕落、下滑的轨道，那就是失败者。

从整个社会进步角度来看，提倡这种纵向比较的成功比提倡横向比较的成功更有价值、更有积极意义、更有益于人类社会的发展。如果人人都努力不断完善提高自己，社会公众道德素养提升，人口素质提高，社会人力资本增加，生产力发展以及社会进步加快，人类社会精神文明和物质文明同时得到发展。即使许多人由于个人能力和其他条件的限制，不能成为所在领域的佼佼者，但他们通过持续努力，实现了自己的进步和升华，也推动了社会进步发展，因此同样是成功者。

纵向比较的成功与横向比较的成功是可以结合起来的。成功人士往往是那些有强烈的上进心，坚持完善自己，努力实现一个又一个的阶段性人生目标，积小胜为大胜，汇集小成功为大成功的杰出人士。

由于每个人的生活经历不同或价值观念差异，对成功含义会有不同的解读，对成功的描述也多种多样。但只要我们认同一点——成功者一定是对社会有积极贡献和正面作用的人——我们的基本立场就是相同的。

成功必然有其社会属性，但也有其个人属性。为什么这样说呢？成功实际隐含着两重意思：一方面是社会承认了某人的价值和贡献，并往往给予其相应的酬谢，如金钱、地位、尊重等；另一方面是某人自己发现并实现了自我价值，从而充满自信和成就感。但人们有时会忽略后一层含义，认为只有在他人尊敬我们、鲜花和掌声环绕着我们时，才算成功。而实际上，一个人只有在对自己有较高评价并对自己从事的正当事业有充分自信时，他才可能真正成功。其中的道理很简单，那就是每个人不可能给别人自己没有的东西——如果一个人觉得自己没有价值，又怎么可能给社会创造出价值并最终得到社会承认呢？爱迪生、诺贝尔、福特都曾被讥讽为“愚蠢”、“顽固”的人，但他们对自己事业的自信和执着使他们成为名垂史册的成功者。

二、与成功相关的问题

成功作为复杂的社会范畴，会涉及许多问题，以下是笔者的一些思考认识：

(1)成功应当是多元化的，人们没有必要选择同样的成功道路。每个人可以根据自己的优势、性格特点、兴趣爱好，选择自己的成功之路。与自己的特长和兴趣结合起来的人生之路，往往更容易取得成功，一生会有更多快乐。

(2)成功的道路必须符合社会公众道德和社会进步的要求。一个人即使积累了大量财富或攀爬到很高的地位,但如果使用了卑鄙恶劣和自私害他的手段,也不能称为成功,更不能算成功人士。靠贪污、盗窃、抢劫得到的财富,积累得越多,罪恶越大,离成功也就越远,像张子强靠绑架富人劫取十几亿财富,最终落得枪毙的结局,人财两空。

(3)成功要能经受时间的考验,一时一地的成功不一定代表人生的成功。现实生活中,我们也会看到一些人在人生的前半生或大半生是成功的,但最后栽了跟头,比如像张国焘、禹作敏,这些人是名人,但不能称为成功人士,所以成功人士必然是多年后仍能得到人们称赞、敬佩的人。

(4)成功既强调结果,也看重经历的过程。社会大众要看一个人曾经达到的高度,展示的个人才能,对社会发展的影响作用,来判断其是否成功。比如拿破仑,许多人认为他是个失败者,但笔者认为他属于成功人士行列,他所发掘出的个人能量和达到的事业高度,不但在法国历史上是最突出的,在世界历史上也是少见的。如果根据最终结果把拿破仑视作失败者,可能世界上许多人都愿意做这样的失败者。

(5)成功与人的社会起点关系不大,而与人的心理素质和意志品质高度相关,特别是毅力超强的人容易获得成功。这也是为什么我们看到的许多成功人士往往出身贫苦,因为苦难的生活磨炼了他们的意志和耐力,使他们能坚持到最后的成功。这些草根出身的成功人士,也更容易得到人们的尊重和称赞,如李嘉诚、霍英东等。

(6)取得成功的关键一点是设定目标的实现,这是成功人士的清醒和过人之处,他们往往有远大理想和人生抱负,不会被一时的得失困扰。对那些没有人生目标的人而言,有时飞来的好运可能会转变为一场灾难。

【举一反三】加拿大男子7年花光千万巨奖自杀

据加拿大通讯社2005年10月6日报道,加拿大一男子7年前买了一张2加元的彩票,结果中了1 000万加元的大奖。然而,在短短7年时间中,他败光了全部钱财,2005年10月2日,身无分文的他在父母家的车库内上吊自杀了!

现年42岁的杰拉德·穆斯瓦根是加拿大温尼伯市人。1998年,幸运之神突然降临到杰拉德的身上,他花2加元买的一张彩票,结果中了1 000万加元的大奖。也许这笔“飞来横财”来得太容易了,中奖后的杰拉德开始了一系列令人咋舌的疯狂消费。他给自己和朋友们各买了一辆豪华轿车;在当地买下一座房子,专门用于狂欢派对;有一次,他在一天之中为朋友们买了8台昂贵的大屏幕彩电。在一些狐朋狗友的影响下,杰拉德开始吸毒和酗酒,在这种奢靡的生活中,杰拉德的“千万横财”像水一样快速地流失。

杰拉德看着千万家产像漏气的气球一样缩瘪,也想投资生意扩大自己的财富。他开了一家伐木公司,然而木材销不出去,伐木公司以惨败告终,损失了一大笔钱。金钱没有给杰拉德带来幸福,相反带来了“诅咒”。2000年10月,杰拉德开着新买的豪华轿车以时速180公里的速度超速行驶，结果被警方以“危险驾驶罪”逮捕，关了3个月监禁。2002年11月，杰拉德的妻子弗吉尼娅去世后，他竟然试图非礼一名19岁的清洁女工，再次因性袭击罪入狱，被判3个月监禁。正如他的律师对法庭所称，杰拉德是“金钱无法买来幸福”的典型悲剧例子。

2005年，杰拉德终于彻底败光了中彩得来的1 000万加元，从一名“千万富翁”沦为一个“穷光蛋”。这时，杰拉德的“朋友们”全都离他而去，甚至不愿接济他一点儿零钱。2005年夏天，为了赚钱养活自己的女朋友和6个年幼的孩子，杰拉德不得不到一家农场打工，靠沉重的体力活谋生。2005年10月2日，这名曾经的“千万富翁”，由于忍受不了这种生活的巨大落差，竟然在父母家汽车库里用一根绳子吊死了自己。

三、有关成功的讨论

成功的含义是个见仁见智的问题，对此笔者与学生们也有过热烈的讨论，在此与大家分享，希望引起更多的思考。

（一）判断成功的标准

学生A：成功是否就是个人目标的实现，再加上自己心理的满足？

兰宜生：成功应当是个人目标的实现，但成功除了个人的判断之外，更要有社会的价值判断和一种公众认同的标准，目标的设定也应当体现社会价值。否则，每个人设定一个微小的生活目标可以轻而易举地实现，就认为自己成功了，那阿Q是不是也可以认为自己成功了？

学生B：对于不同的人来说，成功的含义应该是不一样的。对于农民，田地的丰收便是成功；对于教师，教的学生获得好成绩就是成功；对于企业家，企业良好的销售业绩和发展前景即为成功；但是对于一名家庭主妇，丈夫工作称心顺利和孩子生活快乐可能就是她人生最大的成功。成功的含义不能一概而论，关键是自己感觉幸福和满足。

兰宜生：成功的标准是不能一概而论，但幸福感和成功有时候能统一起来，有时候可能统一不起来。幸福感常常与家庭生活甜蜜温馨、母子夫妻亲情关系等结合在一起，对一个较低层面的成功者来说，比较容易实现家庭生活和工作事业的兼顾；而对一个领袖人物，繁重的事业使命把其家庭生活和私人空间几乎挤压没了，他们的幸福感可能比普通人还低，但他们确实是非常成功的人士。

学生C：成功应当以某种世俗的标准，如声誉、地位和金钱来衡量，否则，每个人有自己的标准，自己认为是成功就是成功，那也就无所谓成功和不成功了。

兰宜生：成功是需要有社会的或世俗的标准，成功者应当是所在行业的佼佼者。但成功的取得必须符合社会的道德观，不能采取不正当的手段获取名誉和钱财。

学生D：那您认为李世民杀兄囚父夺取皇位，是否符合社会道德呢？李世民是不是成功人物呢？

兰宜生：这种社会道德和社会价值判断应当考虑社会进步和历史因素，并要对一个人的历史功过做一个客观的全面评价。如果李世民夺取皇位有利于社会进步，李世民的历史贡献功大于过，那应当认为他是成功人物。

学生 E：对大多数人来说，成功可以定义为自身位移的大小，是一个相对的概念，而不是一个绝对的概念。只要比起点高，我们都可以认为自己是成功的，都有理由拥有成功感，而不是相反，总是觉得不如别人，虽然做成一些事，却有失败感，总认为自己不成功。

兰宜生：这种观点有道理，成功应是一个相对的概念，要考虑原有起点不同，但成功也不是只高过起点就行了，那样的标准太低了。成功者应追求自身实现的"位移"超过别人的速度和距离，这才是成功者品格。

学生 F：每个人从事的行业不同、考虑问题的重点不同、起点高低不同，因此不应当有统一的成功标准，要因人而异。

兰宜生：做一个诗人、科学家或企业家，他们的成功标准肯定是不一样的，学术声望和科学发现的价值也无法用金钱财富来准确衡量，我们很难说牛顿定律或"广义相对论"值多少美元。但成功人士是各个行业的佼佼者和杰出贡献者，这一点应当得到社会认同。如果完全没有标准，也就失去了研究成功的意义和成功者作为榜样的价值力量。

（二）成功与成功感

学生 A：成功与成功感是不是相似的概念？

兰宜生："成功感"是指个人的主观感受，指个人在成功的途中是否体验到自己的进步，是否感受并欣赏自己的成功。换句话说，在走向成功的途中，对于实现一个个阶段性目标，是否觉得也是成功；或者相反，虽然实现了一些小目标，但觉得离成功还很远，甚至有失败感和失落感。"成功"主要是指外界的客观评价，是成功者业绩在他人眼中的反映。

学生 B：成功与成功感是不是方向一致呢？

兰宜生：真正的成功应当是这两者的结合，既有外界认可、认同的成功，同时本人也认为自己是成功的，有成功感和成就感。

学生 C：成功感对于成功者重要吗？

兰宜生：成功感可以不断提升一个人的自信心和工作能力，进而改善其业绩表现，一层加一层就建起了成功大厦。因此，家长和老师应及时表扬和鼓励学生孩子的进步，以增强他们的自信心和上进心；领导要及时表扬下属的工作业绩，这会鞭策他们更勤奋地工作；个人也要不断总结和确认自己的进步，增强继续前进的信心和勇气。

学生 D：一些成功人士常有很强的危机意识，比如比尔·盖茨总说微软公司离破产只有 3 个月，危机感和成功感哪个对于成功者更重要呢？

兰宜生：居安思危是成功人士普遍具有的一种素质，使他们不被成功冲昏头脑，不断从小成功走向更大的成功。我认为危机感与成功感对于取得成功都是重要的，可能在事业发展的前期，成功感更重要，对人有激励和鼓舞作用，保持信心和勇气；在事业发展的后期，危机感更为重要，提醒人不要骄傲自满，不能止步不前，也避免轻率决策的失误。

（三）成功与成功人士

学生 A：能够取得成功的人就是成功人士吧？成功与成功人士是不是相似的概念？

兰宜生：我认为，成功与成功人士并不是相等或相似的概念，能够成功的人不一定都是成功人士。成功一次、两次很容易，多数人都能做到，但只有坚持到底把成功的事业做大做强的人才能算成功人士。这就像马拉松赛跑，在前面 5 公里、10 公里、20 公里，大家都能通过，差距也不大，都能获得初步的成功，但能够坚持到终点并拿到奖牌的少数人才是成功人士。

学生 B：那么只有获得冠军或者各行业的顶尖人物才能算成功人士喽？

兰宜生：横向比较的话，是应当这样判断，但也不是绝对的。仍以体育比赛为例，能够获得全国冠军、世界冠军应当是令人羡慕的成功，但奥运冠军们能否把这种杰出表现保持下去，转化为人生其他领域的长时期领先优势，则决定其能否成为一个真正的成功人士，目前看来李宁、姚明是比较好的典型。我们从新闻媒体看到昔日的全国和世界举重比赛冠军现在成了搓澡工，既为之感到遗憾和不平，也应想到一次成功与成功人士是不能画等号的。

学生 C：成功人士拥有较高的社会地位或较多的财富，经常出现在电视、报纸新闻里，他们生活在社会上层，对不对？

兰宜生：成功人士不仅仅有地位和金钱可以显示于人，而且有一种人格的力量或道德美感可以为人表率，因此，能被社会公众认可为成功人士的是少数杰出人士。但是，行行出状元，成功人士也可以是工人或农民，是工人、农民中的杰出人物。

【举一反三】“有国无家”的老人

2005 年 9 月 23 日早晨，93 岁的白芳礼老人静静地走了，但他将永远活在无数人心中：这位老人在 74 岁以后靠蹬三轮车挣下 35 万元人民币，捐给天津多所大学、中学和小学，资助了 300 多名贫困学生。而他的个人生活十分清苦，他的私有财产是一个零。

从 1993 年到 1998 年，老人资助红光中学的 200 多名藏族学生，月月给他们补助，直到他们高中毕业。白芳礼尽其所能地把自己的光和热洒向众多需要帮助的学生身上。人们忘不了那年他到南开大学给贫困学生捐款的那一幕。当时，学校要派车去接他，他说不用了，省下汽油钱给穷孩子买书。他自个儿蹬三轮车到了学校。捐赠仪式上，老师把此事一讲，台下一片哭声。许多学生上台从老人手中接过资助的钱时，双手都在发抖。

这些年得到白芳礼捐助的大学、中学、小学达 30 家之多。老人捐钱从不图回报，许多得到他帮助的学生并不知道他的姓名。他的快乐和幸福来自他那一颗太阳般的心!

1994年,81岁的白芳礼把整整一个寒冬挣来的3 000元辛苦钱交给一所学校后,校领导说代表全校300名贫困生向他致敬。这话触动了他:现今缺钱上学的孩子这么多,光靠我一个人蹬三轮车挣钱救不了几个娃呀!

他琢磨了一夜,第二天一早敲开儿女家的门:“我准备把那两间老屋给卖了,再贷点款办个公司,赚钱支教。”

几天后,在天津火车站附近,出现了一个7平方米的小售货亭,摆着一些糕点烟酒等,挂着一块牌子——“白芳礼支教公司”。他对受雇的员工宣布:“我们挣来的钱姓‘教育’,每月结算,月月上交。”

小售货亭增加了白芳礼支教的财力,却一点没有改变他蹬三轮车的生活。他把售货亭交给伙计打理,自己照样天天出车拉活:“我出一天车总能挣回二三十块钱,可以供十来个苦孩子一天的饭钱呢!”

为了在车站前拉活方便,他索性挨着亭子搭了个3平方米的小铁皮棚子,用砖头搭个木板床。夏天,棚里温度高达40摄氏度;冬天,水杯可以结冻。白芳礼在里面住了整整5年。“这老爷子怎么像个没家的人……”老人的儿女承受着误解的压力,对父亲也有埋怨。白芳礼骨子里有一种大义,他对儿女们说:“我现在是有国无家。”

1999年,天津火车站进行整顿,所有商亭一律拆除。老人无奈地哭了:腿脚没劲了,以后用什么挣钱给孩子们读书呢?那年冬天,老人蜷缩在车站附近一个自行车棚里,看了3个月的自行车,每天把所得的1角、5角、1元钱放在一个饭盒里,等存满500元时,他蹬上车,顶着漫天的雪花,来到天津耀华中学。人们看到,他的头发、胡子全白了,身上已经被雪浸湿。他向学校的老师递上饭盒里的500元钱,说了一句:“我干不动了,以后可能不能再捐了,这是我最后的一笔钱……”老师们全哭了。

当白芳礼患病的消息传出,一批又一批学生来到他的身边。他望着孩子们淌下泪水:“孩子们,等我病好了,我还要蹬三轮车挣钱资助你们读书!”然而,老人再也不能实现他的愿望了。

白芳礼老人走了,却给世界留下了宝贵的善良种子,他播撒的阳光将带给我们一个五彩斑斓的阳光世界。

(四)成功与幸福

学生A:通常我们讲的事业成功和人生幸福是一个相同或相似的概念吗?

兰宜生:成功与幸福不是同样的概念。成功更多倾向于社会判断,而幸福倾向于个人感受,这两者往往是不统一的。当然,如果一个人事业能够成功,而个人家庭生活又非常幸福,那是值得羡慕的幸运者。很多成功人士生活并不幸福,我可以举出许多事例,说明这两者不仅不是相似概念,而且可能相距甚远。比如,林肯家庭生活很不幸,但人生事业很成功。幸福是与家庭亲情密切相关的,人生的幸福需要在事业和家庭之间保持一种平衡，这种平衡既指时间的分配，也指个人精力和注意力的分配，像少数承担重要领导职责的国家领导人，痴迷于科研项目的科学家，他们留给家庭生活的时间几乎为零，很难取得适当的平衡，他们会有很强的成就感，这在某种程度上也可以替代幸福感，至于我们通常理解层面上基于家庭亲情和天伦之乐的那种幸福感可能就比较少了。

学生 B：那么，追求事业成功与追求人生幸福是相互矛盾的吗？

兰宜生：有得必有失——这两者常常产生矛盾。由于不同的人有不同的人生追求和价值选择，许多人、特别是女士不愿为事业更高发展而牺牲家庭幸福，会在一个比较适当的“平衡水平”停顿下来。也有少数人甚至急流勇退，退出江湖，专注于培植幸福家庭生活。比如日本著名影星山口百惠，在事业如日中天的时刻，突然宣布退出影坛，回家相夫教子，过上了家庭妇女的生活。

幸福其实是一种满足感，它和拥有多少物质财富、多少荣誉头衔没有太多关系，和运气好坏也无关，就是人们讲的“知足常乐”。人的现实生活和期望达到的生活往往是不一样的，如果期望很高，对现实的不满就很强烈，也不会有幸福的感觉。因此，不抱太高期望是保持幸福、满足心态的前提。当然，对未来抱有适度高期望是人们走向成功所必需的动力。由此我们也可以看出，成功与幸福、成功感与幸福感是两个不同的概念。

学生 C：这两者就不可能统一起来吗？应当有办法兼顾吧？

兰宜生：两者是可能统一起来的。对于工作节奏相对比较慢的画家、诗人、作家、书法家等，把事业成功与生活幸福兼顾起来可能比较容易，而对那些工作节奏很快的、工作压力很大的职业，如政府领导人、军队将领、体育运动员等，虽然有了事业成功，但要感受生活幸福并不容易。政府领导人要应对各种突发事件，精神压力很大；军队将领经历无数枪林弹雨、目睹战友流血牺牲，也会留下难以忘怀的心灵创伤；运动员每日高强度的训练和比赛，没有普通人的周末和节假日，连恢复体力都觉得时间紧迫，更没有多少时间去享受生活的舒适和快乐，我们可以从 NBA 赛场上姚明有时表现出来的疲惫，体会到这一点。

但任何事情都不是绝对的，政府领导人、军队将领、体育运动员可能从事业巨大成功中体会到巨大的成就幸福感，这是超出生活幸福范畴的幸福感，也是其他人难以体验的幸福感；而对于杰出艺术家来讲，也不一定都能享受到幸福的生活，音乐天才莫扎特一生贫困潦倒，在寒冷的冬天买不起木炭取暖，只能靠破线毯和旧毡袜抵御严寒，寒冷和饥饿大大缩短了他的寿命，35 岁就因肺痨而去世，葬礼也非常简陋，仅有 6 个人参加。虽然莫扎特留下了传世佳作和不朽英名，却未能享受幸福的人生。

（五）成功与机遇的关系

在师生讨论中，也经常会涉及成功与机遇的关系问题，由于笔者自己尚不是一个成功人士，对这个问题缺乏发言权，在这里想借用李嘉诚先生在汕头大学商学院对学生关于机遇问题的回答，也许有助于说明成功与机遇二者的关系。

【举一反三】李嘉诚谈机遇

学生A:人的成功离不开机遇,请问李先生,机遇在您的事业发展中是不是发挥了作用?人怎样才能抓住机遇?

李嘉诚:坦白来讲,1950年或是在我12岁开始工作的时候,我是全靠努力、勤力、求知,甚至到我开始创出自己事业的时候,最初五年也不是靠机遇,全是自己的努力创造出来的。因为当时1950年啊,好像是美国禁运吧?那几年也算是不容易,机遇很少。后来越来越多、越来越大,什么机遇都有了。机遇你要自己来想,最要紧的是你充实,多知道现在外面的事,无论政治、经济,最准确的行情你都要尽量知道,因为你充实自己,机遇来的时候才有能力去抓住它。假如一个人懒,马马虎虎过日子,机遇就是跑到你面前来,也没有机会。还有,你去找机会难,但机会来找你容易。因为我公道公正,以前很多跟我合作的人到今天为止,并没有一个不高兴的。很多年来,很多机遇都是跟我合作的人送来、追来给我的。这一点是我的一个秘密——跟大家合作。当你遇到一个骗子,你跟他讲合作,你跟他讲信用,那你是傻瓜。所以这就要自己充实自己的学问,学问知识能力一高,判断力也就高。机遇,一个人一生中无论大小,你一定要充实自己,机遇一来,即使是普通的机遇,但是你抓住它,好好地利用它,一个中等的机会可以发挥变成一个大机遇。这是我自己的看法,谢谢。

学生B:我想再问一个机遇的问题,当您发现一个发展机遇,而你的意见与其他人的意见相左时,您怎么处理?

李嘉诚:这一点啊,就是你自己——这个主持人应该知识面广,同时一定要虚心,听听专家对这个行业有经验的意见。我常常是这样,假如一个项目,我认为是不好的话,我还是非常虚心地听。有的时候,可能百分之九十跟你想它不好的都一样,但其中TEN PERCENT(十分之一)他讲的是你不知道的,那么你查了之后,可能这个TEN PERCNET就是成败的关键。所以虚心,就是一个人肯听人家的话,不要自以为是。当然,自己作为一家公司的最后决策者,一定要对这个行业,对你的行业,要有相当深的了解。不然的话,你的判断力一定会错。不少的公司,因为这个主持人平常马虎一点,一马虎了,这个公司就是再大,有一天也会撞板。今天的时代跟从前不同,传统的行业错不了多少,今天的决定错了,可以错得非常离谱。所以说,你要虚心听听人家意见,还有你要吸收这个行业专家的意见,仍要加上你自己的KNOWLEDGE,才好做一个决定。

(六)事业和职业的关系

学生A:事业和职业是相似的概念吗?

兰宜生:事业和职业是两个不同的概念。一个人的事业是其内心向往,他心甘情愿并且主动积极地为之付出自己的心血和努力,他这样做可以感受到由衷的乐趣,也为了满足自己人生的成就感,而不是为了挣钱谋生。一个人的职业,则是他为了生计而从事的工作,可能他并不喜欢,但为了养家糊口必须做。生活中很多人从事的工作是他的职业但却不是他的事业,比如一位师范院校毕业生就职于某学校做英语教师,有一份稳定的收入可以养家糊口;但同时他又基于自己的兴趣爱好建立一个业余拉丁舞培训学校,那么我们可以说此人的职业是英语教师,而事业则是拉丁舞培训。

学生 B:一个人的事业和职业能统一起来吗?

兰宜生:当然可以。如果有人能把自己的事业和职业很好地结合和统一起来,那么他(她)是很幸运的,也可以加快自己的成功步伐。

学生 C:一个人事业的推动力是什么?

兰宜生:这里涉及使命式目标的概念,就是要做自己喜欢的事情,成为自己想成为的人。做某件事不是为了得到另一样东西,而是做的事情本身就是对自己最好的奖赏。比如一个导演拍一部电影,不是为了获奖,而是一种内心深处的感情或愿望促使他拍这个题材,按照个人设想拍成这部影片,对他来说就是最重要的,获不获奖是次要的。詹姆斯·卡梅隆导演十年磨一剑拍出震动世界的巨片《阿凡达》,大概也不是为了奥斯卡奖。人需要有一个使命式目标,从事自己喜爱的事情,把主观的成就感与客观的成功评价完美地结合在一起,实现真正的成功。

第二节 成功与修德的关系

一、国家兴亡,匹夫有责

使命感是创业成功的基础,也是成功人士的共同特征。对于那些贪图安逸、一心只想自己和小家庭得失的人来说,成功是别人的梦想,是遥远天边的事情,与自己生活工作无关。成功所需要付出的巨大代价和努力,也是他们无法承担和付出的。

我们在中小学就看到"为中华的崛起而读书"的条幅,但在市场经济大潮的冲击下,金钱似乎有着超级魔力,"向钱看"成为一种时尚,挣更多的钱成为许多人唯一的人生目标,而秉持一些积极向上的社会价值观反倒受到嘲弄,被讥为不食人间烟火的"傻瓜"、"呆子"。

祖国和人民把我们培养成才,难道我们不应该用自己的德才为祖国多做些贡献吗?难道我们可以对国家安危、民众疾苦不闻不问而专注为小家庭添砖加瓦吗?这不是中国知识分子的品格。

【举一反三】剑胆琴心谭嗣同

清末著名维新派人物谭嗣同,字复生,号壮飞,湖南浏阳人,1865 年 3 月 10 日出生于北京,父亲谭继洵曾任清政府户部郎中、甘肃道台、湖北巡抚等职。生母徐氏出身贫寒,作风勤朴,督促谭嗣同刻苦学习。谭嗣同读书务求广博,好经世济民的学问,文章很有才华,并长于剑术,善琴技。

1884 年,他离家出走,游历直隶(今河北)、甘肃、新疆、陕西、河南、湖北、江西、江苏、安徽、浙江、山东、山西等省，观察风土，结交名士，开阔视野。1888年，他开始研究王夫之等人著作，汲取其中民主和唯物思想，广为阅读西方科学、史地、政治书籍。

1896年7月，谭嗣同完成5万字的个人代表著作《仁学》，是维新派的第一部哲学著作，构建变法的理论体系。《仁学》博采《论语》、《礼记》、《庄子》、《史记》等儒、佛、道、墨改革之长，广纳西方民主、自由、人权等变革之道，提出“酌取西法，以补吾中国古法之亡”。谭嗣同认为物质性的“以太”是世界万物存在的基础，万物处于不断运动变化之中，变化的根源在于事物的“好恶攻取”、“异同生克”。他把“以太”的精神表现规定为“仁”，而“仁”的内容是“通”，“通之象为平等”，“仁—通—平等”是万物的发展法则，是不可抗拒的规律。

写作《仁学》前后，谭嗣同开始了变法的实践活动。1897年，谭嗣同创办时务学堂，兴建浏阳文庙算学馆，出版《湘学新报》，传播维新思想。谭嗣同说：“民为本，君为末。如果君主骄淫纵欲，不能替天下办事，老百姓就有权废掉他。实行变法，就是要废掉君主专制，还政于民，这才是救国的根本之道！”

1898年8月，谭嗣同受光绪帝召见进京推行新政。9月21日，慈禧发动政变，囚光绪帝于瀛台，下令捕杀新党。梁启超劝谭嗣同出走，谭嗣同把自己的书信、文稿交给梁启超，说：“不有行者，无以图将来；不有死者，无以召后起。”日本使馆也派人与他联系，表示可以为他提供“保护”，他毅然回绝，回答来者：“各国变法无不以流血而成。今日中国未闻有因变法而流血者，此国之所以不昌也。有之，请自嗣同始！”9月24日谭嗣同被捕，28日就义，同时遇害的维新人士还有林旭、杨深秀、刘光第、杨锐、康广仁，并称“戊戌六君子”。

谭嗣同在狱中曾留下一首题壁诗：“望门投止怜张俭，直谏陈书愧杜根。手掷欧刀仰天笑，留将公罪后人论。”后来诗被梁启超得知，感觉有讥讽自己之意，故改为：“望门投止思张俭，忍死须臾待杜根。我自横刀向天笑，去留肝胆两昆仑。”

二、艰难困苦，玉汝于成

亚历克斯·哈里写的《根》一书，向千百万美国黑人展示了了解自身的价值。《根》历经多年写作才最终完稿，使哈里登上了写作事业的顶峰。哈里从海岸警卫队退休时，决心要成为一名作家。退休后头几年，他每天工作16个小时，收入却少得可怜，每年只有2 000美元。他曾经计算过自己的全部财产，就是2罐沙丁鱼罐头和18美分，他感觉自己人生到了一个低谷，把这两样东西装入一个袋子，用以提醒自己。就在第二天，他收到了一张稿费单。直到今天，哈里仍把那个袋子像战利品一样挂在书房里。开始创作《根》时，哈里在写作上已有一些成绩，当他为了《根》的写作把大量时间消耗在政府大楼和档案馆搜寻查找陈年记录时，他陷入了债务深渊，能借到钱的地方几乎都借遍了。当描写昆塔·金特被从非洲贩运到美洲的情节时，哈里的写作陷入停滞。他设法又借到一笔钱，搭乘一艘货船，他只穿内衣在货舱中待了10天，试图想象出昆塔当时的情形。他觉得自己仿佛找到了祖先当时的感觉，这使他得以最终完成这部名著。

第二次世界大战期间，美国飞机轰炸本田的工厂，摧毁了大部分设备。可本田先生并未因此被击倒，而是立即召唤所有员工："赶快到外头去看，那些飞机正在抛空油箱，赶紧捡回来，那是我们需要的原料。"当时这些材料在日本很难买到，而本田就是懂得利用人生所给予的一切机会。后来他的工厂又被地震夷为平地，不得已只能把制造活塞环的技术卖给丰田。

第二次世界大战结束后，日本遍地疮痍，物资严重短缺，汽油配给很少，本田的汽车加不到油，但他积极思考新的出路。他发现自己还有一台除草机使用的小马达，很快琢磨出个点子，把小马达与脚踏车结合起来，发明出第一辆机车。他骑着这辆机车上市场买菜，一些朋友请求为他们也装配一辆。本田陆续生产出多辆机车，由于引擎严重缺货，他决定自行生产引擎，可手头没钱，再加上国内经济严重萎缩，银根很紧，怎么办呢？本田没有坐等或放弃，而是写信给全日本脚踏车店的店主，告诉他们本田拥有使日本再动起来的办法，只要他们敢投资，就能生产出廉价的机车，把日本人民送到任何想去的地方。

总共寄出18 000封信，结果有 3 000 位店主愿意投资，就靠这些钱，本田终于建立了机车工厂。但在初期，由于生产的机车比较笨重，很少有顾客愿意买，再一次面临困境。本田不灰心、不放弃，埋头研究改进方法，给机车减肥，让它变得更小更轻。新产品上市后大受欢迎并供不应求。

今天，本田公司是世界上经营最成功的企业之一，员工十多万人，在美国的汽车销量仅次于丰田，是排名第二位的进口车霸主。这全因本田先生"永不放弃"的个性使然，他相信凡事只要坚持下去，就必然能获得成功。

【举一反三】福特的晚餐

在亨利·福特还是工人的时候，有一次刚领了薪水，他兴致勃勃走进一家向往已久的高档餐厅，想美美吃一顿晚餐。却不料呆坐了十几分钟，竟没有一个服务生过来招呼他。

好不容易有个服务生勉强走到桌边，问他是否要点菜。福特连忙点头，服务生不耐烦地将菜单推到他面前，没有等福特看几行，服务生用轻蔑的语气说："你先看看右边的价格，再去看左边的菜名，这就节省时间了。"福特惊讶地抬起头，正好看到服务生不屑的表情，使他非常生气，恨不得点一款最贵的菜，给他点儿颜色看，可想到口袋中那微薄的薪水还要养家糊口，只得咬牙隐忍。福特最后只点了一只汉堡。服务生哼了一声，傲慢地收走菜单，脸上的表情很清楚：我就知道你这穷小子也只能吃得起汉堡。

亨利·福特没有因为花钱受气而懊恼不休，他冷静下来思考：为什么自己总是只能点一些非常便宜的食物，而不能点想吃的大餐？亨利·福特立下志愿，一定要成为社会顶尖人物。从此，他开始朝梦想前进，由一个普通的修车工逐步成长为享誉全球的汽车大王。

亨利·福特后来总是尊重那些境遇较差的人，理解他们的感受。他曾亲自陪同海伦·凯勒参观自己的工厂，并向美国盲人大会捐献一大笔钱，他的企业还雇用了73位盲人，但他说："他并非是出于怜悯而雇用盲人，而是因为他们在工作上表现得相当优秀。"

三、建立良好的人际关系

人是一种社会化的高级动物，离开社会、离开他人的帮助，一个人不能独立生存，更不必说取得成功了。建立良好的人际关系，取得他人的理解和支持，是一个人取得成功的重要条件，而这需要有良好的道德修养。

（一）让别人觉得舒服

"让别人觉得舒服"是老同学赵超前两年和我谈到的一个概念，思索起来很受启发。尊重别人、理解别人，讲话、做事能设身处地为对方着想，让对方觉得舒服和愉快，不伤害别人，不咄咄逼人，为别人留有余地，既是善良待人的表现，体现自己良好的道德素养，也可以为自己赢得别人的尊重和友谊，得到更广泛的支持。

有的人脑子似乎很聪明，理解力强，反应快，但总爱炫耀自己，贬低别人，讲话尖酸刻薄，处处挑别人的毛病，拿别人的弱点缺点开玩笑，以他人的窘迫自惭为乐，这是很不好的习惯，不知不觉中会伤害许多人，别人也越来越疏远他。这样的聪明不是真正的聪明，这样的人也不是聪明人，他的小聪明恰恰是伤害自己的暗器，是妨碍个人走向成功的厚厚的玻璃幕墙。

因此，宽厚待人，行事低调，不揭人短，是重要的道德习惯。老子十分强调"守拙"的必要性，赠言孔子曰："聪明深察而近于死者，好议人者也。博辩广大危其身者，发人之恶者也。"这是老子对孔子的善意提醒，指出孔子看问题太深刻，讲话太尖锐，如果伤害了有地位的人，会给自己带来很大危险。善于学习吸收他人优点的孔子，也曾向人称赞宁武子为人智慧说："其知，可及；其愚，不可及。"

（二）面带微笑

英国有句谚语：微笑的面孔是最好的介绍信。微笑是一种令自己和别人都感到愉快的表情，可以为你打开友谊之门，让他人感受到你的自信和友好。如果我们想发展良好的人际关系，那就多微笑吧。

有个北欧国家，山川景色秀美，居民收入水平高，被评为全球最适于居住的国家，但旅游者却不愿意去，因为不想看当地人的冷面孔。也许是生活在高寒地区的缘故，当地人对游客常是一副冷冰冰的表情，轻易没有笑脸。该国政府发现这一问题后，在国内搞微笑运动，外国游客后来明显增多。

种瓜得瓜，种豆得豆。我们面对世界微笑，世界便会回报给我们更灿烂的微笑；我们给予社会和生活什么态度，社会和生活便会回报给我们什么态度。我们的微笑能带给他人温暖，也给我们自己折射出一个明媚而温馨的世界。

【举一反三】性格相反的两只狒狒

科学家曾做过一项实验：在一个装满镜子的房间里，放进一只性格暴躁易怒的狒狒，这只狒狒一进房间，看见墙壁上、天花板上有许多狒狒，立刻变得气势汹汹，怒吼着扑向镜子里同样咬牙切齿的狒狒，它上蹿下跳，左冲右突，狂扑乱吼不止，只半天工夫就把自己活活累死了。而另一只性格温和的狒狒被带进这个房间后，突然发现有许多自己的同类，他友善地摇摇尾巴，向同类发出和善友好的微笑，那些同类也向他摆尾致意，发出友善的微笑；他向那些狒狒伸出手时，它们也友好的伸过手来；它向别人眨眨眼睛，别人也向它眨眼微笑，于是它高兴地在这间屋子里生活居住下来。

有一个说法：如果你不漂亮，那你最好有才华；如果你既不漂亮又没有才华，那你最好会微笑。微笑是最有力的社交工具，微笑服务也是希尔顿酒店长盛不衰的秘诀。希尔顿本人是个热情开朗的人，能以自己的热忱和活力鼓舞人，他的名片上写着：热情的创业者，爱情的经纪人，接吻拥抱是天下第一高手。他突出微笑服务这一不需多少投资却效果持久的竞争手段，建立和巩固了希尔顿酒店在旅店业的优势地位，无论在经济繁荣或经济衰退时，希尔顿酒店服务员工的微笑都是住客感受到的一缕“温暖阳光”。

（三）不要轻易批评指责

戴尔·卡内基讲过：“任何一个蠢人都可能会批评、谴责和抱怨——大多数蠢人也确实是这样做的。”赞赏和表扬可以获得更好的交流效果，也可以更有效地激励部下，一个优秀的领导者往往是发现他人优点的大师。

【举一反三】施瓦布的管理秘诀

查尔斯·施瓦布说过：“我还未曾发现有谁——无论其地位多高——能在批评的刺激下比在赞许的鼓励下更为努力投入，将工作做得更好。”

作为有史以来最先获得百万美元年薪的优秀经理人，施瓦布拥有非凡的用人才能和管理能力，其诀窍概括起来也简单易学：首先，他能激发起员工的热情；第二，他通过真诚的赏识和鼓励来发掘每个人的最大潜能；第三，他从不批评任何一个人，他不吝惜表扬，却讨厌责罚。

我们要学会多从正面看待人和事，如果暂时做不到正面肯定，也要保持中立，不要用负面评价伤害他人，那样伤害的不仅是别人，更损害的是你自己的品格。

另外，我们应当避免刚听到别人不同观点就立即反驳回击，这样很容易让别人觉得我们缺乏善意和认真态度，批评的结果会适得其反。如果不赞同对方的观点，也应在搞清对方全部真实想法和理由之后，再婉转地指出其不妥之处。当然，如果同时能指出对方意见的几点可取之处，则会使对方更容易接受我们的意见。要明白批评的目的，不是为了显示自己聪明过人，而是有助于事情的完善。

四、德财义取

俗话说："君子爱财，取之有道。"在市场经济环境中，人们追求更多的财富是正常的，也是社会经济发展的动力之一。但追求财富的手段和过程要符合道德及法律规范。

犹太人经商往往非常重视商业信用，恪守法律，他们虽然会谋取个人利益最大化，却不会做明显违法的事情，如走私、抗税这样的行为。犹太商人认为纳税是商人与国家订立的契约，逃税就是违背契约，也就无法得到国家政府的保护，因此犹太民族能够长期在其他国家居住经商，受到当地政府的保护，积累了巨大的财富，与他们守法经营的观念有很大关系。

犹太商人还有较强的冒险精神，美国西方石油公司董事长哈默就是一个例子。苏维埃政权刚刚建立不久，哈默就冒险进入苏联，看到苏联因战乱和饥荒而发生大量死亡，饥饿景况惨不忍睹。他想到美国当时粮食大丰收，价格已跌落到每蒲士耳 1 美元，许多农民宁肯把粮食烧掉，也不愿意按低价运到市场出售，而苏联迫切需要粮食，又有毛皮、白金、宝石等物资可作交换。哈默向苏联官员建议，用美国的粮食换取苏联的货物，双方很快就达成协议。苏维埃政权给了哈默特权，让他负责苏联对美的贸易，使他成为美国 30 多家公司在苏联的贸易总代表，获利巨大。

德财义取，还要义用。根据福布斯慈善榜，美国富人每年的慈善捐赠额可达千亿美元。首富比尔·盖茨宣布将其绝大部分财产捐出，设立比尔和梅琳达·盖茨基金会，用于帮助全球减少贫困和疾病的努力。2006 年 6 月，美国第二富翁、被国际财经界称为股神的沃伦·巴菲特宣布，把 85%的个人资产——价值 300 多亿美元的股票捐献给盖茨基金会，这一不求名、不求利、规模空前的巨额捐赠，让素以生活俭朴和有投资眼光而闻名的巴菲特先生赢得了全世界的更大尊敬。

洛克菲勒家族的第三代传人、美国风险投资的创始人劳伦斯·洛克菲勒最让人难忘的，不是他在福布斯富豪榜上的名次，而是他捐献大量金钱保护了一批国家公园，创立了美国环境保护协会和致力环保的洛克菲勒基金会。

相形之下，中国富人们的捐赠比例和规模还不高。让人略感欣慰的是，越来越多的富人开始重视慈善事业，一些国内富豪慷慨捐助教育、医疗和社会公益事业，按照福布斯和胡润分别推出的中国慈善家排行榜，近年来国内富豪中已出现亿元规模的捐赠者。

【举一反三】陈光标"高调做慈善"

江苏黄埔再生资源利用有限公司董事长、全国道德模范陈光标热心慈善事业并主张"高调做慈善"。

2007 年，陈光标以捐赠 1.81 亿元成为"中国首善"。2008 年"5·12"汶川大地震发生后，陈光标第一时间将公司原本打算北上拆迁的 60 台重型工程设备运送至四川灾区，给急需工程机械的救援队伍解了燃眉之急。

更难能可贵的是，陈光标不顾余震、泥石流的威胁，机械设备还没到四川，他在地震次日(5月13日)就赶到成都，和两个助手加入到营救幸存者的行列。在灾区抢险救人的10多天时间里，陈光标亲手救出11人，他的队伍则救出近百人。他带来的工程机械，开挖土石超过10万方，另外，他还给灾区捐款785万元，捐赠收音机23 000台，帐篷2 300顶，捐赠总额超过2 000万元。陈光标还认捐了北川中学，预计重建费用2 000多万元。

陈光标的事迹感动了中国人，网友们认为陈光标是汶川大地震中最感动中国的企业家之一。

2010年4月14日，青海玉树发生7.1级大地震，当天陈光标即在西宁购得21台吊机、推土机及挖掘机等救援设备，抵达玉树县开展救援行动，陈光标组织的江苏黄埔抗震救灾民兵连于4月15日11时成功解救玉树县康巴中心小学在地震中被埋的7名小学生。此前，陈光标刚刚从西南旱区归来，云南、贵州发生大旱后，他曾多次到灾区走访调查，并在捐款捐物2 500万元的基础上，带领21支打井队帮助灾区人民打井取水，“要在灾区打200口井，打不够200口，绝不回头”。4月21日中央电视台《情系玉树大爱无疆——抗震救灾大型募捐活动特别节目》陈光标又以个人名义捐款1 000万元。

对于财富与慈善的关系，陈光标将财富比喻成水：“如果你有一杯水，你可以独自享用；如果你有一桶水，你可以存放家中；但如果你有一条河，你就要学会与他人共同分享。”

2010年3月，陈光标在回答记者“高调做慈善”的疑问时说：我小时候做好事就喜欢留名。小学三年级自己挑水去叫卖，开学我非常高兴用自己挣的1.8元钱把书领回家，刚到家我妈跟我说：“光标，你看隔壁家的孩子没钱交学费。”我二话没说，把卖水剩下的钱交给他。第二天老师知道了，说今天要表扬一个同学陈光标，利用假期卖水钱帮同学交学费。我还跑了很多教室让更多的学生知道我帮同学交了1.8元的学费而得了小红星。

陈光标说：我从小就这个习惯，做好事都让大家知道。大家有一句俗话叫“枪打出头鸟”，我认为鸟飞得太低，枪才会打到，飞得高了，枪就打不到了。打不到的原因是什么？知道用法律武器来保护自己。我做企业那一年，我父亲送“两个坚持”给我，坚持守法经营，坚持诚信做企业，违反国家法律的事情不要做，只做好事绝对没事。所以我认为高调做好事是必然的。

陈光标说：我感觉高调做慈善真的能影响带动很多人做慈善，我在四川逛街，一个中年妇女问：“你就是标哥吧？”她把我领到她家，说四川大地震后，她和老公商量捐1万元钱，后来电视上报道你的事情以后，她和老公哭了，第二天就取了20万元捐到四川省红十字会。

陈光标当选2008年CCTV中国年度经济人物，既说明社会对企业家责任意识的尊重与褒扬，也彰显出中国经济成长的精神力量和“心灵求索”。正如颁奖词中所写：陈光标总能给人以一种向上的、人的精神品格力量，这种精神力量体现在陈先生身上则是他对“富而有德，德富财茂”理念的坚守，是他长期以来对我国慈善公益事业的身体力行。执着于企业社会责任和慈善文化的陈光标缔造了2008年度最佳商业模式，让我们在经济的冬天里感受到了春天的希望。

回首这些年的行善路，陈光标感慨良深：“慈善是长征，而且永远没有终点。但慈善不是苦难的长征，而是快乐的长征。”

（摘编自CCTV、“人民网”等资料。）

企业家应该明白，公益是最大的功德和财富。有财富没有责任，有资本没有道德、有地位没有爱心，都不是真正的企业家。只有财富和社会责任的结合才能把单纯的赚钱机器变成一个具有社会影响力、得到社会公众尊重的企业家。人们把儒家伦理观念和现代管理思想融为一体的商人称为儒商，儒商是既有中华传统人文美德、又有现代管理意识的企业家，儒商强调社会责任、群体意识、国家观念、公益奉献，坚持“以德为商”、“以智经营”、“以义取利”，在义与利、公与私、金钱与道德之间找到恰当的结合点。

人常说：富不过三代。富贵人家子弟往往难以承继创业先辈勤俭敬业的品德，贪图享乐，最后家产吃光喝净，重新落入贫困的境地。所谓“贫贱生勤俭，勤俭生财富，财富生骄奢，骄奢生贫贱”，确实有一定的因果关系。现代国家的遗产税制度从法制角度使“富不过三代”成为自然规律，高达55%～70%的遗产税使任何亿万富翁的财富在传递二三代后迅速转归国家所有，别无长技、坐吃山空的子女只有回归贫困。比尔·盖茨决定把绝大部分个人财产捐献作为社会公益基金，只留给子女一小部分钱财作为教育基金，实在是明智之举。与其让子女养成不劳而获的习惯，还不如让他们及早树立自立、自强意识，才能在竞争激烈的现代社会中立足和发展。

【星星点灯】“留钱做什么？”

林则徐说过：“子孙若如我，留钱做什么？子孙不如我，留钱做什么？”

中国父母对子女的呵护关爱是举世无双的，但父母为子女长远打算，不是给他们留财产，而是培养锻炼他们的才干。让子女经历一些磨难的锻炼，可以使他们脚步更坚实，走得更长远，事业更辉煌，如果不想有任何挫折险阻，如同温室的花朵，经不得社会的风浪，无法应对商场的竞争，到老会一事无成。父母不可能一生照看和呵护自己的孩子，最终还是要让他们独立面对社会，与其到自己老迈时着急懊悔，倒不如及早放手，还可以关注指点他们的成长。

第三节 失德者败亡

一、太平天国的覆亡

太平天国的领导人是一群有着一定聪明才智和领导决断能力的人物。从洪秀全、杨秀清到李秀成、石达开，应当说是一批颇有才能的人。依靠他们的才能，可以领导一场席卷半个中国的轰轰烈烈农民起义运动，大大动摇了清王朝的统治，几乎扭转了中国历史的进程。

然而非常不幸的是，洪秀全等一些领导者在最初的胜利面前日益骄横自大，个人私心膨胀，他们道德缺失的一面日益暴露出来。当他们想把农民起义的成果变为自己称孤道寡、作为新一代帝王的垫脚石的时候，他们与广大民众的利益已发生了根本背离，也不可能再得到民众的支持和拥护，其走向覆亡就是注定无疑的。

（一）贪图享乐、无心进取的“天王”

从太平天国建都天京起，天王洪秀全就丧失了进取心。从 1853 年 3 月进入天京到 1864 年 6 月 52 岁时病死，11 年中他从未出过天京城门，宫门只偶尔出过一两次，其余时间都在他的天王府金龙殿坐享帝王生活的荣华和奢靡。

史书记载：天王府四周“几及十里”，建筑宏伟，“雕琢工丽，饰以黄金，绘以五彩，庭柱用朱漆雕龙，鸱吻用鎏金，门窗用绸缎裱糊，墙壁用泥金彩画，取大理石铺地”，光耀射目。杨秀清东王府周围六七里，“穷极工巧，以耀同侍”。

据英国翻译兼代理宁波领事富礼赐所著的《天京游记》记载，有一次他在王宫前，忽然间鼓声、钹声、锣声与炮声交作，原来是天王进膳的时间，直至膳毕，声音才停止。此时：“圣门半开，好些软弱可怜的女子或进或出，各提盘碗筷子及其他用品，以侍候御膳用。各种物品大多是金制的。”天王有王冠，以纯金制成，重八斤；又有金制项链一串，亦重八斤。他的绣金龙袍亦有金钮。他由内宫升大殿临朝，乘金车，名为圣龙车，由美女手牵而走。天王府有1 600多人专门为洪秀全服务。

太平天国规定老百姓和士兵实行“一夫一妻制”，甚至男女分营居住，而王爷官员却可以一夫多妻。天王洪秀全拥有的妻妾是最多的：金田起义后不久为 15 人。到 1864 年天京沦陷，幼天王洪福瑱被俘后说：“我现年 16 岁，老天王是我父亲。我有 88 个母后，我是第二个赖氏所生，我 9 岁时就给我 4 个妻子。”88 个后妃已超过封建帝王 72 个后妃的人数了。

在洪秀全《天父诗》里已看不到他初创拜上帝教时所倡导的“天下多男子全是兄弟之辈，天下多女子尽是姊妹之群”的平等思想，只有君权的绝对权威和专横。

（二）贪图权位和钱财的诸王

东王杨秀清权高位重，傲慢自大，号称“九千岁”，引来杀身之祸。1856 年 9 月 2 日发生“天京事变”，杨秀清以下官员 2 万余人死在韦昌辉、秦日纲等人的刀下。有杨秀清逼封万岁和天王密诏杀杨的说法，但洪秀全否认，近人一般认为是韦昌辉矫诏。

无论如何，这是缺德腐败、争权夺利引起的必然结果。

天京事变后，天王急于给本家兄弟封王，封长兄洪仁发为安王，封次兄洪仁达为福王，两人均无德少才，以后更册封大批洪姓本家为王。这些大大小小洪姓王成为京城一霸，尤其是洪仁发、洪仁达，总揽朝政，横行天京。比如，他们借出售“洪氏票”掌管城门进出，连忠王李秀成外出调兵也得花 10 万两银子的买路钱才得出城。又如，在天京尚未陷入最后一次重围前，朝中有人建议购运粮食回京储备，以备战时之需。但由于进出城门的“洪氏票”价格昂贵，运粮回来后须交纳重税，无人肯去，以至天京被围后出现严重粮荒。洪秀全号召军民吃草，美其名曰“甜露”。他本人可能就是因吃草生病、无药医治而死的。

由于洪秀全对无功的王兄王弟滥封王，封王之风迅速蔓延开来，几个王兄仗势卖官鬻爵，随便滥封，太平天国总共封了2 700多个王。

所有受封为王的，不论有职无职，立即修王府，选美人，办仪仗，出门时前呼后拥，盈街塞巷。王爷轿舆所到之处，小官和军民百姓都要回避，如果不小心撞了仪仗，轻则杖责，重则斩首。因为当时王爷太多，百姓们躲避不及，遂流传出民谣：“王爷遍地走，小民泪直流。”

王爷需要大量的杂役服侍，于是就抓兵拉夫。为了养兵，为了营造安乐窝，他们又巧立名目，横征暴敛，诸如店捐、股捐、月捐、日捐、房捐、灶捐、门牌税、人头税、犒师费等。田赋则由天朝初时制定的每亩一斗七升五合，两年中即增加到每亩七斗。

搜刮的钱财都进了大小王爷和地方官的腰包，在天京大兴土木、讲排场的奢侈风气又刮到了苏、浙新占区，许多王府纷纷兴建起来。现在仍保留下来壮丽宏大的浙江金华侍王府、江苏苏州忠王府，都是在战火纷飞的两三年时间兴建起来的。李秀成自称拥有百万雄兵，财大气粗，除了苏州这座“园亭花木，无一不精”的忠王府外，在天京另建有一所更宏大的王府，与天王比富争荣。

富礼赐书中写忠王府见闻：“忠王有一顶真金的王冠，以余观之，此真极美精品也。冠身为极薄金片，镂成虎形，虎身及虎尾长大可绕冠前冠后；两旁各有一小禽，当中则有凤凰屹立冠顶。冠之上下前后复镶以珠宝，余曾戴之头上，其重约三磅。忠王又有一金如意，上面嵌有许多宝玉及珍珠……凡各器物可用银者皆用银制，刀鞘及带均是银的，伞柄是银的，扇子、鞭子、蚊拍其柄全是银的，而王弟之手上则金镯银镯累累也。”

诸王只想着敛财享乐，一个个拥兵自重。当保卫天京上游门户安庆激战的危急关头，拥有百万大军的李秀成、李世贤兄弟不肯发一兵一卒前往助战，坐视安庆和庐州相继失守。直到庐州失守，天京再次陷入湘军重围时，李秀成才看到大局动摇的危险性，组织起 13 王 60 万大军，救援天京。但因诸王各怀私念，消极避战，对阵 46 天，竟未把数万湘军打退，反而借口缺少寒衣而各自散去，直到天京沦陷为止，再也没有哪个王来解围了。

这些王爷各回自己的安乐窝，抓紧享受末日荣华，小王不听中王，中王不听大王，最后纷纷叛变。李秀成苦心经营的苏州，也被其心腹部属叛变献给李鸿章了。李秀成从占领苏州到苏州失守，仅三年半时间，他拥有的百万大军就这样被腐败冰消瓦解了。李秀成只率数百亲随狼狈逃回天京，但天京半年后失守，李秀成保护幼天王突围出城，与大队离散，孤身逃到方山，解下缠在腰上的百宝囊休息时被人发现，宝囊被哄抢，他也被捉住送入清营成为俘虏。

（三）自愚愚人、禁儒反佛的“拜上帝教”

为了吸引生计艰难的广大民众追随拥护，洪秀全创立了“拜上帝教”，用“肯拜上帝者，无灾无难；不拜上帝者，蛇虎伤人”等避邪理念来蛊惑人心。

定都天京后，《天朝田亩制》中规定：凡 25 家设一礼拜堂，所有婚娶吉喜等事均要祭告上帝，25 家子女至礼拜堂，由两司马教读《旧遗诏圣书》、《新遗诏圣书》等，凡礼拜日，伍长各率男妇至礼拜堂，分别男行女行，听讲道理，诵祭上帝。

为了彻底控制部众的思想，推行愚民政策，洪秀全等对上帝教以外的思想意识一律排斥，禁读诸子百家之书，“如有敢念诵教习者，一概皆斩”。他们也想搜罗一些知识分子为其服务，太平天国曾开科取士，设榜招贤。但上帝教推行的反孔政策以及“佛寺道院，城隍社坛，无庙不焚，无像不灭”的过激行为，引起绝大部分知识分子的反感。

太平天国还将上帝教强行推向社会，迫使人们改变风俗。如：不许奉佛敬神，崇拜祖宗，“禁民间供奉家堂”；禁止人们按传统的旧历过年，并取缔民间过节时与上帝教相悖的所有旧俗；禁止民间饮酒、吸烟等，这一系列以宗教治国的政策与传统社会发生激烈冲突。洪秀全禁儒反佛的种种做法，使人联想到现代阿富汗塔利班组织的灭佛极端行为。

建都天京后，洪秀全的反孔政策并未降温，“所陷之处，凡学宫正殿俱毁弃殆尽，任意作践，或堆军火，或为马厩……”对于儒家经典，禁之唯恐不绝，毁之唯恐不尽。洪秀全宣布孔丘、孟轲等书籍为“妖书邪说”，一律要烧毁，不许买卖藏读。他对儿子幼天王规定，不许看“妖书”，只准读天国规定的书籍。对金田起义以后发表的文件，一一审查。凡发现引用《四书》、《五经》或其他古书中的字句，全部删掉。如《原道醒世训》引用《易经》的 134 个字，就被删除。

太平天国每年开科取士的题目以圣经为主，应试者对于圣经知识掌握的多少，作为获选及任职的标准。太平天国毁弃作为汉族文化象征的儒家文化，焚禁古书的愚民做法，把整个士大夫阶层乃至普通民众推向自己的对立面。

另外，按照上帝教的规定，凡是拜上帝者皆为天父子女，不拜上帝者为妖徒鬼卒，均在斩杀之列。这样以顺逆、人妖来划分敌我，扩大了打击面。狭隘的宗教信条使太平军失去了许多反清的盟友，如小刀会等。洪秀全要其他会党的成员加入太平军，回头拜真神，丢邪神，复人类，脱妖类，追随万能的天父。

这种政教合一的组织与遍及各阶层的宗教教育，将上帝教教条与政治法律和文化教育融为一体，使整个太平军的思想被宗教迷信所禁锢，每一名士兵必须是上帝教的忠实信徒。但宗教迷信无法掩盖现实，在天兄代言人萧朝贵中炮阵亡，天父代言人杨秀清死于内讧后，上帝无所不能的神话便在太平军中彻底动摇了。当时天京城里出现民谣："天父杀天兄，江山打不通，长毛非正主，依旧让咸丰。""天父杀天兄，总归一场空，打包回家转，还是做长工。"

太平天国后期，洪秀全不断强调君权神授，自我神化，陶醉在自己编造的谎话中。1863 年 12 月下旬，曾国藩的湘军已把天京团团围困，在天国形势万分危机之时，李秀成提出"让城别走"，洪秀全竟斥责说："朕奉上帝圣旨、天兄耶稣圣旨下凡，做天下万国独一真主，何惧之有？朕铁桶江山，尔不扶，有人扶，尔说无兵，朕之天兵多过于水，何惧曾妖者乎？"但神话幻想挽救不了自己和太平天国的命运，1864 年 7 月 19 日，天京陷落，病死不久的洪秀全遗体被湘军从天王府中掘出烧毁。

二、损人害己的安然公司

安然公司，曾是一家位于美国休斯敦市的大型能源公司。在 2001 年宣告破产之前，安然拥有约21 000名雇员，是世界上最大的电力、天然气以及电信公司之一，2000 年营业额达1 010亿美元。然而真正使安然公司在全世界声名大噪的，却是这个拥有上千亿资产的公司 2002 年在几周内破产，持续多年精心策划乃至系统化的财务造假丑闻曝光。安然欧洲分公司于 2001 年 11 月 30 日申请破产，美国总部两天后也申请破产保护。"安然"从此成为公司欺诈以及堕落的象征。

（一）公司成立发展

安然公司成立于 1930 年，最初名为北部天然气公司，是北美电力电灯公司、孤星天然气公司以及联合电灯铁路公司的合资公司。1941～1947 年，随着公司股票上市，公司的股权渐渐分散，到 1979 年，InterNorth Inc. 成为公司的控股股东，并取代北部天然气公司在纽约证交所挂牌。公司从事美国全国的电力、天然气的配送，并在世界范围进行电厂的建设、管道铺设等基础建设。

通过率先将电力、电信等业务及附属业务转化成可以买卖的金融产品，甚至包括非同寻常的"气候衍生产品"，安然自称公司一直保持着健康成长。《财富》杂志自 1996～2001 年连续 6 年将安然评为"美国最具创新精神公司"，2000 年安然更被该杂志评为"全美 100 最佳雇主"。然而，正如后来揭露的，安然报表所反映的许多利润是虚增，甚至是凭空捏造出来的，公司通过令人眼花缭乱的财务关联交易，将亏损的部分留在了表外，隐瞒起来。

（二）公司的衰落

随着公司行贿以及在拉丁美洲、非洲以及菲律宾等地遭受政治压力的传言，安然公司的全球形象受损。特别是在与印度某电力公司一笔 30 亿美元的合约中，安然被指责通过美国前总统克林顿和小布什向印度政府施压，2002 年 1 月 9 日，美国司法部宣布对安然进行罪案调查。

2001 年 11 月中旬，在被卷入一系列会计欺诈丑闻之后，安然和其聘请的会计师事务所"安达信"面临世上规模最大的破产深渊。安然公司被揭发通过与"特定目的公司”进行关联交易来虚增营业额和利润，而这些“特定目的公司”都是由安然实际控制的。这些关联交易导致公司的许多经营亏损未在财务报表中披露。这种做账手段从此被业界称为“安然经济”。

安然公司为了追逐更多的利润，先后成立了多家境外公司，用境外公司来避税，提升公司盈利。境外公司的设立使安然得以随心所欲的调遣资金而不被注意，同时能够掩盖公司的经营亏损。这样，公司变得虚胖。同时，公司高级主管不得不在每个季度绞尽脑汁掩盖亏损、虚增利润，以致到了不能自拔的地步。

安然的股价屡创新高，公司的高管开始利用内部消息炒作自己的股票，金额达数千万美元。公司 CFO 一手创立离岸公司虚增利润，一手操纵股价交易，使自己和朋友们的上亿美元股本稳赚不赔，而不知情的股票投资者却要为此付出代价。

2000 年 8 月，安然股票达到历史高位每股 90 美元，这时安然公司董事长莱开始抛售自己持有的公司股票，他十分清楚公司隐瞒的亏损有多少。与此同时，一般投资者被建议继续买进安然股票，安然高层向投资者承诺公司股价会涨到 130～140 美元每股，背地里却悄悄将自己手里的股票出空。

到 2001 年 8 月 15 日，安然的股价已经跌至 42 美元每股。许多投资者仍旧深信莱的讲话，认为安然股票会引领市场，他们越买越亏、越亏越买。到 10 月底，股价已跌至 15 美元，而很多投资者却当做买入良机，只因为安然董事长不断在媒体上忽悠他们。直到一个月后，2001 年 11 月 28 日，公众才获知安然隐藏的巨额亏损，而这时安然的股价已经跌至 0.3 美元。

（三）犯罪者的下场

2002 年 11 月 1 日，安然舞弊行为的策划者、前 CFO 安德鲁·费斯托（Andrew Fastow）被联邦大陪审团以 78 项罪名起诉，罪名包括诈骗、洗钱等，最终被判处 10 年监禁，外加2 380万美元罚金。

2005 年 12 月 28 日，安然公司前首席会计师 Richard Causey 向法庭认罪，承认犯有证券欺诈罪。他被判 7 年监禁，并处罚金 125 万美元。美国法院于 2006 年 1 月对安然公司创始人、前董事长肯尼思·莱和前首席执行官杰弗里·斯基林在公司丑闻中的作为进行审判，起诉书长达 65 页，涉及 53 项指控，包括骗贷、财务造假、证券欺诈、电邮欺诈、策划并参与洗钱、内部违规交易等等。2006 年 5 月 25 日，陪审团认定两人犯有欺诈等多项罪行。10 月 17 日，法院以肯尼思·莱已去世为由，撤销了对他的多项刑事指控。10 月 23 日，休斯敦联邦地区法院作出判决，杰弗里·斯基林被判处 24 年又 4 个月徒刑，而对两名充当污点证人的安然公司前高管从轻发落，前首席财务官助理迈克尔·科珀获刑 3 年零 1 个月，前投资公关部主管马克·凯尼格获刑 1 年零 6 个月。

（四）后续影响

安然事件震动美国和英国政坛，据悉自 1990 年以来安然向两国政要献金超过 600 万美元。与此同时，以前与安然有染的机构也被殃及，为安然服务的世界五大会计师事务所之一的安达信被诉妨碍司法公正，因此倒闭，更由此引出另一电信巨头世通公司的丑闻，随后世通公司宣告破产，取代安然成为历史上最大的倒闭案。花旗集团、摩根大通、美洲银行等也因涉嫌财务欺诈，向安然破产的受害者分别支付20亿、22亿和6 900万美元的赔偿金。

三、“三聚氰胺毒奶粉”与三鹿集团破产

（一）“三聚氰胺”毒奶粉事件梗概

2008年3月起，三鹿奶粉屡遭消费者投诉，三鹿公司称送检没有问题。

2008年6月28日，兰州市解放军第一医院收治了首例患“肾结石”病症的婴幼儿，家长反映，孩子从出生起一直食用河北石家庄三鹿集团所产的三鹿婴幼儿奶粉。7月中旬，甘肃省卫生厅接到病例报告后，展开调查，并报告卫生部。

2008年3～9月，国内甘肃、陕西、宁夏、湖南、湖北、山东、安徽、江西、江苏等地均出现肾结石儿童。

2008年9月11日上午，三鹿公司仍称奶粉质量合格。

9月11日晚，卫生部指出，近期甘肃等地报告多例婴幼儿泌尿系统结石病例，调查发现患儿多有食用三鹿牌婴幼儿配方奶粉的历史。经相关部门调查，高度怀疑石家庄三鹿集团股份有限公司生产的三鹿牌婴幼儿配方奶粉受到三聚氰胺污染。卫生部专家指出，三聚氰胺是一种化工原料，可导致人体泌尿系统产生结石。

9月11日晚间，三鹿集团发布产品召回声明称，经公司自检发现2008年8月6日前出厂的部分批次三鹿牌婴幼儿奶粉受到三聚氰胺的污染，市场上大约有700吨。为对消费者负责，该公司决定立即对该批次奶粉全部召回。三鹿公司辩称是奶农加入了三聚氰胺。

9月13日，国务院启动国家重大食品安全事故Ⅰ级响应，并成立应急处置领导小组。卫生部党组书记高强在“三鹿牌婴幼儿配方奶粉”重大安全事故情况发布会上指出，“三鹿牌婴幼儿配方奶粉”事故是一起重大的食品安全事故。三鹿牌部分批次奶粉中含有的三聚氰胺，是不法分子为增加原料奶或奶粉的蛋白含量而人为加入的。

9月15日，河北省公安厅召开新闻发布会，涉嫌向原奶中添加三聚氰胺的19名嫌疑人已经被刑事拘留，其中两人被依法逮捕。

9月16日，石家庄市委作出决定，责成新华区委免去田文华石家庄三鹿集团股份有限责任公司党委书记职务，按照董事会章程及程序罢免田文华董事长职务，并解聘其总经理职务。田文华随即被依法拘留。

9月16～17日，石家庄市一个副书记、一个副市长和市畜牧水产局局长、食品药品监督管理局局长、质量技术监督局局长等被免职。

2008年12月至2009年3月，石家庄市中级人民法院、河北省高级人民法院对三鹿系列刑事案件先后开庭审理，作出一审判决、二审裁定，以生产、销售伪劣产品罪判处田文华无期徒刑，剥夺政治权利终身，并处罚金人民币2 468万元；其余案犯分别被判处死刑、死缓、无期徒刑和有期徒刑。

（二）为什么要往牛奶里掺三聚氰胺

三聚氰胺（英文名 Melamine），是一种三嗪类含氮杂环有机化合物，形状为白色结晶粉末，没有气味和味道，在一般情况下较稳定，但在高温下可能会分解释放出氰化物。作为重要的有机化工原料，三聚氰胺广泛运用于木材、塑料、涂料、造纸、纺织、皮革、电气、医药等行业，但严格禁止用于食品。

为什么三聚氰胺会出现在奶粉里呢？原因在于：食品工业中常常需要检查蛋白质含量，但是直接测量蛋白质含量技术上比较复杂，成本也比较高，所以业界常使用一种叫做“凯氏定氮法”（Kjeldahl method）的方法，通过食品中氮原子的含量来间接推算蛋白质的含量。食品中氮原子含量越高，则认定蛋白质含量越高。这套检测办法有个弱点，即只要在食品、饲料中添加一些含氮量高的化学物质，就可造成蛋白质含量达标的假象，而三聚氰胺含氮量达 66%左右，添加三聚氰胺可以使蛋白质含量并不高的食品，“显得”蛋白质含量很高，欺骗检方和消费者。

三聚氰胺进入人体后不能被代谢，而是从尿液中原样排出，但是，科学家研究发现动物长期摄入三聚氰胺会造成生殖、泌尿系统的损害，膀胱、肾部结石，并可能进一步诱发膀胱癌。

在通常情况下，由于成年人体重大、食物种类多、喝奶较少，即使喝了一些含三聚氰胺的牛奶或奶粉，也可以把三聚氰胺排出体外，而婴儿体重小，完全依赖奶粉为食，累积的三聚氰胺无法排出体外，会形成尿道和肾部结石，危及婴儿健康和生命。婴儿对三聚氰胺的最大耐受量为每公斤奶粉 15 毫克，而三鹿公司一些幼儿奶粉中的三聚氰胺含量，竟超过上百倍。

同样道理，三聚氰胺也会对体重较小的宠物形成生命威胁。2007 年，美国境内突然出现了上千只猫狗宠物的死亡。美国食品药物管理局（FDA）对 100 多个品牌的宠物食品检测后发现，罪魁祸首是三聚氰胺。通过调查，发现这些厂家都使用了从中国进口的含有三聚氰胺的小麦蛋白粉和大米蛋白粉。2007 年 4 月 27 日，美国食品药物管理局全面禁止从中国进口植物蛋白产品。当时 FDA 专家曾推测可能是中国一些粮仓违规使用鼠药所致，尚没有考虑到人为添加的可能。

（三）“缺德”的利益链条

据《财经》记者调查，掺假已经成为牛奶行业内公开的秘密，其中一个关键环节便是奶农到乳企之间的奶站。中国牛奶行业发展起步于 20 世纪 80 年代初期，当时乳品企业多拥有奶场，产销一条龙。但乳品企业的发展受制于奶场的规模、奶源供给瓶颈，影响企业迅速壮大。

三鹿集团率先做出了改革。1987 年，田文华担任三鹿总经理，提出“奶牛下乡，牛奶进城”模式，即奶牛卖给农民，农民再把奶卖给三鹿。农民没有资本买牛，三鹿就把牛“送”给农民，让农民喂牛后用奶来还债。“奶牛下乡”正是成本最小的扩大产能路径。

三鹿集团将奶牛外包给农民，农民在养牛利润远高于种地的诱惑下，养牛的越来越多，三鹿的产能也迅速扩大。同时，三鹿与各县、乡、村政府合作，由政府供地、三鹿提供技术规范、农民个人提供资金建设收奶站。奶农的牛奶通过奶站最终被集中至三鹿各家工厂。

这样，就形成了“奶农—奶站—乳企”的奶源供应模式。各地国营乳企纷纷到三鹿学习取经。如今，中国1 600万头奶牛的80%为散养，与西方牧场式养殖形成了鲜明对比。

这种模式在此后的20余年中，让中国成为世界第三大乳品国（仅次于印度和美国），但也埋下了隐患。这种模式只能对应于中国乳企都各自偏于一隅的时代。因为乳企在一地独大时，是买方市场，各个私人奶站都有求于乳企。三鹿集团过去在河北掌握着鲜奶的最终验收权，奶站送来的奶如果不合格，甚至可以当场倒掉，这种控制权一直持续到2005年。2005年后，中国乳品业竞争加剧，各大乳企纷纷在全国抢夺市场，河北省内也新开了许多工厂，总产能严重超过河北省的奶源总量，出现各家抢奶源的现象，此时，奶源供需由买方市场转为卖方市场，乳企无法监管奶站，奶站待价而沽，一些见利忘义的中间人和奶农掺杂使假，许多乳企睁一只眼闭一只眼，明知不问，政府监督管理又不到位，最终酿成巨祸。

从最终宣判的一些案犯的犯罪情节可以看出，这是由利欲熏心者构成的一个缺德利益链条。

三鹿问题奶粉事件最大“源”凶的张玉军、张彦章分别被判处死刑和无期徒刑。2007年7月，有“毒老大”之称的张玉军在明知三聚氰胺是化工产品，人一旦食用必然会对身体健康、生命安全造成严重损害的情况下，以三聚氰胺和麦芽糊精为原料，研制出专供在原奶中添加的混合物（即“蛋白粉”），累计生产775吨，并以每吨8 000～12 000元不等的价格销售给张彦章等人，累计销售600余吨，销售金额680余万元。2007年7月至2008年8月，有“销售大王”之称的张彦章在明知张玉军生产的“蛋白粉”人不能食用、不能用作原奶添加剂等情况下，将此类“蛋白粉”销售给高俊杰、薛建忠、赵怀玉、黄瑞康、裴建柱等人，每吨加价500～2 000元，累计销售230余吨，销售金额348万元。在此期间，张玉军、张彦章通过赵怀玉、黄瑞康等人将“蛋白粉”分销到石家庄、唐山、邢台、张家口等地的奶站，被某些经营者添加到原奶中，销售给三鹿集团公司等奶制品生产企业。

耿金平是河北省正定县金河奶源基地负责人，耿金珠是金河奶源基地送奶司机。据公诉机关指控，2007年10月份，被告人耿金平、耿金珠分别从正定县赵志超、行唐县赵军花的化工门市部购买含有三聚氰胺的“蛋白粉”560公斤。自2007年10月至2008年8月，二人将“蛋白粉”添加到收购的90余万公斤原牛奶中，销售到三鹿公司等处。耿金平被依法判处死刑，剥夺政治权利终身，没收个人全部财产。

大量添加了“蛋白粉”和水的原奶成本大为降低，一些奶制品生产企业用于生产供应农村地区的低价奶粉，造成严重后果的三鹿问题奶粉中，销量最多的是一种18元一袋的最便宜的幼儿奶粉。这次三聚氰胺奶粉事件最后调查结果显示，全国有

29.4万名婴幼儿因食用问题奶粉患泌尿系统结石,大量发生在农村地区。

而田文华领导下的三鹿集团,不顾奶粉安全标准,一味扩大规模,迅速抢占国内奶粉市场18%的份额,位居第一。事发前的2007年,三鹿集团实现销售收入100.16亿元,同比增长15.3%。

三聚氰胺问题奶粉事件爆发后,三鹿集团破产倒闭。

人物案例

一、李嘉诚

(一)李嘉诚简介

李嘉诚1928年出生于广东潮州,父亲是小学校长。1940年为躲避日本侵略者的淫威,全家逃难到香港。两年后,父亲病逝。为了养活母亲和三个弟妹,李嘉诚被迫辍学走上社会谋生。

开始,李嘉诚为一间玩具制造公司当推销员。工作虽然繁忙,失学的李嘉诚仍到夜校业余进修,补习文化。由于勤奋好学,精明能干,不到20岁,他便升任塑料玩具厂的总经理。两年后,李嘉诚把握时机,用平时省吃俭用积蓄的7 000美元创办了自己的塑胶厂,命名为"长江塑胶厂"。

1958年,李嘉诚开始投资地产市场。他独到的眼光和精明的开发策略使"长江"很快成为香港的一大地产发展和投资实业公司。当"长江实业"于1972年上市时,其股票被超额认购65倍。

1979年,李嘉诚收购老牌英资商行——"和记黄埔",成为首位收购英资商行的华人。1984年,又购入"香港电灯公司"的控制股权。李嘉诚先生现任香港"长江实业"董事局主席及"和记黄埔"董事局主席,2010年初个人资产为1 600亿港元,为世界华人首富。

(二)李嘉诚的品德

1. 诚信为本

李嘉诚十分重视信守承诺,把个人信誉看得比其他东西都重要。他说过:"要常常记着名誉是你的最大资产。"

"与新老朋友相交,都要诚实可靠,避免说大话。要说到做到,不放空炮,做不到的宁可不说。"

"一个人一旦失信于人一次,别人下次再也不愿意和他交往或发生贸易往来了。别人宁愿去找信用可靠的人,也不愿意再找他,因为他的不守信用可能会生出许多麻烦来。"

"如果取得别人的信任,你就必须做出承诺,一经承诺之后,便要负责到底,即使中途有困难,也要坚守诺言。"

"注重自己的名声,努力工作、与人为善、遵守诺言。"

他认为:“坚守诺言,建立良好的信誉,一个人良好的信誉,是走向成功的不可缺少的前提条件。”

2001 年春,笔者在汕头大学曾听过李嘉诚先生的一个讲座,在回答学生问题时,李嘉诚先生讲到他在商场上也曾遭遇到不诚信的行为,吃过亏,但他本人总是恪守诚信原则,这样其他人有机会都愿意来找他合作,合作的机会越来越多,事业发展越来越大。中国俗话说:天道酬勤。我想恐怕还应再加一句:商道酬信。

2. 胸怀宽广,多结善缘

李嘉诚手下有三百多高级管理人才帮助他打天下,流失率很低,这与李嘉诚任人唯贤、知人善任、心怀宽广的用才之道有关。

李嘉诚说过:“人才取之不尽,用之不竭。你对人好,人家对你好是很自然的,世界上任何人都可以成为你的核心人物。”

“知人善任,大多数人都会有部分的长处,部分的短处,各尽所能,各得所需,以量才而用为原则。”

“对自己要节俭,对他人则要慷慨。处理一切事情以他人利益为出发点。”

“虽然老板受到的压力较大,但是做老板所赚的钱,已经多过员工很多,所以我事事总不忘提醒自己,要多为员工考虑,让他们得到应得的利益。”

“要给员工好的待遇及前途,让他们有受重视的感觉。”

“凡事都留个余地,因为人是人,人不是神,不免有错处,可以原谅人的地方,就原谅人。”

“对人诚恳,做事负责,多结善缘,自然多得人的帮助。”

李嘉诚不但对属下员工宽厚体谅,对同行和生意伙伴也多为对方考虑,因而在业界享有很高的声誉。

李嘉诚说:“讲信用,够朋友。这么多年来,差不多到今天为止,任何一个国家的人,任何一个省份的中国人,跟我做伙伴的,合作之后都会成为好朋友,从来没有一件事闹过不开心,这一点是我引以为荣的事。”

“我觉得,顾及对方的利益是最重要的,不能把目光仅仅局限在自己的利上,两者是相辅相成的,自己舍得让利,让对方得利,最终还是会给自己带来较大的利益。占小便宜的不会有朋友,这是我小的时候我母亲就告诉给我的道理,经商也是这样。”

“有钱大家赚,利润大家分享,这样才有人愿意合作。假如拿 10%的股份是公正的,拿 11%也可以,但是如果只拿 9%的股份,就会财源滚滚来。”

李嘉诚是这样说的,也是这样做的。在 1973 年的石油危机中,李嘉诚被称为香港塑胶业的救世主。由于香港塑胶原料全部依赖进口,石油价格飞涨,导致塑胶原料暴涨,进口商乘机大幅提价,塑胶原料价格从年初的每磅 0.65 港元飞涨到秋天的每磅 4~5 港元,许多塑胶厂家被迫停产,濒临倒闭。李嘉诚的长江公司有充足的库存,这场塑胶原料危机对他影响不大,但李嘉诚毫不犹豫地出面救业,牵头组建了联合塑胶公司,单个厂家因为进货量少无法直接进口原料,现在由联合塑胶公司出面,需求量大，可以以较低价格直接大批购入原料，再按比例分配给各会员厂家，使笼罩香港的塑胶原料危机得以缓解。李嘉诚在救业行动中，还把长江公司的 12 万磅原料以低于市价一半的价格援救停工待料的会员厂家，并把进口原料中长江公司应得的 20 万磅配额让给需求更迫切的厂家，有数百家塑胶厂得到李嘉诚帮助。俗话说，同行是冤家，如果李嘉诚趁同业厂商的困境落井下石，无疑可以减少一些竞争对手，但将来还会有新的竞争对手产生。李嘉诚救业的义举为他在香港树立起很好的商业形象，对他的事业日益发展壮大有重要意义。有句话说："有多大的肚量成多大的事业"，这应是一例。

3. 乐善好施

李嘉诚生活简朴，曾被美国《财富》杂志评为全球富商中最简朴的人，但他对慈善和公益事业却可以"挥金如土"、"一掷亿金"，慷慨捐助。他一次向"希望工程"捐款 1 亿元，一次给中国残疾人联合会捐款 1 亿元。

李嘉诚认为："富贵"两个字必须分开看，"富"者不一定"贵"，真正值得珍贵的，在于你为社会做了什么，在于所做之事能否令世人得益，只有你做些让世人得益的事，这才是真财富，任何人都拿不走。因此，他眼中真正的"富贵"，是必须懂得用金钱去回馈社会，如不能做到这样，即使拥有了金钱，也是"富而不贵"。

李嘉诚将其名下的基金会称为"第三个儿子"，截至 2006 年，李嘉诚基金会已捐出 80 亿港元。2006 年李嘉诚还宣布基金会增至个人资产的三分之一（约合 500 亿港元），这将是全球华人私人基金会中金额最高的一个。

这些年，李嘉诚重点对教育、医疗、养老等公益事业给予了大笔捐助。

李嘉诚独立捐建汕头大学，设立专门的汕头大学基金会，从初期捐助4 500万港元，不断累加，自 1981 年汕头大学批准成立，到 2009 年，李嘉诚已捐资 33 亿元港币。

1998 年，李嘉诚基金会在汕头捐资兴建了国内第一家宁养院，"宁养"意为"解除晚期癌症病人疼痛，使他们能安宁而有尊严地走完人生旅途"。宁养医疗服务是针对临终患者及其家属的特别关怀照顾。

为惠及更多癌症患者，2001 年李嘉诚基金会决定每年捐资2 500万元人民币，在中国推动实施全国宁养医疗服务计划，使宁养院成为中国内地上门免费为贫困癌症病人提供镇痛治疗、心理辅导、生命伦理等方面照护的临终关怀机构。

自 1998 年至 2009 年，李嘉诚基金会在内地捐助建立的宁养院已扩展到 30 家，累计为七万多名贫困癌症患者提供有效止痛治疗服务和临终关怀。

4. 谦虚谨慎

作为全球华人首富，李嘉诚始终是人们关注的焦点人物。但他为人低调，着装总是深蓝色西服，黑框眼镜，乘坐朴实无华的轿车，待人和气，面带微笑，绝不会因自己财富增长及华人首富地位盛气凌人，反而更加谦虚谨慎。

李嘉诚说："保持低调，才能避免树大招风，才能避免成为别人进攻的靶子。如果你不过分显示自己，就不会招惹别人的敌意，别人也就无法捕捉你的虚实。"

"在看苏东坡的故事后，就知道什么叫无故受伤害。苏东坡没有野心，但就是给人陷害，他弟弟说得对：我哥哥错在出名，错在高调。这个真是很无奈的过失。"

"当我做生意时，就警惕自己，若我有骄傲之心，迟早有一天是会碰壁的。"

"只有博大的胸襟，自己才不会那么骄傲，不会认为自己样样出众，承认其他人的长处，得到他人的帮助，这便是古人所说的有容乃大的道理。"

二、托马斯·爱迪生

（一）爱迪生生平简介

爱迪生（Thomas Edison）（1847～1931 年），美国以至全世界杰出发明家，拥有1 000多项技术发明专利，以创办工厂实验室、开辟使技术开发与科学研究紧密结合的途径而名垂史册。

1847 年 2 月 11 日，爱迪生出生于俄亥俄州的米兰小城。父亲是荷兰人的后裔，母亲曾当过小学教师，是苏格兰人的后裔。爱迪生 7 岁时，父亲经营屋瓦生意亏本，将全家搬到密歇根州休伦北郊定居下来。

爱迪生 8 岁时只受过 3 个月小学教育，但在母亲指导下自学，母亲良好的教育方法，使得他对读书产生了浓厚的兴趣，阅读了大量书籍。8 岁时，他读了英国作家莎士比亚、狄更斯的著作和许多重要的历史书籍；9 岁时，他能读懂难度较大的书，如帕克的《自然与实验哲学》。10 岁时酷爱化学。11 岁那年，他与小伙伴实验了第一份电报。12 岁起做过报童、小贩、报务员等自谋生计。

爱迪生一生专心从事有关电学实验研究和发明。1868 年他发明了一台选票记录仪想推销给国会，但没有被采用。爱迪生的第一项发明没有找到用户，使他更注重发明的实用性。1869 年，爱迪生由波士顿移居纽约。他改进了电报公司的电报机性能，得到经理的赏识，月薪提高到 300 美元（当时很高的月薪）。1870 年，移居新泽西州，进入他的发明旺盛时期。1874 年他改进了打字机。1876 年，给贝尔发明的电话加装了炭粒话筒，提高了受话的声响。

1876 年，他创办了门罗实验室。在这个实验室里，他打破了以往科学家独自从事研究的传统，组织一批专门人才，由他出题目并分派任务，共同致力于一项发明，从而开创了现代科学研究的正确有效途径。

1877 年，爱迪生发明了留声机，这使他名扬四海。1878 年，他开始白炽灯的研究，在十几个月中经过多次失败后，于 1879 年 10 月 21 日成功地点亮了白炽碳丝灯，稳定地点亮了两整天。1882 年，在纽约珍珠街创办世界第二座公用火电厂，建立起纽约市区电灯照明系统，成为现代电力系统的雏形。电照明的实现，不仅大大改善了人们生产劳动的条件，也预示着生活电气化时代即将到来。1883 年，爱迪生在试验真空灯泡时，意外发现冷、热电极间有电流通过。这种现象后来称为爱迪生效应，成为电子管和电子工业的基础。

1887 年，爱迪生把家搬到新泽西州西奥兰治，同年在该市创建规模更大、装备更新的实验室，即著名的爱迪生实验室（后人称之为发明工厂）。在这里，根据伊斯曼发明的胶片，制作了照相机。1914 年，用留声机和照相机制成了最早的有声电影系统。此后，他的发明还包括蓄电池、水泥搅拌机、录音电话、双工式和多工式电报系统、铁路用制动器等。

第一次世界大战期间，他任美国海军技术顾问委员会主席，指导鱼雷和反潜设备研究，发明了几十种武器。为此，美国政府于 1920 年授予他卓越服务奖章。1928 年，美国国会授予他荣誉奖章。终其一生，爱迪生和他的实验室共获1 093项发明专利权。爱迪生在电力开发、电器制造、推广电能应用等方面所做的贡献，使他成为人类历史上最伟大的发明家之一。

1931 年 10 月 18 日，爱迪生在西奥兰治逝世，享年 84 岁。

【星星点灯】巴黎世博会的特邀嘉宾

1889 年巴黎举办世界博览会，法国政府专门邀请爱迪生参加。爱迪生不希望离开研究所太久，打算辞谢。但爱迪生夫人米娜却怂恿他前往："旅行可以增广见闻，也是一种学习呀。"

1889 年 8 月 3 日爱迪生偕夫人和女儿乘船横渡大西洋。他后来回忆自己在甲板上观浪的情景时说："看到这样丰富的动力资源被白白浪费掉，我真急得发疯。"

巴黎世博会上，美国馆的展品有 1/3 是爱迪生公司的产品。大厅里树立着一个由两万只电灯组成的 40 英尺高的白炽灯模型，模型两边用彩色灯泡装点出美国和法国国旗。

开幕式上，法国总统卡诺致开幕词，他面前放着两架留声机。一架用来记录总统的演讲，保存在法国；另一架要交给爱迪生，请他转赠给美国哈里森总统。

爱迪生受到巴黎人民的尊敬和盛情接待。除了本杰明·富兰克林以外，巴黎人民从来没有对一个美国人产生过如此大的兴趣。法国人用法语呼喊："Vive Edison!"(爱迪生万岁！)巴黎市政府特别赠送了一枚金质奖品给爱迪生，向这位大发明家表示崇高的敬意。

巴黎埃菲尔铁塔是为了纪念这次博览会而建造的，高达 300 多公尺，是当时世界最高的建筑物。在塔的底层，法国土木工程师学会特地为爱迪生举行9 000人参加的盛大宴会，请帖由法国总统签名。在许多颂扬的致辞完毕后，主席埃菲尔率领宾客乘电梯到他那在最高层的私室中去。

爱迪生被选为荣誉团团长。宴会上，法国著名音乐家、71 岁的查尔斯·弗朗西斯·古诺指挥了巴黎交响乐团的演奏。预定的演奏完毕后，古诺站在指挥台上对听众说："为了对前来我国的特别贵宾爱迪生先生表示敬意，特地献上一曲。"于是演奏欢迎爱迪生的新曲。演奏完毕以后，在雷鸣般的掌声中，古诺把自己签名的乐谱送给爱迪生夫人。

最后，法国总统代表法国政府向爱迪生颁赠大勋章。

巴黎世博会后，爱迪生携家人转到欧洲各处旅行，在柏林、伦敦、罗马，他到处受到不亚于巴黎的欢迎。爱迪生受到世界各国人民的尊敬和爱戴，但他总是说人们给他的荣誉属于他的国家。

（二）爱迪生的品格特点

1. 乐观开朗的个性

爱迪生是一个十分乐观的人，这也是他经历成千上万次失败挫折而不灰心丧气、最终取得上千项发明成果的重要原因。

1914 年 12 月 9 日晚，爱迪生实验大楼的电影胶片试验室突然失火，火借风势，还有各种化学药品作为助燃剂，等爱迪生驱车赶到时，已是一片火海。爱迪生指挥人们救火，不时从衣兜里掏出小本子记点什么，大家觉得有点奇怪——莫非大火刺激使爱迪生神经有点儿不正常。后来才知道，爱迪生正在写着再建胶片车间的方案草图。事实上，大火几小时扑灭后，爱迪生的重建计划蓝图已经完成，并立即在第二天付诸实施。

爱迪生的乐观性格在这场灾难面前表现得更加突出。他一边指挥消防队员灭火，一边在本子上记着重建计划，抽空还向儿子喊道："喂，小伙子，快去喊你妈来，她可能再也没机会看到这么大的火焰啦！"

这场火灾使爱迪生蒙受重大损失，有的估计损失 400 万美元，有的说达3 000万美元。他损失了花在厂房和机器上的钱，尤其是他建造的一些新式机器无法购买。妻子米娜难过得哭起来："多少年的心血，被这场大火烧个精光。你如今年老力衰，要重建这么个实验室，多难啊！"

爱迪生反过来安慰她："不要紧，别看我已经 67 岁了，可是我并不老。从明天早晨起，一切都将重新开始，我相信没有一个人会老得不能重新开始工作的。"

第二天，爱迪生不但开始动工建造新车间，而且开始另一项发明创造——供消防队员使用的便携式探照灯。因为在灭火过程中，爱迪生注意到消防队员在黑暗中难以举步的困难和需要。

2. 乐于助人

爱迪生是一个乐于结交好朋友、乐于帮助他人的人，他与亨利・福特、费尔斯通是无话不谈的好朋友，三个人都是大忙人，在繁忙紧张的工作之余，三个人也会挤出几天时间一起去郊游、狩猎。亨利・福特曾把爱迪生的门罗实验室按原样复制在福特博物馆，作为送给爱迪生 80 岁寿辰的礼物。爱迪生说："友谊能增进快乐、减少痛苦。"

1862 年 8 月，年仅 15 岁的爱迪生勇敢地从疾驰而来的火车前抢救出一个在轨道上玩耍的小男孩。孩子的父亲——车站站长——对爱迪生十分感激，主动提出愿意教他电报技术，以作为善意的回报。从此，爱迪生对神秘有趣的电发生了越来越大的兴趣，开辟了一个终生研究领域。

【星星点灯】“我不相信不能溶解!”

有一天,爱迪生看到一个朋友手指弯曲、十分痛苦的样子,忙问怎么回事。朋友讲:自己得了痛风症,手指关节肿大,不能弯曲,因为里面有尿酸。

爱迪生问:“为什么不把尿酸抽出来呢?”

朋友回答:“尿酸不能溶解。”

爱迪生:“我不相信有不能溶解的东西!”

爱迪生回到实验室配制了四瓶溶液,分别放入一些尿酸颗粒。第二天清晨到实验室,发现有两瓶溶液里的尿酸颗粒已经有所溶解,通过不断调整配方,终于配制出一种可以溶解尿酸的溶剂,获得了一项新的发明专利。

3. 好奇心强

爱迪生说过:“惊奇是科学的种子。”爱迪生从小就有极强的好奇心,看到不明白的事情,他会缠着大人问个不停,非要问出个子丑寅卯来。

一天,他指着正在孵蛋的母鸡问妈妈:“母鸡把蛋坐在屁股底下干嘛呀?”妈妈说:“哦,那是在孵小鸡呢!”下午,爱迪生突然不见了,家里人急得四处寻找,终于在鸡窝里找到了——他正蹲在鸡窝里,屁股下放了几个鸡蛋孵小鸡呢! 父母哭笑不得,把他拉出来,给他洗脸、换衣服。

爱迪生 8 岁时,父母把他送进了一所乡村小学读书,他仍然爱刨根问底,经常把教师问得窘迫不堪。有一次算术教师在黑板上写下了“2+2=4”,爱迪生马上站起来问:“老师,2 加 2 为什么等于 4 呢?”老师认为爱迪生是个捣蛋鬼,专门和老师闹别扭。于是,上了三个月的学之后,被老师认为“愚笨”、自己也不开心的爱迪生就被学校撵回家了。

爱迪生的母亲是位伟大的母亲,她决定自己把孩子教育好。当她发现爱迪生好奇心重,对物理、化学特别感兴趣时,就给他买了不少有关物理、化学实验的书。爱迪生照着书本,独自试着做起实验来。

12～16 岁,爱迪生在火车上做报童,他一面搞自己印刷的小报,一面在车厢里搞了个简单的化学实验室。他挣的钱除了维持简单生活外,都用来买书籍和化学用品。人们常看到,一个不修边幅的少年,在车厢试验室里一手翻看着化学课本,一手配制着什么药品,摆弄着不少瓶瓶罐罐。德国教授弗瑞森斯的《定性分析化学》英译本,成了他在颠簸的列车中潜心钻研的内容。有一天,火车经过一段不平整的路基,忽然震动很大,一样东西砰然落在地上。正埋头做实验的爱迪生急忙回头一看,原来是放磷块的玻璃瓶由架子落下,摔得粉碎,磷摩擦起火,把车厢地板也燃着了。爱迪生吃惊不小,连忙把身上衣服脱下来扑火,可是火势越烧越大。正在慌张无策之际,名叫亚历山大·史蒂文森(Alexander Stevenson)的列车长推门进来。史蒂文森对爱迪生一直很好,但看到此景,不由得生气着急。把火扑灭后,史蒂文森在爱迪生脸上重重掮了一巴掌。等到车抵次站，他对爱迪生说："火车里一刻也不能留这样危险的东西，快下去！"不由分说勒令爱迪生立刻下车，并把所有的实验用具、印刷机、铅字、桌凳以及书籍、衣服等全都抛到车厢外。

爱迪生只得回家。他在火车上闯祸的事，早已传遍家乡，有人添油加醋地说他差一点把整列火车烧光！只有母亲了解儿子，不相信那些流言，怀着急切的心情等待他归来。爱迪生心中的委屈和痛苦，顿时烟消云散。回到母亲的怀抱，他浑身又有了无穷的力量。母亲帮爱迪生在顶楼开辟了新的实验室，爱迪生重新开始了自己的兴趣实验。

4. 专心致志

爱迪生的文化程度很低，发明创造却这么多，对人类的贡献这么大，其中的"秘诀"是什么呢？他除了有强烈的好奇心外，还有从小培养的动手能力、超乎常人的艰苦工作毅力和决心，很重要的一条是他专心致志的工作精神。爱迪生妻子说："专注是爱迪生最大的优点。"

爱迪生少年时因火车上发生意外情况导致耳朵失聪。爱迪生起初只感到耳部疼痛，听力困难，随着年龄增长，症状愈加严重，最后就完全聋了。爱迪生虽饱受耳聋之苦，但他也能变害为利。许多人劝爱迪生做手术，他却说："听力不好，反而可以使我集中精力做喜欢的事。"

【星星点灯】勤奋的"工作虫"

1877年秋天的一个早晨，爱迪生来到纽约一家杂志编辑部。他小心翼翼地捧着一个奇形怪状的东西，这个东西上面有一根长长的金属杠，一端有一个大点的轮子，另一端有个小把手。爱迪生转动把手，把一小张锡纸裹上圆筒，再装上一根小针，对着圆筒唱了一句婴儿催眠曲。动作完毕，机器又重新转动起来，它竟一字不漏地把催眠曲重新唱了出来。

在场的人快乐惊奇，互相大声传告，说爱迪生带来了一架会说话的怪物。很快，各家报馆的记者纷纷涌来，争着来看这个世界上最新奇的机器，一时把报馆挤得水泄不通。

这一发明成果一经传出，激起社会狂热达数月之久。铁路特开专车去参观。许多人开始不相信这个发明，疑心他在里面藏个会说话的东西骗人。有个教堂的主教用最高速度对着收音盘背诵圣经中的一串专门名词，当这些名词一字不漏地从机器中重复发出来时，他们才相信这东西没有半点虚假。

这就是世界上第一架留声机问世时的情景。人们在赞叹之余，称发明者爱迪生是"魔术师"，而熟悉爱迪生的人往往称他为"工作虫"，搞起研究来可以连续几个昼夜不睡觉，几顿不吃饭，这两个雅号伴随他一生。爱迪生以其忘我的精神和专注的工作态度，实现了太多的发明创造，电灯、电话、电影、电报机、发电机、蓄电池、打字机、磁铁矿分离机、压力表等，都有他的发明贡献。他和他的实验室团队获得1 000多项发明专利的纪录，至今世界上没有人超过。

爱迪生从小酷爱读书，畅游浩瀚的知识海洋，常常沉浸在书里多少钟头而不知身边发生的事情。广泛阅读扩大了他的知识面，提高了他的分析判断能力和逻辑思维能力。亨利·福特曾说："爱迪生有一种才能，他只要用几个字，便可以把他所要讲的意思完全写出来，非常简洁。他的思路非常清晰。"

（三）爱迪生的一些名言

"教育之于心灵，犹如雕刻之于大理石。"

"想象力引发构想，而知识实现构想。读书对于智慧，就像体操对于身体一样。"

"不下决心培养思考的人，便失去了生活中的最大乐趣。"

"成功的三个条件是：勤勉、努力和尝试。"

"好动与不满足是进步的第一必需品。我们常常不能看透的事，终究可以做到。"

"不管你做什么，要么就做出辉煌的成就，要么就辉煌地失败。必须敢干，才有进展。"

"天才就是1%的灵感，加上99%的汗水。但那1%的灵感很重要，甚至比那99%的汗水更重要。"

"任何困难都有解决的办法。我极端重视由斗争得来的经验，一个人要先经过困难，然后踏进顺境才会觉得舒服。"

"失败也是我所需要的，它和成功对我一样有价值。只有在我知道一切做不好的方法以后，我才知道做好一件工作的方法是什么。"

"要成功，首先必须立定目标，然后集中精神向目标迈进。我一天也不能放弃工作，因为我所做的每一件事情都令我感到很愉快。"

"不懈奋斗的人在临终之际，若能把狂热的精神留给子孙，那就留下了无价之宝。"

第六章　成功要义(性格)

在良好道德修养的基础上，一个人还需要具备一些优秀的心理品质以获得成功，这些可以称为成功者品质或成功者性格。

第一节　积极乐观的心态

一个有良好道德修养的人，容易保持积极乐观的心态，而一个人无论面对顺境还是逆境，能在生活、工作中始终保持积极乐观的心态，是他(她)获得成功的重要条件。正像有的智者所言，每个人都可以选择持有积极心态或消极心态，但这种选择却会把你引向两条截然相反的人生道路。能够始终保持积极心态的人会走上一条向上的日渐宽阔的成功人生大道，而持有消极心态的人必然会走上一条不断下滑的泥泞小路。

一、乐观是性格，也是能力

有人也许会问：现代社会竞争激烈，特别在北京、上海、广州、深圳等大城市，人们承受的工作和生活压力如此之大，每天加班加点，房价高得惊人，对于"蜗居"或"半蜗居"的人们来说，用疲惫不堪的大脑去思考前途渺茫的未来，让人怎么能保持积极心态呢？这不是强人所难吗？

不错，保持积极心态对大多数人来讲，是一件困难的事，甚至是不可能的，但这也就是成功人士与普通人的区别。成功人士所面临的外部环境与普通人没什么区别，但他们不会被恶劣的环境所压倒，而是把困境的压力当作对自己的一次次磨炼，坦然面对，因而能经历一次次挫折，走向成功。爱迪生经历14 000次失败，才研制出了电灯，正如他自己的解释：只要不放弃，就没有失败，我只是发现了14 000种做电灯不可行的方法或材料。如果我们能够以这样一种心态面对人生的逆境或挫折，我们也会成为成功者。

观察同样一件事，心态积极与心态消极的人往往会得出截然不同的结论。人的心态也许与人的气质有关，是一种"秉性"，但应当是可以改变的，至少是可以部分调整的。"江山易改，禀性难移"——只是难移而已，并不是不能改变，了解并相信这一点很重要，如果你不相信自己是可以改变的，那你首先要克服自己的这种消极心态。

乐观也是一种能力——自我控制情绪的能力。我们要避免被愤怒、嫉妒、抱怨、绝望等恶劣情绪控制自己的行为和思想，就需要培养良好的自制力，要学会用一些积极的想法压制和消除不良情绪，避免成为后者的奴隶。

【星星点灯】态度的价值

犹太心理学家维克多·弗兰克尔(Victor Frankl)在纳粹集中营中饱受肉体折磨,承受着失去父母、兄弟、妻子等亲人的巨大精神痛苦,在恶劣环境完全无法改变时,体会和发现自己仍有选择态度的自由——自己对发生的事情是采取悲观绝望的态度,还是保持积极乐观的态度 。这种“选择的自由”来自人的四种天赋:(1)自我意识(self - awareness);(2)想象力(imagination);(3)良知(conscience)——明辨是非善恶;(4)独立意志(independent will)——不受外力影响和控制的能力。

弗兰克尔体会到人生有三种重要的价值:(1)经验价值;(2)创造价值;(3)态度价值。其中态度价值最重要,即使一切都无法改变,我还可以改变我对这件事的态度——是积极面对还是消极面对,“满世界的黑暗也不能让一支小蜡烛失去光辉”。他后来把自己在纳粹集中营与死亡相伴的经历和灵魂深处的发现写出来,成为美国著名的心理学家。

犹太民族认为人生有三道门,分别通往过去、现在和将来,人不应关闭这三道门的任何一扇,要对每一道门存有希望:凭着过去的经验,把握现在,创造未来。在犹太人心里,人生经历不止是由过去和今天两个因素构成,还应包括明天的成分,而明天就包含事情会好转的希望。人不仅是能生存在过去和现在的生物,也是能够生存在未来希望中的生物。

二、积极乐观心态引导积极行动

思想是行动的先导,思维是行动的决定性因素,一个人,无论做什么事,总是先在头脑里形成做这件事的意识或意念,没有这种意识,行为是不会产生的。所以兵法有“攻心为上、攻城为下”的说法。而积极的行为反过来促进心态的改善,两者交替形成良性循环,会使人逐渐养成思维和做事都积极的习惯。

有人可能对乐观主义有一种误解,以为乐观的人就是嬉笑随便混日子的人。真正的乐观主义者是用积极的精神向前奋斗的人,是战胜愁虑困苦的人。这种艰难困苦,常人遇到会一蹶不振,只有真正乐观的人才能坚持奋斗,才敢努力奋斗!

乐观是成功的根基,乐观主义者把成功当做一次奖励,把失败当做一次锻炼,所以能不断取得更大的成就。悲观主义者遇到挫折时,总会在心里对自己说生活就是这么无奈,再多努力也是枉然,不断提醒自己天生是个失败者,战战兢兢地等待着下一次失败,而失败也常常如约再次降临。因此,失败往往是悲观者自找的,在真正的失败到来之前,他们已经对自己的能力发生了严重怀疑,放弃了努力,坐等失败的来临,由于常常用悲观方式解释事物,逐步丧失斗志,不思进取,成为一个地地道道的失败者。

当然,事物有正反两面,生活会有不利的一面,任何人都会遇到不如意的事。无论外部环境如何,都要学会多看事物好的一面,在你遭遇失败或不开心的时候,要自

己积极主动地化悲观为乐观,注意两点:

(1)不要把一次失误或失败扩大。如果你做一件事情失败了,不要说:“所有事情都难做,还是罢手吧。”或者说:“我是个倒霉蛋,以后别自寻烦恼了。”而应对自己说:“这件事虽然失败了,但我得到一些宝贵经验,下次可以避免同样的错误。”

(2)不要把“做事”与“做人”混淆起来。当你做一件事失败时,应当就事论事,只是一件事没做成而已,不能就此认为自己是个失败者”,那样就把“做事”与“做人”混淆起来了。

三、加入快乐群体,与乐观者为友

要保持和增强积极乐观的人生态度,应当努力加入热爱生活、热爱大自然的快乐群体,比如合唱团、舞蹈队、“驴友团”、野外摄影采风小组等,多参加快乐的集体联谊活动,常与乐观者在一起,与乐观者交朋友。

随着社会经济结构的发展转型,社会变化节奏在加快,人们收入差距在不断扩大,地区发展不平衡也日益突出,这些都会对人的心理产生一定影响。有的人是穷则思变,见贤思齐,希望通过积极努力奋斗改变自己的生活状况;而也有人牢骚满腹,怨天尤人,觉得自己是世界上最不幸的人。

【星星点灯】晴雨都是好天!

南禅寺门前,曾有一位绰号“哭婆婆”的老婆婆,下雨时她哭,天晴时也哭,边许愿边哭个不停。老和尚问她:“老婆婆,你为什么总是哭呢?”老婆婆边哭边说:“老修行,你有所不知,我有两个女儿,大女儿嫁给了卖鞋的,小女儿嫁给了卖伞的。晴天的日子我就想到小女儿的雨伞一定卖不出去;下雨天,我就想到大女儿,雨天哪会有顾客上门呢?想起这些,我就伤心落泪。”老和尚劝她说:“老婆婆,你不要哭,下雨、天晴我们都应感谢,事事都可以朝好的一面想。天晴时,你应想大女儿的鞋店生意兴隆;天阴时,你应该想小女儿的伞一定卖得好。”老婆婆听后破涕开颜。从此,这位“哭婆婆”变得乐呵呵的,日子过得开心轻松。

物以类聚,人以群分。由于拥有积极心态的人相对较少,我们如果想改变自己的心态,培养和坚持一种积极观察和面对社会的立场,就要尽可能与积极态度的人为朋,避免与消极悲观的人为伍,特别要避免与那样的群体长期接触,以免潜移默化被其消极悲观思想所笼罩和支配。消极悲观也是一种传染病菌,人的思想中总有积极的部分和消极的部分,其他人的消极想法会强化我们思想中的消极部分,把我们拖入消极悲观的泥坑。如果不能完全避免与消极悲观的人接触,就要提醒自己用更加积极的思想来保护自己,为自己心灵的健康成长创造条件。

对于持积极乐观态度的人而言,所有人都会成为他成功的帮助者,前提是正确思考和借助别人的力量:真诚的朋友可以帮助你发展成长,提醒你少犯错误;造谣污蔑的小人可以锻炼你的忍耐力和思辩能力,培养你宽容谅解的博大胸怀;强大的对手可以激励你的斗志和勇气,激发你生命的最大潜能。因此,诸葛亮在江东祭奠周瑜时伤感痛哭,应是内心真情的流露,是高手失去对弈者的惋惜和孤独。

第二节 强烈的自信心

一、自信可以激发个人潜能

一个人必须对自己有信心才可能把自己的潜力发挥出来。笔者曾对学生们讲:“天生我才必有用,除非自己不敢用。”一个人的自尊自信是他(她)走向成功所必需的,每个人都有自己的个性、特长、爱好、习惯,没有必要强求一律,更不能妄自菲薄,自轻自贱。保持特立独行的品格,往往是一个人从竞争激烈的商场政界崭露头角、脱颖而出的前提。

(一)自信心能改变一个人的命运

哈佛大学约翰·科特通过对美国成功企业家的一项调查,研究了数百个成功案例,发现成功人士的一个共同特征就是有很高的自我评价,认为自己的行为代表正确的方向,同时他们都有很强的自信心和进取精神。

【星星点灯】举子的梦

清朝时有个举子进京赶考,住在客栈里,夜里一些稀奇古怪的梦搞得他心神不宁,于是到街上找一个算命先生圆梦:第一个梦是自己在阴雨天戴着斗笠撑着伞,算命先生讲这叫多此一举;第二个梦是自己在院墙上种菜,算命先生讲是白费力气;第三个梦是树上吊着个棺材,算命先生说是死无葬身之地;第四个梦是他和自己从小喜欢、青梅竹马的表妹睡在一个炕上,却是背朝背,算命先生讲是好事不成。

四个梦解完,这个举子已经是信心全无——今年考试无望,明年再来考吧。他收拾行李准备回家,客栈老掌柜问明原因,要给他重新解梦,结论恰恰相反:戴着斗笠打伞是“万无一失”,墙上种菜是“高中”的意思,树上吊棺材预示着“官居高位”,与表妹背靠背则预示着翻身的时候到了。举子听后信心大增,考试下来果然金榜题名。

(二)人的潜能是巨大的

每个人来到人世,就像刚刚种下的一棵树苗,是长成一棵参天大树,还是长成一株歪歪扭扭的“歪脖树”?每个人可能有不同的人生轨迹。这其中有环境影响因素,也有个人努力的因素。无论你的现状和结果如何,请你都不要否定你的身体本身蕴含着成功的巨大生命力量。每个人的生命禀赋是相似的,发展潜能是巨大的,一个人的成功或平庸往往是由开发利用自身潜能的多寡而决定的。

【星星点灯】邦赛树

日本有一种称为邦赛树的盆景,树的造型完整,但只有盈盈几寸高,它与美国加州的水杉本源于同样的种子，而野生水杉可以长到70米高，树围达到二十几米。生长环境决定了同样的种子有天壤之别的表现，当邦赛树的树苗刚出土，日本人就把它拔离土壤，扎住主干和一些支干，控制它吸收水分养料的环境，使它成为一棵长不大的微型树；而野生水杉扎根于原野沃土之中，吸收大量的养分和阳光雨露，并在争夺阳光的竞赛中你追我赶，越蹿越高。

俗话说：人非草木，孰能无情。恐怕还应加一句：人非草木，孰能无志。人生的道路是可以选择的，人的命运应当掌握在自己手里。我们不能像树木那样任人摆布，更不应自己轻视、埋没自己，换言之，除非你自己同意，没有任何人能看低你或决定你的命运。

瞎子能骑自行车，结巴能成演讲大师，残疾人能成世界冠军。你相信吗？你比你自己想象的要伟大得多，你其实可以做到许多你从未想过、甚至不敢想象的事情！每个人都在渴望奇迹，其实大多数人都不知道：你自己就是一个宇宙中独一无二的奇迹。美国医学博士托马斯·F.科伊尔撰写的《你就是上帝的奇迹》，帮助人们认识和发挥自身的潜能，此书进入《时代》周刊、《纽约时报》畅销书前十名。

科伊尔有近30年的医学临床实践经验，被称为“医学励志学大师”，在长期的医学生涯中，科伊尔发现许多残疾人士通过自己的努力创造了人生奇迹，而许多正常人却在为一些无聊的小事而烦恼和痛苦，将小小的困难看成天大的事。于是他创立了一套特殊的医学励志理论和一种特殊的励志方法，帮助正常的人认识自己，发现自己内在潜力，创造改变人生的奇迹，影响了数以百万计的人。《你就是上帝的奇迹》介绍了半个世纪以来康复医疗中的科学发现和人生励志的原理，这些使人生成功的原理在残疾人身上屡屡创造奇迹，运用到“正常人”的身上，更是威力巨大，能够帮助人们发现并充分挖掘自身潜能。这本书的一些观点可以帮助我们思考自己的人生：

- 对自己投资，你会获得百分之百的回报！
- 情绪消沉是导致癌症或其他疾病的重要因素。
- 你的所思所想可能会伤害你，让你病倒；也能够让你成为更健康的人。
- 真诚地爱和接受爱是对心灵的治疗。
- 压力是促使我们成长的外力，压力是保持生命的动力。
- 我们的想法和心态决定了我们的生理和社会极限。

（三）每个人的命运都掌握在自己手里

有一个年轻人，遇到一些人生困扰，去请教一位老禅师：“大师，是不是每个人都有自己的命运，从一出生这辈子的财富、家庭、生活就被上苍注定了？”老禅师闭目不语，年轻人叹息一声说：“上苍对我也太不公平了，我自小失去父母，随着叔父艰难长大，流血流汗、辛辛苦苦攒了一点钱，想盖间房子，却又被盗贼偷走了，想向亲友们借一点钱，可他们个个一贫如洗……”老禅师闭着眼听年轻人说完，示意年轻人往前坐：“年轻人，能伸开你的左手给我看看吗？”老禅师端详着年轻人的掌纹说：“瞧，这条手纹是你的生命线,暗示你的寿命有多长;这条是你的财富线,暗示你能聚集多少财富;这条是你的婚姻线,暗示你的情感和婚姻。现在请你把手握起来吧。”年轻人把左手紧紧握了起来。老禅师说:“小伙子,现在请告诉老僧,你的生命线、财富线、婚姻线在哪里?”年轻人不解:“不就在我的手掌里吗?”老禅师意味深长地说:“是呀,你的命运就握在自己的手心里,老僧也是一样,天下芸芸众生,谁都无法决定另外一个人的命运,每个人的命运都握在自己的手心里。”

【星星点灯】观音拜观音

一个农人遇到了难事,走进庙里求观音,发现观音像前已有一个人在拜,长像与观音一模一样,不禁上前问道:“你是观音菩萨吗?”那人答道:“我正是观音。”农人问:“那你为什么自己拜自己?”观音笑道:“我也遇到为难事,但我知道,求人不如求己。”

《犹太法典》说:“最值得信赖的朋友在镜子里。”当我们遇到一些困难时,与其把时间浪费在求取他人不可靠的帮助上,还不如多挖掘一下自己克服困难的潜能,增强自信心,多数事情最终还是要靠自己“搞定”。

二、培养自信心

(一)自信也是一种能力

歌德曾经说过:“光线充足的地方,影子也特别黑。”当一个人取得的成就越大,地位越高时,他往往也要接受更多的批评议论,因为公众的目光集中在他的身上,一个小缺点也会被媒体放大。对此应有正确的认识,批评是成功人士不断完善自我的有益帮助。

笔者与学生们讲:“人贵有自知之明,更贵有自信之能。”能在一个负面、消极评价的环境中保持自信心,并用自己不断努力的成果把消极环境扭转为中性评价或积极评价的环境,是许多成功人士的经历。

中国人有句话讲:“有则改之,无则加勉。”这应当是对待批评最好的态度。如果能把善意的批评和敌意的嘲讽甚至攻击都当成对自己的勉励和激励,发挥其正面作用,化害为利,使小人也成为自己的“助手”,会加快一个人的成功。

对待批评最不好却最常见的态度就是生气甚至暴跳如雷。当你生气的时候就无法控制自己的思维和行动,甚至会犯下严重错误,所以“制怒”是走向成功必须培养锻炼的心理素质。

理解了普通人对批评的感受和反应,我们也可以用更合理的方式和措辞提出批评意见,尽量不要伤害人,可以更好地引起对方注意,起到改进工作的效果。

(二)自信来自积极正确的自我评价

每个人在生活中应该不断总结和进行自我评价,但自我评价的方向和内容对人的成长有很大关系。如果只看自己的缺点或负面评价,始终不知道自己哪方面行,也不知道自己该干什么，这种情景是令人非常绝望的。如果自我评价是积极正面的，我们会产生前进的勇气，带来坚定果断的行动，不断结出成功的果实。

正像英国作家萨克雷的名言："生活是一面镜子，你对它笑，它就对你笑；你对它哭，它也对你哭。"成功的到来也正如一句顺口溜：说你行你就行，不行也行；说你不行你就不行，行也不行。这一"定理"也往往适用于自我做事能力评价：你认为自己行，你就能行；你认为自己不行，那你就真的不行。

我们常听到一句话："批评与自我批评相结合"，但仅有这一条是不够的，甚至是有害的，试想一个人如果每天生活在自己与他人批评的海洋中，他的自尊心与自信心怎么能够培养起来？做事的能力怎么能够提高？所以笔者对学生们讲："批评与自我批评少结合，表扬与自我表扬多结合"，要充分认识和肯定自己的成绩，相信自己学习和工作的能力，提高自己做事的勇气和自信心。

（三）自信使你保持青春活力

美国的麦克阿瑟将军和成功学导师卡耐基都喜爱一篇座右铭：你有信仰就年轻，疑惑就年老；有自信就年轻，畏惧就年老；有希望就年轻，绝望就年老；岁月只会使你皮肤起皱，但如果失去热忱，会损伤你的心灵。

成功人士也会遭遇失败，没有人能一辈子顺风顺水取得成功。福特到40岁仍遭遇破产，迪斯尼曾破产7次。

但是，成功人士面对失败仍会维持自信，仅把一次失败当作特例，他们会对自己说："这不是我的正常发挥，我会干得更好"；他们会从失败中找到积极的一面，如"吃一堑，长一智"，"留得青山在，不怕没柴烧"；他们会通过积极的行动来弥补过失，转移自己的消极情绪。通过这些行动，他们不仅再次获得较高的自我评价，同时又为现实中的成功做好了准备。正是因为这些人能够正确看待失败，能从失败中总结出宝贵的经验教训，才使失败变成了成功之母。

（四）扬长重于补短

扬长先于补短，扬长重于补短。一个人总有自己的长处和短处，有优点或者缺点，发扬优点与改正缺点都是进步的表现。但相对而言，把努力的重点放在发扬自己的长处和优点，要比终日小心谨慎地改正自己的缺点和不足更容易取得成功。

偏才易得，全才难求。卡耐基说：一个人想要集他人所有的优点于一身，是最愚蠢、荒谬的行为。有一个动物学校的寓言故事，动物们商定要把孩子都培养成没有弱项的全能选手，让鸭子练长跑，结果把脚蹼磨坏了；让山羊练爬树，结果把腿磨伤了。可怜的小动物不但没有变成全能，反而都成了半残废。一个人也是如此，一味地模仿无异于自残，如果我们每天想着要改正自己的缺点，或者向某某人看齐，你会感觉生活得很累，对自己是一种精神折磨，对自己的才智是一种无谓的消耗，人也变得越来越缺乏自信；而如果一个人重点放在发扬自己的长处，则他的长处会与日俱增，会有越来越优异的表现，令人刮目相看，他的自信和工作能力也会步步提高，这样的人更容易走上一条不断上升的成功之路。

一个没有特点的人要取得成功是比较难的，因此在我们的工作和生活中要坚持自己的特点，特别是那些有利于提高学习工作效率、表现个人能力的特点，这是一种正确的人生态度。巴顿将军曾经说过："如果每个人的想法都如出一辙，那就没有一个人真正在思考。"能够从思想到行为保持自己的独立性和独特性，是成功人士的一个重要特点。

发扬优点比改正缺点更容易使人走向成功这一条定律，我们可以从中外历史上寻找到许多证据，林肯、爱迪生、孙中山、毛泽东都不是完人，但他们都善于发扬自己的长处，因而取得了成功。用人也是同样的道理，扬长避短，无不可用之才；求全责备，无可用之才。

有这样一句话："走自己的路，让别人去讲吧！"不要模仿别人，让我们找到自己的特色，保持自己的特色。世界上没有完人，我们由于不同于他人的特点而成为自己。成功的人士或优秀人士总是少数，他们与多数人是不一样的，换句话讲，如果你和多数人一样，你就不大可能成功。因此，保持和发扬个人的特色，是所有成功人士的共同特点。诚然，有个性的人未必都能成功，但没有个性特点的人肯定不能成功。

三、自信是获得他人信任的前提

(一)人不自信，谁人信之

一个自信而不自大的人容易获得他人的信任，更容易在社会上获得成功。自信心不足，往往会断送一个人的成功机会。英国科学家富兰克林在1951年就曾发现DNA的双螺旋结构，因他人质疑、自己缺乏自信而放弃；1953年，沃森和克里克也发现了DNA的双螺旋结构，成果发表后，1962年获得诺贝尔奖。

中国青少年从小就生活在一个教导我们要"自谦"、"自制"的环境中，许多人生箴言如"出头的椽子先烂"、"枪打出头鸟"等，无时不在提醒我们要压抑自己、放低自己。尽管这可能是一种自我保护策略，但是任由这种观念泛滥，就会形成一种相互压抑的社会潮流，青年人刚开始像棱角锐利的岩石，在这种抹杀个性的陈旧观念潮流中，久而久之被磨成没有棱角的鹅卵石，失去了自信，失去了人生愿望和憧憬，碌碌无为地度过一生。

(二)自信者才敢坚持自己的选择

人在社会工作生活中会面临多种选择关头：孰对孰错？有时是很难清楚判断的，即使多年之后可能也难以作出对错的历史判断。这时，一个充满自信心的人所具有的决断力就十分重要，由这样的人领导的企业、军队更容易获得胜利。

【举一反三】福特的V8发动机

亨利·福特想造出一种V8型发动机，它的特点是所有气缸都在一个引擎中转动。工程师们可以在图纸上设计完成，但一致认为这种发动机在现实中无法制造。福特的回答是：想办法造出来。工程师们很不情愿地开始了尝试，经过几个月的实验，花费不少资金，仍然一筹莫展。他们对福特说："我们无能为力。"但福特仍旧坚持己见——继续试验。工程师不断尝试新的方法，如此过了一年多，似乎这个问题毫无解决的可能，就在大家几乎最后确定这是一项不可能完成的任务时，他们终于意外地发现了解决办法，福特得到了他想要的V8发动机。有人说福特是个死脑筋，他们可能说对了，但如果没有这种执着，他就不可能成为汽车大王。

第三节　探索冒险精神

成功人士与普通人的一个重要区别是他们敢于冒险，敢于承担决策的责任和后果，志大的人胆大，敢想敢做才可能成功，这道理应当是千真万确的。过分的小心谨慎会使人犹豫不决，而犹豫不决是成功的大忌，现代中国青年人在生活和职业生涯中往往过分求稳，缺乏冒险精神，这可能与独生子女的优越生活环境和中国父母对子女的过分呵护有关，殊不知这给他们成功的脚步设置了一道无形的绊索。

一、人需要梦想

人会做梦，而且拥有把梦想变为现实的能力。靠着飞天梦想和实现梦想的努力，人类发明了飞机、人造卫星、宇宙飞船。对于个人也是同样道理，没有人能取消你做梦和实现梦想的权利，除非你自己放弃这一权利。你的个性品格塑造以至你的前途掌握在自己手中，别人可以怀疑或者不承认你的成就和作为，但没有一个有头脑的人会轻视一个真正准备实现自己梦想的人。

应当指出，中国传统教育理念不大鼓励探索冒险。家长和老师从小教育儿童做“乖孩子”，最重要的品德是“听话”，不希望孩子做任何出格的事，不愿让孩子承担一点儿风险，只期望他们能平平安安、循规蹈矩地走完一生。实际上，这并不是爱护子女，反倒会妨害青少年的健康成长。

人是需要有一些想象力和冒险精神的。作为一个领导者，在具备较高的思维判断能力的基础上，必须有敢于承担风险和责任的魄力，并有把事物推向前进的勇气和决心。我们在生活中往往会看到一些非常聪明的人，但由于决心和行动能力的欠缺，而成为平庸之辈。

【举一反三】1.6米的篮球明星

爱看NBA比赛的球迷知道，丹佛掘金队有个1.65米的小个子后卫博伊金斯，3分球投得很准，2005年他靠精湛的球技为自己赢得一份5年1 300多万美元的合同。

事实上，NBA历史上最矮的球员是夏洛克黄蜂队的马格西·博格斯，身高不到1.6米，比我们普通人还要矮一截，更不必说在2米身高都显低的NBA球员中。因此，当博格斯告诉同伴，长大后要去打NBA时，所有的人都哈哈大笑。

别人的嘲笑一点儿未能改变博格斯的梦想，即使出身贫寒，甚至家境十分恶劣。博格斯自小在巴尔的摩的贫民区长大，他5岁的时候，曾因社区里的暴力而被猎枪子弹误伤手臂和腿，他也亲眼看到过有人被凶手用棒球棍活活打死；12岁的时候，他父亲因为犯武装抢劫罪，被逮捕判刑20年。但是他没有被这一切逆境吓倒，这个只有五英尺高的小个子用比别人多几倍、十几倍的时间苦练球技，坚守着自己球星的梦想。结果也就是必然的，他终于成为一名优秀的篮球运动员，不但如愿加入NBA，而且被誉为最佳控球后卫、抢断王、突破上篮高手，成了美国以至世界闻名的小个子球星。

博格斯用他的钱做的第一件事就是请一位律师帮助他父亲重获自由，他父亲在监狱里关了12年，已经吸取了足够多的人生教训，而且律师也有能力把他释放出来。几天后，他的父亲与母亲一起第一次亲自观看儿子的职业篮球比赛，博格斯兴奋地说："这种感觉比我以往任何比赛时的感觉都更棒！"

二、风险与收益

勇于探索和冒险是成功所必需的，不断尝试新的事物、新的领域、新的行业，会增加人的阅历和知识，提高人的分析判断能力和心理承受能力，增强人的应变能力，这些都是人的宝贵精神财富和心理素养。当然，具有冒险精神不等于无谓地去承担各种风险，对冒险行为和其可能产生的收益要有理智的分析判断。

高收益往往是与高风险相伴的，探索和冒险精神尤其是开发新行业、新产品所必需的基本要素。

【举一反三】三次冒险成就年轻首富

胡润研究院2009年9月29日公布，年仅43岁的王传福以350亿元成为中国首富，其财富较2008年增加290亿元。在王传福走向首富的道路上，三次冒险的选择功不可没。

第一次冒险——离职创业。1992年，刚从北京有色金属研究院硕士毕业不久的王传福被任命为研究院301室的副主任，成为最年轻的处级干部。不久，一个促使他从专家向企业家转变的机遇从天而降。1993年，研究院在深圳成立比格电池有限公司，由于和王传福的研究领域密切相关，王传福顺理成章地成为公司总经理。对于出身贫寒的他来说，已经实现了命运的彻底改变，可以在他熟悉的领域、在背景深厚的企业里安安稳稳地工作。但是就在这时，王传福做出了一个大胆而又令人费解的决定——脱离比格电池有限公司创业。敏锐的眼光以及敢于挑战的勇气使得他选择这次冒险。1995年，他借来250万元注册成立了比亚迪科技有限公司，领着20多人的团队在深圳的一个旧车间里开始了他的创业征程。

第二次冒险——向高精技术产品进军。经过两年轰轰烈烈的创业，1997年比亚迪公司镍镉电池销售量达到1.5亿块，排名上升到世界第四位，取得了令人瞩目的成绩。而就在镍镉电池领域站稳脚后，王传福又开始了一次冒险，他决定投入巨资进军锂离子电池领域。当时锂离子电池是日本人的天下，国内外同行不相信比亚迪能成功，面对外界的怀疑甚至嘲笑，王传福坚持自己的选择。后来的事实证明，王传福的选择是正确的，目前比亚迪在锂离子电池领域全球排名第三。

第三次冒险——电池大王造汽车。经过短短几年的发展，比亚迪在电池领域取得了令世界瞩目的业绩。2003 年 8 月，在陕西广东经贸合作推介会上，王传福再爆惊人之举，比亚迪与西安高新技术产业开发区、陕西省投资集团签订合资组建比亚迪电动汽车生产线合同，项目投资达 20 亿元人民币。如果说以前的冒险是在他比较熟悉的电池领域，这次造汽车无疑是险上加险。但是与以往冒险不同，他的这次选择很快得到了外界的认同和支持，从股神巴菲特的入股就可见一斑。作为全球新一代“绿色汽车”的领导者，比亚迪顺应了新世纪的“环保”、“低碳”、“新能源”的大趋势，也将王传福送上了首富的宝座。

对于他的冒险之举，王传福说：“因为发展企业与人生成长都像攀登一座山一样，而找山寻路却是一种学习的过程，我们应当在这个过程中，学习笃定、冷静，学习如何从慌乱中找到生机。冒险精神给比亚迪的初期发展带来了举世瞩目的成就，同样，比亚迪要成为汽车大王也需要冒险精神，更需要一支敢于冒险的企业团队。”

在政治军事领域要取得突出成就，更需要大无畏的冒险精神。英国前首相温斯顿·丘吉尔是个敢于冒险的人。1899 年，南非发生布尔战争，25 岁的丘吉尔作为战地通讯员，被伦敦《晨报》派往南非采访。他不顾生命危险深入战斗激烈的地区，采访最新战况，穿过枪林弹雨的前方阵地，被布尔军队捕获。他从俘虏营想方设法逃出，翻山越岭，露宿森林、岩洞，攀爬火车，越过众多敌兵把守的桥梁。因为丘吉尔是英国贵族子弟，布尔军方面下令，凡捕获温斯顿·丘吉尔的士兵，不论抓到活的、死的，都有重奖。丘吉尔的战地报道和越狱经历成为《晨报》的头条新闻，由于事情本身惊险刺激，加上丘吉尔生动的文笔，成为英国民众争相阅读的消息。1900 年丘吉尔回国时，受到民众对英雄凯旋般的欢迎，演讲会场听众爆满，同年他以 26 岁的年龄当选为最年轻的国会议员。

第四节　顽强的意志力

孟子曰：“天将降大任于斯人也，必先苦其心志，劳其筋骨，饿其体肤，空乏其身，行拂乱其所为；所以动心忍性，增益其所不能。”回顾许多成功人士的人生，会发现他们往往经历了比常人更多的磨难和挫折，但由于他们有顽强的意志力和远大志向，把各种逆境、困难当成锻炼自己的好机会。正像巴尔扎克所说：“挫折就像一块石头，对于弱者来说是绊脚石，对于强者来说是垫脚石。”坚定的信念与顽强的毅力结合，是成才成功至关重要的条件。

一、人与人差别最大的是意志力

科学研究显示，人与大猩猩的 DNA 差别只有 1.6%，当然人与人之间的差别就更小了。现代人的智力和体力差别很小，因特网把人们获取信息和知识的能力差别又进一步缩小了,但人们对艰难困苦的心理和生理承受力却有着巨大差别,这也是成功人士与普通人的重要区别所在。在成功道路上,耐力比脑力是更具有决定性的因素。生活当中的困难往往像渡过一条湍急的大河,普通人可能游十几米就感觉风浪太大,退回了岸边;意志力较强的人游几十米、一百米也会被大浪吓阻,最终退了回去;只有意志力坚强的人才能坚持前进,而一旦渡过中游风浪也就不会更大了。

对于一个意志非常坚强的人,失败是不存在的。别人眼中的失败,对于他只是一次挫折而已,是重整旗鼓、重新尝试的开端。只要不放弃希望和奋斗,就没有失败。失败只属于那些丧失勇气的退出者,不属于坚持奋斗的勇敢者。

【举一反三】是钢还是玻璃?

有一个农民的儿子,初中只读了两年,家里因没钱供他上学,辍学回家,帮父亲耕种三亩薄田。在他19岁时,父亲去世了,家庭的重担全部压在了他的肩上。他要照顾身体不好的母亲,还有一位瘫痪在床的祖母。

20世纪80年代,农田承包到户。他把一块水田挖成池塘,想养鱼。但乡里的干部告诉他,水田不能养鱼,只能种庄稼,他只好又把水塘填平。这件事成了一个笑话,在别人眼里,他是一个想发财但想法很愚蠢的人。

听说养鸡能赚钱,他向亲戚借了500元钱,养起了鸡。但是一场洪水后,发生了鸡瘟,几天内鸡全部死光。500元对别人来说可能不算什么,但对一个只靠三亩薄田生活的家庭而言,就是天文数字。他母亲受不了这个刺激,竟忧郁而亡。

他后来酿过酒、捕过鱼,甚至在采石矿的悬崖上帮人打过炮眼……可都没有赚到钱。

35岁的时候,他还没有娶到媳妇。即使是有孩子的离婚女人也看不上他,因为他只有一间土屋,随时可能在一场大雨后倒塌。娶不上老婆的男人,在农村是没有人看得起的。

但他还想搏一搏,就四处借钱买了一辆手扶拖拉机。不料,上路不到半个月,这辆拖拉机就载着他冲入一条河里。他断了一条腿,成了瘸子。而那支离破碎的拖拉机,只能当做废铁卖。

几乎所有的人都说他这辈子完了。

但是后来他却成了一家公司的老总,拥有2亿元的资产。许多人知道他苦难的过去和富有传奇色彩的创业经历,许多媒体采访过他,有这样一个采访情节:

记者问他:"在苦难的日子里,你凭什么一次又一次毫不退缩?"

他喝完了手里的一杯水,把玻璃杯握在手里,反问记者:"如果我松手,这只杯子会怎样?"

记者说:"摔在地上,碎了。"

"那我们试试看。"他说。

他手一松,杯子掉到地上发出清脆的声音,但没有破碎,完好无损。他说:"即使有10个人在场，都会认为这只杯子必碎无疑。但这只杯子不是普通的玻璃杯，而是用玻璃钢做的。”

让我们记住了这个故事：男子汉不是玻璃做的，而是钢做的！

二、意志力来自环境的磨炼

人的意志力或耐力与成长环境有密切关系，在富裕优越的生活环境中长大的人，除非主动寻求体能磨炼和心理素质考验，一般而言，其心理和生理耐受力会比较差。

【星星点灯】鱼的“给氧器”

一群年轻人在山里深潭边钓鱼，奇怪地发现一个老人在河流上游水流湍急的河段垂钓，那里波急浪涌，怎么会有鱼呢？

一个好奇的年轻人过去问老渔夫：“鱼儿能在水流这么急的地方停留吗？”

老人说：“当然不能。”

“那你怎么能钓到鱼呢？”

老人指着鱼篓笑而不言。年轻人非常吃惊地看到鱼篓里有七八条又肥又大的鱼，这么大的鱼，他们一条都没钓到。

老人笑着解释说，深潭里风平浪静，小鱼们靠潭水里微薄的氧气就足够呼吸啦，而大鱼不行，它们需要更多的氧气，只能拼命游到有浪花的地方，浪越大，水里的氧气就越多，大鱼也就越多。许多人以为风浪大的地方不适合鱼儿生存，钓鱼总选择风平浪静的水潭，但他们恰恰想错了，没有风浪的深潭是不会有大鱼的，大风大浪正是鱼儿长肥长大的条件，风浪看起来像是鱼儿的苦难，但这些苦难正是鱼儿的天然给氧器。

与此相似，人生的坎坷和困苦，也是我们的给氧器，如果我们总是寻觅风平浪静的生活环境，为自己营造一个安乐窝，我们是不是也会成为深潭里那一尾尾长不大的小鱼呢？水流湍急之处有大鱼，人生坎坷磨炼出巨人。

即使知道耐力和培养耐力的重要性，然而吃苦受罪却非人之所愿，往往是战争动乱和巨大自然灾害等使人们痛苦地接受耐力锻炼。“文革”使许多高干子弟的生活环境一夜之间发生了翻天覆地的变化，由舒适优越的环境跌入苦难的深渊，经受了身体和精神的巨大磨难，但也使一些人磨炼成长为今天颇有作为的领导者。史无前例的知识青年上山下乡运动，把上千万城市青年驱至农村接受没有什么知识文化的贫下中农的再教育，无疑是浪费人才的荒唐之举，但坏事变好事，客观上使知青受到了耐力锻炼，感受了最艰苦的农村草根生活，许多人成为现在国内各行各业的领军人物。

【举一反三】耐力超群的克里夫·杨

我们都知道马拉松是一项艰苦的体育竞赛项目，全程要跑42公里多，对人的体力和意志力都是严峻考验。澳大利亚有一项超级马拉松赛事，是从悉尼跑到墨尔本，全程 875 公里，相当于 20 个马拉松的距离。参加这项赛事的只有极少数经过特殊训练的马拉松运动员，往往还有公司巨额赞助，因为这项赛事对运动员体力消耗极大，有的人体重都会下降四五千克。

1984 年，有一个叫克里夫·杨的 61 岁老牧民要报名参加这项赛事。竞赛组织者问他有没有经过长跑训练，有没有赞助商。老人很坦率地讲："我没有任何赞助商，也没有经过任何专门的长跑训练，只是在日常的放牧中我练就了长跑的能力。"克里夫·杨是一个家境贫寒的牧民，为别人放牧上千只羊，因为没钱买马匹，他只能徒步放牧。有时遇上恶劣天气，刮起狂风，夹着暴雨，羊群顺风跑出去，他要跟在羊群后面拼命追赶，风刮两天两夜，他就要追随羊群两天两夜，待到风平雨歇，再把羊群慢慢地赶回牧场。这种恶劣的劳动条件练就了他超乎常人的耐力和腿力。

克里夫·杨与其他运动员的竞赛开始了。在绕城一圈的起跑中，其他运动员很快跑在了前边，观众们惊讶地看到后面有一个老人拖着相当沉重的步伐跟着大部队在跑。一些人在同情和感叹，希望这个异想天开的老人早点放弃比赛，回去休息吧。克里夫·杨与大部队的距离越来越远，很快就看不到其他人的踪影了。

这项超级马拉松赛，由于距离很长，往往要耗时六七天，因此是允许中途休息的。按照以往选手的经验，每天跑 18 个小时，睡 6 个小时，这样分配体力最为合理，成绩最为理想。克里夫·杨没有打算睡觉，他可能也不知道允许睡觉。在别人休息的时候，克里夫·杨继续向前跑着、追赶着。一天如此、两天如此、天天如此，最后他超过了所有的运动员，用 5 天 17 小时零 9 分的成绩，获得了冠军，并把赛会纪录提高了 9 个小时！

克里夫·杨的壮举震惊了澳大利亚，人们为这位老英雄的不俗成绩感到惊奇和敬佩。克里夫·杨后来还举办了环澳大利亚长跑义捐活动，为癌症病人募集善款。当他跑完7 000公里的时候，因自己母亲病重去世而不得已中断。

三、把恶劣环境当做磨炼自己的良机

就我们现在的生活条件而言，饥饿和穷困等恶劣环境是越来越罕见了，意志力的培养是我们格外要注意的，舒适优越的环境可能是慢慢烫死青蛙的温开水，而一些偶然遇到的恶劣环境可能正是上天赐给我们磨炼自己的宝贵时机，如果遇到，一定要抓住这样的良机。

【举一反三】猎豹的存亡之道

动物学家曾在非洲做过一次实验，在两个荒岛上分别放养两类食草动物：一类是奔跑如飞的羚羊野鹿，另一类是行动迟缓的牛和猪，然后在这两个岛上分别投放了几只凶猛的猎豹，在羚羊、野鹿的荒岛上，猎豹们为了捕食这些快如闪电的猎物，必须拼命奔跑和捕猎，才能使自己存活下来；而另一个岛上的猎豹可以悠闲地在树荫下睡觉或在草地上嬉戏，在肚子饿的时候，去随便捕捉一只蠢笨的猪或牛就可以饱餐一顿

了。两年之后，两个岛上的猎豹被送回了非洲大草原，以羚羊、野鹿为食的猎豹没有任何不适应，仍能捕食到猎物，而以猪牛为食的猎豹却因为行动相对迟缓，无法捕食到动物而面临饿死的困境。

每天太阳升起的时候，非洲大草原上的动物们就开始奔跑了。猎豹妈妈教育自己的孩子："孩子，你必须跑得再快一点，再快一点，你要是跑不过最慢的羚羊，你就会活活饿死。"在另外一个场地上，羚羊妈妈也在教育自己的孩子："孩子，你必须跑得再快一点，再快一点，如果你不能跑得比最快的猎豹还要快，那你就会被它们吃掉。"

随着生活条件越来越好，中国青年人特别是城市青年到哪里去经受一些艰苦生活的磨炼，补上人生的重要一课，增强心理和生理承受能力，确实是值得青年人自己思考和解决的重要问题。帮助贫困地区的青年志愿者活动是一项很好的活动，但要有决心和勇气在当地生活工作一段较长时间，不流于形式"作秀"，才能取得锻炼意志品质的较好效果。

成功人士往往具备超常的毅力和耐力，一方面是客观艰苦环境的磨炼，另一方面是自己主动锻炼培养——"自找苦吃"。邓小平同志常年坚持洗冷水澡，锻炼自己的意志和耐力，能承受"三起三落"的人生波折也就不足为奇了，最终成为扭转乾坤、带领中国走上正确发展轨道的"关键先生"。常言讲，物以稀为贵，当坚韧和毅力成为当今社会非常稀缺的资源时，具备这种能力的青年人就更容易成为成功人士，成为将来各级社会组织中当然的领导者和决策者。

麦当劳连锁店的创始人克洛克，51 岁时从美国加州一个小城的麦克兄弟手上购得麦当劳商标的使用权，最终把它发展成为风靡全球的连锁快餐企业。克洛克和麦克阿瑟将军都把美国前总统柯立芝的话作为自己的座右铭：

世界上没有任何东西能代替"坚定"；

"才能"不能，太多有才能的人并未成功；

"天才"不能，被埋没的天才屡见不鲜；

"教育"不能，有许多受过教育的废物；

只有"坚韧"和"决心"才是无敌的。

四、珍惜生命

在本书的写作过程中，传来了富士康"十二连跳"的不幸消息，令人备感沉重和痛惜，觉得有必要就此谈谈。人的生命是最宝贵的，每个人、每个企业都要珍惜生命。员工自杀的原因可能是多方面的。作为企业方面，要检讨反思自己的管理方式，为员工提供良好的工作环境，采取更人性化的管理方法，缓解员工的工作压力和精神负担，及时疏导员工可能出现的心理问题。

作为员工个人，要提高心理承受能力，珍惜自己的生命和生存权。自杀永远是最愚蠢的选择。为什么这样说呢？只要人活着，就有改变命运的机会和重新选择的可能，而一旦结束了生命，也就消灭了一切改变的可能性。人的一生总会有高峰或低谷,生活当中没有坎坷是不现实的幻想。遇到挫折压力应当采取什么态度,或者选择什么方式应对,是见仁见智的问题,但最愚蠢的选择就是结束自己的生命。你如果觉得这个企业环境很差,看不到前途,承受不了这种压力,可以选择离开或躲避,也不应走绝路。你应当想到,只要生命存在,一切都有可能。你可以在人生道路上重新选择前进方向,而一旦结束了生命,也就放弃了所有的机会。

这个道理对所有产生轻生念头的人包括一些大学生都适用。在感受艰难困厄之时,我们不妨自问一下:现在面临的景况是不是我人生的最低谷?如果不是,我为什么要绝望呢?如果是,那说明我的人生就要反弹了,又有什么理由绝望呢?月圆月缺是事物运动的规律,人生又何尝不是如此,能经受大挫折考验的人方能取得大成就。

季羡林先生在《牛棚杂忆》里写道,在"文革"中遭受粗暴凌辱和折磨中,他也想去自杀,但被一件突发事情打断了,遂放弃这种念头,咬牙坚持活了下来,后来成为人人敬仰的学界常青树。

从另一个角度看,自杀是一种对父母亲人和社会不负责任的行为。父母抚养子女成年,寄托着殷切期望,即使不希望他(她)成为社会栋梁,也希望他(她)能健康快乐地生活,子女的一点病痛都会使他们十分担心。而一旦子女轻易放弃了自己的生命,也使父母多年辛勤培育的心血付诸东流,对他们的身心是巨大的打击。社会从小到大培养一个人要付出多方面资源,希望他将来做出自己的社会贡献,如今他弃社会而去,也就放弃了自己的社会责任。

生命只有一次。珍惜生命,珍惜实现人生价值和为社会创造价值的机会,是每个人的责任。

【星星点灯】"艾滋病人"的三个选择

克林顿访问清华大学时,新闻与传播学院的一位研究生提问:"克林顿先生,如果您是一位艾滋病病人,您有三个选择:A.权利,包括个人尊严、社会地位,被社会接纳,平等地被对待;B.爱人,包括您的父母妻子女儿以及知心朋友;C.肢体功能,包括感觉、运动能力、理性思维、记忆力还有性能力。面对残酷的艾滋病,如果您只能保留一项的话,您会选择哪一项?为什么?"克林顿请翻译人员重复了一遍问题后,稍作思索回答:"如果我能够做出选择的话,我会选择第一项,即权利。我要求别人尊重我,取得平等的人生权利,因此我能够拯救更多的生命。"全场对这个回答报以热烈的掌声。

我们不能要求每个普通工人或农民都有总统那样的生命价值认知,都有那样的分析判断能力,但我们可以要求每个人都爱惜自己,懂得珍惜自己的生命并尊重别人的生存权。

第五节 明确的人生目标

人们完成的所有事物都要经过两次创造——先在脑海里酝酿，再实际创造出来。因此，每个希望成功的人都需要尽早确立自己的发展目标，目标越清晰，对自己的激励作用和指导意义越强，成功的可能性就越大。

一、立志高远

孔子告诫弟子："取乎其上，得乎其中；取乎其中，得乎其下；取乎其下，则无所得矣。"一个有志气的人特别是年轻人，应当树立远大的人生目标。"取乎其上，得乎其中"——远大的目标即使没能完全实现，往往也能有比较高的成就。而且，远大目标更能够激发人的潜能，那些渺小的所谓目标会导致人的目光短浅和碌碌无为。

【星星点灯】100名哈佛毕业生

美国有学者曾对100名哈佛商学院毕业生作过一项跟踪调查：其中5人在毕业时有非常明确的目标，要从事什么行业，达到什么层次；25人有一个大致的方向；剩下的70人没有自己的目标，希望根据不同行业发展情况再确定自己从事的职业。20年后，对这100名毕业生做追踪回访发现，那5位有明确目标的人，已成为所在行业的翘楚；那25位有基本目标的人，多已成为企业中层骨干，取得不俗的工作成绩；而那70位没有人生目标的人，大多业绩平平，有两人还失业了。以哈佛大学毕业生这样优秀的群体，有没有人生目标，也会产生巨大的人生差异，这一点值得我们认真思考。

一个人心中必须有目标才能为全身的力量找到方向。缺少人生目标或目标模糊，一个人即使有很高的智能和天分，也难有大的作为。就如同一个人有足够多的钱，却不知道买去哪个城市的票，照样无法到达目的地。

人生目标要远大，同时，人生目标又应当是可以量化或者判断的。比如一个人讲他40岁时年薪要达到50万元，就比说要挣很多钱更为具体生动，对其行为的激励也更加有效。

二、立志要趁早

每个人的生命都是有限的，越早明确自己的目标，启程向目标前进，就越可能获得人生的成功。如果总在茫然四顾，蹉跎时光，也就一辈子一事无成。

【星星点灯】戈达德的梦想

1944年，美国洛杉矶郊区一个15岁的少年约翰·戈达德完成了老师布置的作业《一生的志愿》，他认真填上了一系列项目：到尼罗河、亚马孙河、刚果河探险；登上珠穆朗玛峰、乞力马扎罗山；骑驾大象、骆驼、鸵鸟和野马；探访马可波罗和亚历山大一世走过的道路;主演一部电影;驾驶飞机;读完莎士比亚、柏拉图和亚里士多德的著作;谱一首乐曲;写一本书……戈达德一共填上了127个目标,并将每一项编号:“这是我的生命志愿,我要用我的生命去完成!”

不仅他的同学和朋友认为这是痴人说梦,就连他的祖父都笑着说:“孩子,你知道一个人的一生能做多少事吗?别说这么多愿望,你一生只要能完成其中四五项就十分了不起啦。”

18岁那年秋天,高中毕业的戈达德离开自己的家乡,去追逐完成自己的人生梦想。在亚马孙河探险时,他几次船毁落水,差一点葬身水底;在刚果河探险时,他遭遇鳄鱼袭击,几乎葬身鱼腹;在乞力马扎罗山上,他遭遇惊心动魄的大雪崩,还被凶猛的雪豹追逐……但戈达德从没停止追逐自己人生理想的脚步,30多年后,经历20多次死里逃生,戈达德已经完成了106个人生愿望。

戈达德深有感触地说:“人生的目标越艰巨,你的生命就越有动力,越加辉煌。你让一个人耕种一英亩地,与耕种十英亩地,所激发出来的生命能量是绝对不一样的。激励我们的心灵,给自己确定最远大的目标,激活我们生命最大的能量,才能创造出我们人生的奇迹。”

三、阶段性目标

一个人要有远大目标,还要有阶段性的目标和比较清晰的路线图。这样,一步又一步、一阶又一阶攀登达到人生高峰,才不会使远大目标成为空中楼阁。

【举一反三】“我要爬上最高的山峰!”

1947年7月30日,一个男孩出生在奥地利格拉茨一个鲜为人知的小村子——特尔村。父亲古斯塔夫是一名警察,他还有一个哥哥。自小家境贫寒,直到他14岁时,家里才通了自来水。他从小身体很弱,这促使他努力锻炼自己的身体,并将“世界健美比赛中的宇宙先生”作为自己人生的第一个目标。这个理想把他带上了成功之路。

15岁时,他已经有了雄心壮志:长大后要当最强大国家——美国的总统。如何实现这样宏伟的抱负呢?年纪轻轻的他,经过几天的思索,拟定了这样一系列的连锁目标。

做美国总统首先要做美国州长→要竞选州长必须有雄厚的财力支持做后盾→要获得财团的支持就一定要融入财团→要融入财团就最好娶一位豪门千金→要娶一位豪门千金必须成为名人→成为名人的快速方法就是做电影明星→做电影明星就要锻炼出健美的体型和阳刚之气。

按照这样的发展路线图,他开始一步步向最终目标前进,开始刻苦练习肌肉,渴望成为世界上最结实的壮汉。他参加了一系列健美比赛,并囊括了欧洲、世界、全球、奥林匹克等众多“健美先生”荣誉。

1967年9月,20岁的他在伦敦获得业余组“宇宙先生”冠军,成为该项比赛历史上最年轻的冠军。1968年9月,他获得了职业组“宇宙先生”称号,并在国际健联的宇宙先生大赛中夺魁。后来,他移居到美国南加州。1975年,他在南非第六次获得“奥林匹亚先生”称号,至此他几乎包揽了所有的世界级健美冠军,这其中包括五次“宇宙先生”、一次“世界先生”、六次“奥林匹亚先生”,成为健美界当之无愧的“王中王”,被吉尼斯世界纪录大全评为“人类历史上体型最完美的人”。

他在健美界取得的巨大成功来自于他的不懈努力。他为自己制定严格的训练计划,练习如此刻苦以致最后家里不得不限制他每周去健身房的次数,对这个限制,他将家中的一间房间改造后继续训练。在个人自传中他写道:“要肌肉增长,你必须有无穷的意志力,你必须忍受痛苦。你不能可怜自己,稍痛即止,你要跨越痛苦,甚至爱上痛苦,别人做十下的动作,你要加倍磅数做足二十下。”“还有,你要用不同的方法,从不同的角度去‘震撼’你的每一组肌肉,令它无法不强壮,无法不结实。不要松懈,不要懒惰,没有坚韧不拔的意志,你无法取得成功!”

22岁时,他终于闯入好莱坞,全身心地投入表演中。他后来说道:“我总是强烈地受到表演艺术的吸引,我喜欢表演,喜欢发挥自己。我在观众面前表现得越多,对自己的期望值也越高,就越能从观众的掌声中得出结论,我的事业应该是表演。”在电影界,他用了十几年时间,塑造了很多有性格的硬汉形象。1982年,他主演了神话剧《王者之剑》,票房取得了巨大成功。从此,他的名字开始享誉影坛。1993年2月,他被国家影剧院主人协会评为十年来国际最佳明星之一,相继拍摄了《真实的谎言》、《蒸发密令》、《宇宙威龙》、《龙兄鼠弟》、《幼稚园特警》等动作巨片。他被英国《帝国》杂志评为“历史上最出色的100位电影明星”之一,名列第20位。数不清的荣誉和头衔使他成为世界影坛上的重量级明星。

与此同时,他是威斯康星大学的商科学士,对心理学,尤其是希尔博士创立的“创富心理学”有相当深刻的研究;写过好几本健身方面的畅销书,这些书一问世便被抢购一空。其中一本《健身百科全书》厚达700多页。

当他的电影事业如日中天时,女友的家庭也终于接纳了这位门第低微的男子汉,与他相恋9年的女友玛丽娅·施莱弗尔是美国著名的电视记者,是美国前总统肯尼迪的侄女。他与太太生育了四个孩子,建立了一个美国式的模范家庭。

1990年1月22日,他被布什总统任命为国家健康顾问委员会主席。当天他在白宫的草地上示范举重。同时,他担任了加利福尼亚州州长的健康事务顾问,任期10年;1991年,布什总统为他颁发了“国民领袖奖”,表彰他在公益事业以及青少年培养上的巨大贡献;连不动产与名画在内,他的个人财产达到20亿美元以上,并且仍在不断增长之中。《福布斯》杂志将他列为“好莱坞最富有的演员”。

2003年,年逾50的他,宣告退出影坛,转而进军政坛,并成功地竞选成为美国加州州长。

这个人就是“终结者”阿诺德·施瓦辛格。

四、牢记自己的目标

一个人有了人生目标，就要经常提醒自己，不要忘记自己的目标，要利用一切合适的条件和机会，向人生目标前进。

【举一反三】希尔顿的梦想

1907年，经济危机袭击美国，20岁的康拉德·希尔顿和父母也陷入了困境，家中仅剩下一间堆满货物的五金商店。为了摆脱危机，他们把货物低价甩卖，腾空房子开办了“家庭式酒店”。父亲当总管，母亲做饭菜，希尔顿和弟弟担负起揽客的任务。这种经历为希尔顿日后经营酒店业提供了很好的锻炼机会。

1917年，希尔顿应征入伍，第一次世界大战中断了他做银行家的梦。1919年，父亲遇车祸身亡，希尔顿退伍回家。他手头只有5 000美元。“我如何创业?”希尔顿向母亲请教。这位伟大的母亲严肃而又坚定地告诫儿子：“你必须找到你自己的世界。要放大船，必须先找到水深的地方。”

希尔顿来到因发现石油而聚集了无数冒险家的得克萨斯州西斯科小镇，他想在一家名为“莫布利”的酒店住一晚。谁知酒店门厅里人群争着往柜台挤，他好不容易挤到柜台前，服务员却把登记簿“啪”地一合，高声喊道：“客满了!”

一个铁青着脸的先生开始清理客厅，口气生硬地对希尔顿说：“请快点离开，8小时后再来碰运气，因为我们这里每天24小时做三轮生意。”希尔顿忽然灵机一动问：“你是这家酒店的主人吗?”对方却诉起苦来：“是的。我陷在这里不能自拔，早就想去油田赚更多的钱。”希尔顿压抑住兴奋：“这家酒店准备出售?”“只要有人出5万美元，今晚就可以拥有这儿的一切，包括我的床。”旅店老板的决心已定。

希尔顿仔细查阅了酒店账簿，决定买下这家酒店。经过一番讨价还价，卖主同意以4万美元出售。希尔顿立即四处筹借现金，做了莫布利酒店的主人。酒店天天客满，有时连希尔顿的床也让给客人住了。他给母亲打电报报喜：“新世界已经找到，西斯科可谓水深港阔，第一艘大船已在此下水。”

希尔顿决定要建造自己的新酒店。1925年8月4日，“达拉斯希尔顿大饭店”终于落成，举行了隆重的揭幕典礼。在阿比林、韦科、马林、普莱思维尤、圣安吉诺和拉伯克等地相继建起了希尔顿饭店。

1937年，希尔顿看上了旧金山的“德雷克爵士”酒店。这家酒店有450个房间，高22层，还有一个豪华夜总会。老板正急于将这家酒店转让。希尔顿不失时机地筹集资金，在1938年1月将饭店买了下来。1939年，他又买下了长堤的“布雷克尔斯饭店”。

希尔顿又把目光瞄向当时世界上最大的饭店——芝加哥的史蒂文斯大饭店。他特地在1939年底亲自去调查该饭店。它可谓饭店中的巨无霸，拥有3 000个带卫生间的客房，宴会厅一次可接待8 000位来宾。1945年，机会来了，希尔顿终于买下了这家饭店。不久，他又以1 940万美元的巨款买下芝加哥另一家最豪华的饭店——帕尔默饭店。

永不满足的希尔顿又把下一个目标盯向了被誉为“世界酒店皇后”的华尔道夫大饭店。这家饭店坐落于纽约市中心，高43层，有2 000多个房间，曾接待过世界上许多国家的国王、王子、皇后、政府首脑和百万富豪，堪称世界上最豪华、最著名的饭店。早在1930年，希尔顿看到这座刚落成的宏伟大饭店的照片时，就为之倾倒，他把这张图片夹在自己钱包里，时刻提醒自己一定要拥有一座这样档次的酒店。经过近20年的努力，希尔顿如愿以偿，1949年这家饭店终于归他所有了。

1954年10月，希尔顿创造了他一生中最辉煌的一页，用1.1亿美元的巨资买下了有“世界酒店皇帝”美称的“斯塔特拉酒店”，一个拥有10家一流饭店的连锁酒店。这是酒店业历史上最大的一次兼并，也是当时世界上耗资最大的一宗不动产交易。

经过不懈奋斗，希尔顿终于实现了他的梦想，成了世界酒店之王。“你必须怀有梦想。”希尔顿晚年在自传中，揭开了他成功的奥秘：“我认为，完成大事业的先导是伟大的梦想！”

第六节　创新思维能力

一、创新才能出众

建设创新型国家是我们国家新确定的发展国策，无疑需要大批创新型人才。创新型人才就是具备创新思维能力的人，在现阶段是中国最为稀缺宝贵的资源。

所谓创新思维是既独立于别人的思维框架，也独立于自己以往的思维框架。通常而言，要否定别人的想法并不难，甚至过分容易，而要改变或抛弃自己固有的想法和长期思维模式则很难。

【星星点灯】人的“价值”？

一位美国化学家曾经幽默地写出一个公式：一个人的“物质价值”≤10美元！

- 人体60%多是水——可以盛满一个小浴盆
- 脂肪——够做5块肥皂
- 钙——够做2支粉笔
- 磷——够做1小盒火柴
- 铜——可以铸一枚硬币
- 铁——可以做一根钉子
- 镁——够使用一次闪光灯
- 硫——够给一只小狗驱除虱子

创新性思维是创造力的源泉，只要突破了传统的思维定式，习惯于进行创新性思考，你就掌握了开启人生成功之门的钥匙。许多人都有开辟新路的能力，也就是创造力，但他们从来不朝新的方向瞭望，也就把自己的创造力永远禁锢起来。与常规思维相比，创造性思维具有自己的特点，主要是独创性、灵活性和风险性。

【举一反三】黑色还是彩色？

日本东芝公司在1952年前后积压了大量的电扇，7万多名员工为打开销路想了不少办法，但成效不大。有一天，一个小职员向石坂董事长提出改变电扇颜色的建议，当时全世界的电扇都是黑色的，东芝生产的电扇也不例外。这个职员建议把黑色改为浅色，引起了石坂的重视。经过研究，公司采纳了这个建议。第二年夏天，东芝公司推出一批浅蓝色电扇，大受顾客欢迎，市场上还出现了抢购风潮，迅速卖出几十万台。从此以后，世界各地的电扇就变成五颜六色的了。

人的无价之宝在于自己的大脑和思维能力。大脑是上天赐给人的神奇礼物，每人若能多留意开发自己这个功能超级强大的“高能低耗”自备机器，就可以创造出奇妙精彩的人生。人脑的构造极其精密，能力相当惊人，即使最先进的电脑也无法与之相比。人脑每秒钟可以处理300亿个指令，人的脑神经系统有280亿个神经元，联络的网路长达1万公里，而所需能量只是一点儿氧气和葡萄糖就足够了，实在是最神奇高效的“机器”。

人的各项器官都是“用进废退”，大脑也是一样，应当多练多用。有的科学研究表明，人的脑细胞平均只利用了7.2%，还有巨大的开发利用潜力。当我们在社会经济活动中想方设法开源节流时，不要忘记我们自身脑力这一资源尚未得到充分开发，可能还是“深藏地下”。

二、没有思考的行动不能成功

成功可以用各种公式来表达，其中之一可以这样表示：

正确思考+行动+毅力=成功

思考是导致人与人之间巨大差别的重要原因，同样的境遇，同样的外部条件，同样的天分，但由于有的人善于思考，有的人懒于思考，使两者的成就悬殊。人生名言：“失败是成功之母”，也是讲思考的力量，善于思考的人可以把失败变为成功，也可以积小胜为大胜；而一个懒于思考的人，即使偶尔有一两次胜利，最终也会归于失败，因为他由于懒惰而不能掌握胜利或成功的规律。

拿破仑·希尔撰写《成功法则》时，曾去采访拥有多项发明专利的埃玛·盖茨博士。秘书告诉他，盖茨博士正在冥思，不能见客。希尔好奇地问：什么是冥思？需要多长时间？秘书说：有时需要一小时，有时需要三四个小时。希尔决定等等看。两个小时后，盖茨博士才从里间出来，当希尔问他什么是冥思时，盖茨笑着把他领入里屋，这是一间没有窗户的密室，屋里中间只有一张桌子和一把扶手椅，屋顶一盏灯，垂下一根拉绳。这就是冥思的环境，当灯光熄灭时，人就沉浸在伸手不见五指的黑暗中，任自己的思绪自由驰骋，有时会有灵感产生，就拉亮灯，在白纸上记录下来，盖茨用这种方式探索一些他人半途而废的研究课题，往往取得突破，已经获得200项专利。

【星星点灯】到底有没有金脉?

在《思考致富》一书中,拿破仑·希尔讲了达比的故事。达比在科罗拉多发现了黄金,开始似乎有条巨大的金脉,但金脉却突然消失了。这些淘金者想再次找到金脉,却是枉费心机,在一次次失望的打击下,最后达比决定放弃了,把剩余资产卖给了一个废品收购商人。这个商人请来一位采矿专业工程师,在勘察了整个山脉的情况后,这位专家推测出金脉离掘金者放弃挖掘之处仅仅3英尺之遥。他们以同样的设备开采出了金矿,那位废品收购商从被遗弃的矿井里获得了价值数百万美元的黄金。

三、"工厂"比"仓库"更重要

思想就是力量,创意就是竞争力。人的大脑既是"仓库",可以储存知识,更应当是"工厂",能加工和创造出新知识。中国学校培养学生要更注重开启、发挥其大脑的"工厂"功能,而不仅是固化的"仓库",中国的未来才大有希望。

【星星点灯】1=1 800是什么原理?

地球上最重视子女教育的民族应当算是中华民族和犹太民族,但两个民族培养的创新能力却高低悬殊。

目前世界上能够反映创新能力的一个重要标志就是诺贝尔奖,从物理学、化学、生理学、医学,到经济学、文学,诺贝尔奖既是获奖者在各自领域有重大创新的证明,也成为所在国家和民族的创造力荣誉。

1901~2009年,全球约有800人获得诺贝尔奖,其中,犹太人约占18%,华人只占1%(均出自海外华人群体),也就是说,华人获奖者相当于犹太人获奖人数的1/18。

如果把人口基数考虑进来,那么数字对比就更悬殊了:目前全球约有犹太人1 300万,全球华人以13亿计算,则两个民族的人数相差100倍,那么一个华人获诺贝尔奖的几率仅相当于一个犹太人获奖几率的1/1 800!

这是什么道理呀?

是中国的学生学习不够努力吗?

是中国的家长对子女教育重视不够吗?

是中国的教师教学不认真吗?

依我看,是超强的学习压力和严格的"考试训练"从少年儿童时期就扼杀了中国人的想象力和创造力。无论承认与否,目前国内的教育模式仍以应试为主要目的,孩子们从小就成了"学习机器",常年被死记硬背的"题海战术"苦练,渐渐变成不敢超越"标准答案"半步的小绵羊,这种"填鸭式"的教育方法损害着中国学生的创新思维能力和身体健康,很难培养出创新型人才。

也许有人会讲:不这样做不行呀!中国这么多人,升学压力这么大,不苦读怎么能考上大学？考不上大学这辈子能有什么好前途？

不管怎么说，高考制度是我们自己设立的，不是外国人强加给我们的；如果我们发现这个制度有缺陷，就应当想办法改革，总不能听任书山题海再扼杀中国青少年的想象创造力一百年、一千年吧？中国有“削足适履”的成语，是不是因为“履”太硬，就应当把“削足”当做合理选择呢？

现在全国到处讲创新，但许多人是“小和尚念经——有口无心”。如果我们在教育这个基础环节就不敢创新，怎么能培养出创新型人才？没有创新型人才，靠什么建设创新型国家呢？

我们应当向犹太民族学习和借鉴一些好的教育理念。

第一，犹太民族重视把知识转化为智慧和才能。

有句犹太名言：“仅有知识而没有才能的人是背着很多书本的驴子。”只重视知识积累不一定增长才干，犹太人很善于把学到的知识转化为生活和工作智慧，转化为创新才能和财富。犹太商人赚钱也强调以智取胜，认为智慧是比金钱更重要的本钱。

第二，犹太民族重视对子女诚信守法的道德教育。

世界上最善于经商理财的民族当推犹太民族。但犹太人赚钱恪守商业信用，严守法律，他们虽然会利用法律的空缺来获取个人利益，却不会做明显违法的事情，如走私、抗税等。犹太商人认为纳税是商人与国家订立的契约，逃税就是违背契约，也就无法得到政府的保护，因此犹太民族能够长期在各国居住经商，受到当地政府保护，积累了巨额财富，与他们不偷税的观念有很大关系。

第三，犹太民族有“再紧不能紧教育”的信念。

教育经费不足是发展中国家面临的共同难题，也是制约中国教育发展的严重问题。早在20世纪80年代，《中国教育改革与发展纲要》和《教育法》就已规定“逐步提高财政性教育经费支出占国民生产总值的比例，20世纪末达到4%”的目标，邓小平同志还曾提过5%的设想。然而到2009年，我国教育经费占国内生产总值的比重刚达到3%，与世界平均水平4.8%差距很大，与发展中国家的平均水平4.2%也有相当大距离。

在教育经费投入方面，我们应当向以色列学习。以色列建国不久，1949年就颁布了《义务教育法》，1953年又颁布《国家教育法》，是以色列最早的几部法律。以色列的国防开支负担很重，常常占到国家财政开支的40%甚至一半以上，但20世纪70年代以来，以色列的教育经费占GDP的比重一直保持在8%以上。以色列人口只有500多万，却有数所世界一流大学，希伯来大学、特拉维夫大学、以色列理工大学名列全世界最好的100所大学。博士在国民中的比例，以色列是所有国家中最高的。

犹太人善于赚钱是有名的，而犹太人热心捐助教育也是有名的。以色列高校建筑宏伟、设备先进，图书馆藏书丰富，属世界一流水平。据联合国教科文组织的统计，按照人均图书馆和出版社的占有率，以色列超过任何其他国家。以色列全国有图书馆1 000多所，平均4 000人就拥有一所公共图书馆。

第四，犹太民族重视教育对国家民族发展的重要基础作用，鼓励最优秀的人才从事教育和教育管理。

以色列是以犹太民族为主的国家（占 80%以上）。犹太民族重视教育表现在从国家领导人到普通民众都十分关心教育，一些卸任的以色列国家领导人，又专门从事教育和教学管理工作。比如，前总统纳冯离任后，又担任教育部长；前总统卡其尔卸任后，到特拉维夫大学当教授，给大学生和研究生讲课。与中国知识分子热衷于仕途相比，犹太知识分子并不太认同“学而优则仕”。以色列建国后曾请爱因斯坦出任总统一职，但爱因斯坦认为自己只是一个物理学家，缺乏治理国家的才能，礼貌谢绝了。

他山之石，可以攻玉。我们应当学习借鉴世界各民族的先进理念和经验，改革创新我们的教育体制，为中华民族复兴培养出千千万万有想象力和创造力的青年，承担起建设创新型国家的重任。

（摘编自“君子兰博客”：http://lanyisheng. blog. sohu. com。）

四、从实践中学习

人的思维判断能力、创新能力要通过实践才能不断提高，实践分为直接实践（亲自动手）和间接实践（读书学习等），两者都有重要作用。毛泽东在这两个方面都不愧是学习实践的大师，他博览群书，熟读中国历史典籍；他更重视亲身实践，主张“亲口尝尝梨子的滋味”，实践出真知。

就以毛泽东的军事才能来说，毛泽东是中国人民解放军的主要缔造者之一，也是20世纪乃至人类历史上最伟大的军事家之一。作为一名杰出的军事统帅，他指挥军队在极端艰苦的条件下，赢得了土地革命战争、抗日战争和解放战争的胜利，创造了许多军事奇迹；作为一名卓越的军事理论家，他创立了独具特色、内容深刻、体系完整的军事理论，毛泽东军事思想不仅指导中国革命取得了伟大胜利，还对第三世界和西方社会的革命、战争产生了深远的影响。正如一位西方学者所说：毛泽东是掌握打开这个时代军事奥妙之锁的全套钥匙的一个时代人物。

但是，作为一位世界级的伟大军事家，毛泽东既不是将门之后，也从来没有进过军校，没有接受过军事训练。与共产国际派来的军事顾问李德等相比，毛泽东从学历上看是个军事“外行”，但是，一次又一次的作战实践证明，他是一个名副其实的军事“内行”。在江西苏区反围剿及长征初期，李德、博古等“内行”照搬国外模式，采取阵地战与国民党大军对抗，由于脱离当时敌我力量和作战环境的实际情况，连吃败仗，给红军造成极大损失。屡次遭遇失败之后，毛泽东的作战方针得到了全军的重视，在毛泽东的正确领导下，充分发挥红军机动性强的优势，采取运动战的作战方式，使红军逐渐走出了失败的阴影，突破了国民党军队的重重围剿，最终取得了长征的伟大胜利，也创造了世界战争史上的一个奇迹。

长期的实践探索和不断的经验总结，是毛泽东从一名“外行”变成一名“内行”的主要原因，也是毛泽东军事思想的重要源泉。1917 年，当他还在长沙第一师范学校读书的时候,面对北洋军一些官兵在长沙城内劫掠搜抢,作为一名学生他就敢于组织本校学生,联合当地警方,赶走了北洋军,保护了在校学生和周围百姓,展现了他不凡的魄力和过人的智谋。

毛泽东打仗,从不照搬照抄外国经验,从不拘泥于书本上的条条框框,而是一切从实际出发,敢想敢为,在实践中检验,在实践中修正。例如,毛泽东创造性地提出了"农村包围城市"的战略思想,这不仅在当时的军事教科书里没有,而且在世界革命史上也没有先例,他的这一军事思想正是来自于他对中国社会现状的充分了解,来自于他长期的革命实践。

毛泽东没有军校学习背景,也没有经过专业的军事训练,但这并没有阻碍他成为一名杰出的军事家。丰富的实践和大胆的探索弥补了他的这些不足,铸就了他的成功伟业。

人物案例

一、富兰克林·罗斯福

(一)罗斯福生平简介

1882 年 1 月 30 日,富兰克林· 德拉诺·罗斯福出生于纽约的海德公园。其父詹姆斯·罗斯福是美国外交界和商界的活跃人物,其母萨拉·德拉诺是出身上层社会且受过国外教育的漂亮女性。詹姆斯比萨拉大 26 岁。

经过母亲的初步启蒙教育,罗斯福随家庭教师学习拉丁语、法语、德语、算术和欧洲历史。罗斯福 5 岁时跟随父亲去见当时的总统克利夫兰,总统曾给他一个奇怪的祝愿:"祈求上帝永远不要让你当美国总统。"可是他却成了美国历史上任期最长的总统,也是最有威望的总统之一。1896 年,罗斯福被送入以培养政界人物为目标的格罗顿学校,他读书多,见识广,文质彬彬,酷爱体育,擅长网球、高尔夫球,爱好骑马和驾驶帆船。他擅长辩论,是"辩论学会"会员。学习成绩优良。

1900 年,罗斯福进入哈佛大学,攻读政治学、历史学和新闻学。这年,他 72 岁的父亲去世,留下 12 万美元的存款,其母从外祖父处继承了 130 万美元的遗产。大学时代的罗斯福热衷于社会活动,学习成绩并不突出,当了哈佛校刊《绯红报》的助理。

1904 年,罗斯福进入哥伦比亚大学法学院。1905 年 3 月,与埃莉诺结婚。埃莉诺是当时总统西奥多·罗斯福的侄女,总统亲自参加了结婚仪式,婚礼非常隆重,但富兰克林发现,大多数人都是因总统而来,由此激发了他从政的决心。1907 年,罗斯福从法学院毕业,进入律师事务所任律师。

1910 年,罗斯福以民主党人的身份进入政界。当他告诉共和党总统叔叔时,对方怒骂道:"你这个兔崽子! 你这个叛徒……"但是富兰克林·罗斯福没有动摇,他乘着一辆红色汽车,每天赶场进行十多次演说,最后当选纽约市参议员,年仅 28 岁。1913 年,威尔逊总统任命他为海军助理部长,他在任 7 年,表现突出,主张建设"强大而有作战能力的海军”。1920年竞选副总统失败，但他作为政治新星的光芒未曾减弱。

智慧、干练、胸怀宽广、身负众望，这个39岁的男人正在迈上政治巅峰。但是，无情的灾难突然降临。1921年8月，罗斯福带全家在坎波贝洛岛休假，在扑灭一场林火后，他跳进冰冷的海水，因此患上了脊髓灰质炎症。高烧、疼痛、麻木以及身体瘫痪，并没有使罗斯福放弃理想和信念，他坚持不懈地锻炼，希望能恢复行走和站立能力，他疗病的佐治亚温泉被人称为“笑声震天的地方”。在康复治疗期间，罗斯福大量阅读书籍，其中有不少传记和历史著作。

1928年，应民主党方面的恳求，在罗斯福夫人的理解与支持下，罗斯福重返政界，参加纽约州长竞选，以微弱优势险胜（1930年再次当选州长）。

1932年美国总统竞选是在严重经济危机背景下进行的。民主党总统候选人罗斯福主张实行“新政”。政敌常用身体残疾来攻击他，这是罗斯福后半生始终面临的诘难，但是他总能以出色的政绩、卓越的口才与充沛的精力将劣势变成优势。他首次参加竞选就通过发言人告诉人们：“一个州长不一定是杂技演员，我们选他并不是因为他能做前滚翻，他干的是脑力劳动，是想方设法为人民造福。”依靠这样的坚忍和乐观精神，罗斯福以绝对优势击败胡佛，成为美国第32届总统。

罗斯福将一批具有自由主义色彩的律师、专家与学者组成自己的智囊团，提出了实现国家复兴的“新政”；通过“炉边谈话”方式，密切与民众的联系。

1933～1934年的新政着重“复兴”：整顿金融业，恢复银行信用，放弃金本位制，实行美元贬值，刺激对外贸易；扩大联邦储备委员会的权力；强化国家对工业生产的调节和控制，防止盲目竞争引起生产过剩；限制农业生产以维持农产品价格，避免农场主破产；规定协定价格以减少企业之间的竞争，制止企业倒闭。

1935～1939年的新政则着重“救济”和“改革”：广泛开展公共工程建设和紧急救济，实施社会保险，以扩大就业机会和提高购买力；进行税制改革，根据纳税能力纳税，分级征收公司所得税等。罗斯福新政恢复了公众信心，强化了联邦政府机构，由此使美国的工业、农业逐渐恢复。第一个总统任期结束的1936年，国民收入有50%的增幅，罗斯福再次当选总统，也就不足为怪了。1940年，美国经济恢复到危机爆发前的水平。

1940年5月，法国被纳粹德国占领，罗斯福要求国会追加国防拨款，加强战备。在英国面临危亡的时刻，罗斯福开始向英国提供武器装备。9月2日，罗斯福与英国签署协定，将50艘驱逐舰转让给英国，英国则将部分海军基地租借给美国。此项协定意味着正式中立的结束，标志着美国有限参战的开始。

当时由于世界战争阴云笼罩，为保证美国对外政策的一致性，美国人不希望领导人中途易人，所以55%的选民在1940年的总统选举中还是选择了罗斯福。因此罗斯福打破了乔治·华盛顿总统确立的传统，第三次当选为美国总统。

1941年1月，罗斯福提请国会“授权并拨给充分的款项，去制造更多的军火和多种军用物资，以供移交现在同侵略国家进行实际战斗的国家”。1941年3月，国会通过租借法案(总统有权将武器装备租借给与美国安全有关的国家)，经总统签署而生效(60%供给英国，32%供给苏联)。租借法案的通过，是美国积极干预反法西斯战争的重要里程碑。

1941年6月，苏德战争爆发，罗斯福谴责德国的侵略，宣布美国将援助苏联。8月，罗斯福和丘吉尔在纽芬兰举行会谈并发表《大西洋宪章》，宣称美国和英国不追求领土扩张，也不愿有违背有关民族意愿的领土变更，尊重各民族选择其政府形式的权利。

1941年12月7日，日本偷袭珍珠港，太平洋战争爆发。德国和意大利对美国宣战。美国则向日本、德国和意大利宣战，正式参加第二次世界大战。对珍珠港事件负有责任的美国太平洋陆军司令沃尔特·肖特中将和太平洋舰队总司令赫斯本德·金梅尔海军上将于12月17日被解除职务。次年2月和3月，肖特和金梅尔分别以少将和海军少将军衔退役。

为了赢得战争，罗斯福下令实施战争动员和改组军队指挥机构。1942年，罗斯福下令在原陆海军联合委员会的基础上，组建参谋长联席会议，对武装部队实施统一指挥。

1942年元旦，在罗斯福的倡导下，美英苏中等26个国家的代表在华盛顿签署《联合国宣言》，国际反法西斯同盟正式形成。

1943年5月，罗斯福、丘吉尔及有关指挥人员在华盛顿举行会议，决定：夺取亚速尔群岛以提供新的海空军事基地；加强对德国的空袭；训令艾森豪威尔在占领西西里之后即着手准备进攻意大利本土。11月，罗斯福与丘吉尔、蒋介石在埃及举行开罗会议，《开罗宣言》规定，三国旨在剥夺日本自第一次世界大战以来在太平洋地区所占的一切岛屿，使日本所窃取于中国之领土归还中国，使朝鲜获得自由与独立。

开罗会议之后，罗斯福、丘吉尔前往伊朗与斯大林举行德黑兰会议。主要讨论开辟欧洲第二战场、意大利地区的军事行动和太平洋的进攻作战、德国投降后苏联的对日作战、波兰边界、战后德国的处置以及建立战后维持世界和平与安全的国际组织等问题。

1944年6月5日，盟军在法国诺曼底登陆，实施“霸王”作战计划，欧洲第二战场形成。第二次世界大战到了紧要关头，美国总统大选也同时迫近。美国舆论普遍认为，关键时刻行政首脑不宜更替。罗斯福以53%的得票率第四次当选为美国总统。

1945年2月，罗斯福和丘吉尔、斯大林在克里米亚半岛举行雅尔塔会议。会议主要讨论战后德国的处置、波兰与东欧政府、联合国、苏联对日作战等问题。会议重申纳粹德国必须无条件投降。

繁重的政治活动与战争事务，严重透支着罗斯福的体力和脑力，损害了他的健康。1945年4月12日，罗斯福在佐治亚州的温泉因突发脑溢血去世。在第四个总统任期，罗斯福只担任了73天职务，他总共担任了12年零39天总统。由于1951年通过的美国宪法修正案第22条的限制，他将是美国历史上唯一一位任期达四届的总统。

富兰克林·罗斯福安葬在海德公园。其著作有《向前看》、《论我们的道路》等。

（二）罗斯福的性格特点

作为美国历史上最伟大的总统之一，罗斯福面对的是20世纪最重要的两件大事——经济大萧条和第二次世界大战。由于成功应对了这两个重大问题，他成了美国以至世界瞩目的英雄。即使反对他的人也不得不承认：罗斯福在美国历史上留下了不可磨灭的影响。我们可以从罗斯福的性格特点分析其成功的原因。

1. 高度乐观的人生态度

罗斯福能取得很高的人生成就，其积极乐观的人生态度是最为重要的原因，他能在许多困境甚至灾难面前保持一种幽默感和冷静的思想。他年轻时，家中曾被小偷入室行窃，丢了许多财物，朋友写信安慰他，他在回信中幽默地讲这次偷窃从三个方面看也是好事：

第一，只是丢了东西，没有伤人；

第二，只是丢了一些不常用的东西（珠宝首饰），常用的东西（厨房用具）都在；

第三，最重要的是，是别人当小偷，不是我当小偷，这是更大的好事。

罗斯福始终以这样一种积极乐观的态度，应对国家政治经济难题和个人困难，不断取得事业成功也是水到渠成的事。

在罗斯福首次履任总统的1933年初，正值经济大萧条风暴席卷美国，到处是失业、破产、倒闭、暴跌，到处可见美国人的痛苦、恐惧和绝望。罗斯福却表现出一种压倒一切的乐观自信，就职时发表了一篇极其富有激情的演说，用自己的热情激励和鼓励人们：我们唯一害怕的就是害怕本身。

2. 顽强的毅力和事业心

罗斯福能以病残之躯当上美国总统，顽强的个人毅力和进取心也是重要因素。罗斯福39岁意外罹患脊髓灰质炎后，下半身瘫痪，他曾想专心治疗恢复自己的身体，并在一个瘫痪治疗疗养院投入一大笔资金和全部心血，推动瘫痪恢复方面的医学研究，希望以此改变像自己这样的瘫痪病人的命运。但是医学研究进展并不理想，而在此时，罗斯福所在的民主党却在与共和党的一次次竞选中连吃败仗。危急之时，民主党想到了罗斯福的能力和影响，动员他出来参选纽约州州长，罗斯福接受了民主党同僚的邀请，以病残之躯重新进入政治角力场。在他每天十几场竞选演说的强大攻势下，加上他富有亲和力、鼓动性的演讲才能，终于扭转了民主党的劣势，共和党州长败选下台，罗斯福仅以0.5%选票的优势当选纽约州州长。因此，此后在州长的公开演说中，他往往幽默地称自己为“0.5%州长”。四年后罗斯福参选美国总统，以绝对优势当选，从此开始了他连续四个任期的总统之路。

在第二次世界大战中，罗斯福以他坚强的毅力克服病痛的折磨，与美国国内的“孤立主义”势力巧妙周旋和斗争，推动美国不断加强对英国、苏联、中国等经济军事援助,最后毅然领导起美国以至盟国的反法西斯统一阵线,对推动反德、反日抗战的胜利做出了卓越的贡献。

3. 亲民的作风

美国记者约翰逊在罗斯福传记中写道:“他推翻的先例比任何人都多,他砸烂的古老结构比任何人都多,他对美国整个面貌的改变比任何人都要迅猛而激烈。然而正是他最深切地相信,美国这座建筑物从整个来说是相当美好的。”

罗斯福是20世纪最受民众爱戴的美国总统。他受人爱戴是因为:虽然他出身富裕家庭,但他相信平凡人的价值,并且为维护普通民众的利益而殚精竭虑;他有着慑人的人格魅力,富有亲和力和幽默感,始终对未来充满信心,热情愉快地鼓舞带领下属工作;他带领美国走出经济危机困境,改变了美国民众的艰难生活;他为了维护世界和平和民主,与法西斯决战,帮助世界实现了安全。

(三)罗斯福的名言

“我们所不得不畏惧的唯一东西,就是畏惧本身,这种难以名状、失去理智和毫无道理的恐惧,麻痹人的意志,使人们不去进行必要的努力,它把人转退为进所需的种种努力化为泡影。”

“幸福并不仅仅取决于拥有多少钱财,而在于成功的喜悦和创造活动所带来的心灵震颤。”

“单纯坐而论道是完全于事无补的,我们必须行动起来,而且必须迅速行动起来。”

“检验我们进步的标准,并不在于我们为那些家境富裕的人增添了多少财富,而要看我们是否为那些穷困贫寒的人提供了充足的生活保障。”

“在每一片土地上,时刻都有使人分道扬镳和使人走到一起的种种力量在发挥作用,在为各遂其志而奋斗的时候,我们是个人主义者;但在作为一个国家而寻求经济和政治进步的过程中,我们就成了一个整体,不是全体向上,就是一起坠入深渊。”

“人经过努力可以改变世界,这种努力可以使人类达到新的、更美好的境界。没有人仅凭闭目、不看社会现实就能割断自己与社会的联系。他必须敏感,随时准备接受新鲜事物;他必须有勇气与能力去面对新的事实,解决新问题。”

二、阿尔弗雷德·诺贝尔

(一)诺贝尔生平简介

阿尔弗雷德·伯纳德·诺贝尔(Alfred Bernhard Nobel)是瑞典化学家、工程师、发明家、军工装备制造商和炸药的发明者。他留下遗嘱,用他的巨大财富创立了诺贝尔奖。人造元素锘(Nobelium)也是以诺贝尔命名的。

1833年10月21日,阿尔弗雷德·诺贝尔出生于斯德哥尔摩。母亲是瑞典博物学家鲁德贝克的后裔。他从父亲伊曼纽尔·诺贝尔那里学习了工程学基础,也像父亲一样具有发明才能。诺贝尔一家于1842年离开斯德哥尔摩赴圣彼得堡与父亲团聚。

诺贝尔从小主要受家庭教师的教育，16岁能流利地说英、法、德、俄、瑞典等国语言。1850年离开俄国赴巴黎学习化学，一年后又赴美国学习工作4年。返回圣彼得堡后，在他父亲的工厂里工作，直到1859年该工厂破产为止。

返回瑞典以后，诺贝尔开始制造液体炸药——硝化甘油。在这种炸药投产后不久的1864年，工厂发生爆炸，诺贝尔的弟弟埃米尔和另外4人被炸死。由于危险太大，瑞典政府禁止重建这座工厂，被认为是“科学疯子”的诺贝尔，只好在湖面的一艘船上进行实验，试制“安全炸药”。在一次偶然的机会，他发现硝化甘油可以被干燥的硅藻土吸附，这种混合物可以安全运输，以此改进黄色炸药和雷管。黄色炸药在英国（1867年）和美国（1868年）取得专利之后，诺贝尔进而实验并研制成一种威力更大的炸药爆炸胶，1876年取得专利。10年后，他又研制出最早的硝化甘油无烟火药弹道炸药。诺贝尔在多国都有炸药制造企业的股份，加上他在俄国巴库油田的产权，因此拥有巨大的财富。

诺贝尔是一位和平主义者，希望他发明的炸药有助于消灭战争，但他对人类和国家的看法是悲观主义的。

诺贝尔对文学有长期的爱好，在青年时代曾用英文写过一些诗。后人还在他的遗稿中发现他写的一部小说的开端。他对各种人道主义和科学的慈善事业捐款十分慷慨，把大部分财产都交付信托，设立了后来成为国际最高荣誉的奖金——诺贝尔奖金，即和平、文学、物理学、化学、生理学或医学共5项诺贝尔奖金（诺贝尔经济学奖金是瑞典国家银行在1968年提供资金增设的）。

诺贝尔一生未婚，没有子女。一生的大部分时间忍受着疾病的折磨。他生前说过：“我看不出我应得到任何荣誉，我对此也没有兴趣。”

1896年12月10日诺贝尔在意大利的圣莫雷去世，终年63岁。

（二）诺贝尔基金

诺贝尔在他生命的最后几年，先后立过3份内容非常相似的遗嘱，第3份立于1895年，存放在斯德哥尔摩一家银行，于1897年初在瑞典公布于众，这份遗嘱取消了分赠亲友的部分，将自己的全部财产设立奖励基金，即110年来享誉全球的诺贝尔奖。

【星星点灯】诺贝尔的遗嘱

我，签名人阿尔弗雷德·诺贝尔，在经过成熟的考虑之后，就此宣布关于我身后可能留下的财产的最后遗嘱如下：

我要求遗嘱执行人以如下方式处置我可以兑换的剩余财产：将上述财产兑换成现金，然后进行安全可靠的投资；以这份资金成立一个基金会，将基金所产生的利息每年奖给在前一年中为人类做出杰出贡献的人。将此利息划分为五等份，分配如下：

一份奖给在物理界有最重大的发现或发明的人；

一份奖给在化学上有最重大的发现或改进的人；

一份奖给在医学和生理学界有最重大的发现的人;

一份奖给在文学界创作出具有理想倾向的最佳作品的人;

最后一份奖给为促进民族团结友好、取消或裁减常备军队以及为和平会议的组织和宣传尽到最大努力或做出最大贡献的人。

物理奖和化学奖由斯德哥尔摩瑞典科学院颁发;医学和生理学奖由斯德哥尔摩卡罗琳医学院颁发;文学奖由斯德哥尔摩文学院颁发;和平奖由挪威议会选举产生的5人委员会颁发。

我的明确愿望是,在颁发这些奖金的时候,对于授奖候选人的国籍丝毫不予考虑,不管他是不是斯堪的纳维亚人,只要他值得,就应该授予奖金。

我在此声明,这样授予奖金是我的迫切愿望。

这是我的唯一有效的遗嘱。在我死后,若发现以前任何有关财产处理的遗嘱,一概作废。

阿尔弗雷德·伯哈德·诺贝尔

1895年11月27日

诺贝尔逝世后,人们按照他的遗嘱,将其不动产、股票等遗产变换为现金,总额达3 323万瑞典克朗,约为920万美元,形成一笔诺贝尔基金,基金用于低风险投资,以其每年的利润和利息分设物理、化学、生理或医学、文学及和平五项奖金,授予世界各国在这些领域对人类做出重大贡献的人或组织。

根据诺贝尔基金会评选章程规定,一项奖金既可以由一人获得,也可以由两人或多人平均分享。其中,和平奖既可以颁发给个人,也可以颁发给某一组织机构。

由于诺贝尔基金纯收入每年不同,因此每年的每项奖金数额也不相同。例如,1901年第一次颁奖时,每项奖金的数额约为15万瑞典克朗(约合4.2万美元)。此后,由于在债券、股票、房地产等方面的投资获利,诺贝尔基金不断增值积累,其奖金金额也有增长。20世纪80年代之后,每项奖金增加到100多万瑞典克朗。2001～2008年每项奖金为1 000万瑞典克朗(约150万美元)。

按章程规定,获奖者除了可以获得当年颁发的数额可观的奖金之外,还可以获得一枚金质奖章和一份获奖证书。金质奖章重约半镑,奖章直径为6.5厘米,正面是诺贝尔的浮雕像。不同奖项、奖章的背面饰物不同。每份获奖证书的设计也各具风采。

从1901年开始,诺贝尔奖在每年诺贝尔逝世日12月10日颁发。颁奖仪式隆重而简朴,每年出席的人数限于1 500～1 800人;男士着燕尾服或民族服装,女士穿比较严肃的晚礼服;仪式中所用白花和黄花从诺贝尔逝世的圣莫雷空运来,以示对诺贝尔的纪念和尊重。

(三)诺贝尔的性格特点

1. 富有探索冒险精神

诺贝尔的父亲喜欢化学实验,也富有探索冒险精神,他常常讲科学家的故事给诺贝尔听，鼓励儿子长大做一个有用的人。有一次，小诺贝尔看见父亲在研制炸药，睁大圆溜溜的眼睛问：“爸爸，炸药伤人，是可怕的东西，你为什么要制造它呢?”爸爸回答说：“炸药可以开矿、筑路，许多地方需要它呢!”诺贝尔似懂非懂地点点头，说：“我长大以后也要做炸药。”

在诺贝尔研究炸药的道路上，困难重重，多灾多难，他制造的硝化甘油经常发生爆炸事故：美国的一列火车给炸成了一堆废铁；德国一家工厂变成一片废墟；一艘海轮发生炸药意外爆炸，船沉人亡。

这系列惨痛的事故，使世界各国对硝化甘油失去了信心，有些国家下令禁止制造、贮藏和运输硝化甘油。在这种艰难的情况下，诺贝尔没有灰心，不解决硝化甘油的稳定安全问题，他决不罢休。经过多次反复试验，他终于发明了用一份硅藻土(由硅藻细小的生物壳堆积而成)吸收三份硝化甘油的办法，第一次制成了运输和使用很安全的工业炸药。诺贝尔再接再厉，把发明的成果向前推进一大步，用火棉和硝化甘油发明制造出爆炸力很强的胶状物——炸胶；再把少量樟脑加到硝化甘油和炸胶中，发明出无烟火药。

2. 谦虚低调

一系列新型炸药的研制成功，使诺贝尔成了欧洲以至世界闻名的“炸药大王”，但他本人却十分谦虚低调。有一天，诺贝尔正在实验室里工作，他的哥哥来找他，说：“阿尔弗雷德，我正在整理我们家族的家谱，你是名闻世界的人物，没有你的自传怎么行呢？你写份自传吧。”

“哥哥，不用吧。”

“那怎么行呢?”诺贝尔的哥哥反复劝说，“弟弟，你写自传并不是为你自己，而是为我们家族呀！我们的家谱里有你的自传，会增添光彩的！你是怕耽误你的时间吗?如果那样，你说说就行，我来记录、整理。”

诺贝尔还是不同意，语气坚定地说：“在宇宙中，有恒河沙粒那么多的星球，而无足轻重的我们，有什么值得写的哟!”

他认为自己创造的一切业绩都不过是一些平凡的事情，不值得炫耀或去换取荣誉。

3. 生性简朴，心地善良

诺贝尔是一个工作第一的人，从不讲究追求生活享受。他家庭出身并不富裕，从小养成简朴的生活习惯，即使他后来创造并拥有了巨额财富，他的生活还是十分俭朴。

诺贝尔虽然自己生活简朴，但心地善良，乐于慷慨助人。他在巴黎工作和生活期间，有一天，他的厨娘——一个法国姑娘告诉他，她要辞职去结婚了。诺贝尔问这位厨娘要他送点什么结婚礼物。这位聪明的法国姑娘提出：只要“诺贝尔先生一天所挣的钱作礼物”。这个请求可难倒了诺贝尔，因为诺贝尔本人也不知道他一天的收入是多少。然而，诺贝尔是一个非常认真和一诺千金的人，他经过细心计算后，算出他一天大概能挣 4 万法郎。这样,他就把 4 万法郎作为结婚礼物赠给了那位姑娘。按照这笔钱当时的价值,仅靠利息也可以让这位姑娘舒心地过上一辈子。

4. 热爱和平,反对战争

诺贝尔是一个和平主义者和国际主义者,反对战争和民族压迫,除故乡瑞典外,他一生在俄国、美国、法国、意大利、比利时等国家长期生活和工作,对不同国家和民族的人怀有友好、尊重和同情。他反对大国对小国的侵略战争,反对民族压迫和民族歧视不平等。

当得知他发明的炸药、火药不仅用于开矿建设,而被大量用于战争方面时,诺贝尔感到失望和难过。当看到有的报纸记者称他为"杀人犯"和"武器制造者"时,诺贝尔十分震惊和伤心。他同情支持资助国际和平主义组织,并在诺贝尔基金中专门设立一项和平奖,颁发给致力于国际和平事业、促进民族团结友好的杰出个人或组织。为了消除瑞典与挪威的历史冲突敌意,促进两个民族的和平和解,诺贝尔特地指定挪威议会为诺贝尔和平奖的颁奖机构,可谓用心良苦。应当说,他的善意考虑也得到了回报,自诺贝尔奖颁发以来长达一个多世纪,瑞典与挪威一直保持着比较友好的国家关系,没有再发生过战争冲突。

第七章　决定人生成败的有关因素

第一节　成功者与失败者的人生态度

毋庸置疑，在生活中谁也不可能控制你的思维方式，只有你可以控制自己的思维方式。那又是什么控制着或者说决定了你的一生呢？——是态度。人生态度在你的一生当中，发挥着十分重要的作用，决定了你的过去，决定着你的现在，还会决定你的未来。你要过怎样的一生？是要做一个令人敬佩的为社会做出杰出贡献的成功者，还是做一个碌碌无为的平庸者或失败者？而往往就是不同的人生态度导致了完全不同的命运。

失败者总是看到机会背后的问题，而成功者总是看到问题背后的机会。

一、失败者的人生态度

面对五颜六色的人生时，一些人总是持有消极观念，用一副"灰色眼镜"看待一切人和事，在他们看来：世界是越来越差了；周围的人绝大多数是坏人；同事同学都在和自己作对；领导是个偏心眼或者干脆没长眼睛；老天爷对自己也不公平。他们总是把周围环境中每一件美中不足的事情放在心头，对于周围事物的指责和消极的念头缠住了他们的思维和手脚，总是觉得身边净是坏人坏事，认为一切事物越来越差，努力是徒劳的，而不自觉地造成不幸的局面。他们习惯性地总是朝更糟糕的方面去设想，往往促使不愉快的局面发生，使他们的预言实现。

他们也经常被过去没有解决好的问题和矛盾困扰着，他们的心中总是想着从前的灾祸、现在的艰难和未来的霉运。对于他们来说，从没有一件事情是满意的，当他们终于得到某种所向往的东西时，他们又不想要了，觉得毫无价值；如果失去了某样东西，他们又一定要找回来，觉得这是天大的不公和不幸。总之对于失败者来说，消极的想法充斥着他们的生活，简直让他们喘不过气来。

消极的人生态度使失败者一般不会对别人加以肯定，否定是他们的惯用评价。当他们需要别人的帮助时，常用的办法是以厌烦的叹息、苛刻的话语使别人感到内疚。这样，他们又给自己造成新的问题，因为他们传递给人的消极信息使别人备受打击和感觉不悦，导致他们不能得到需要的帮助，只能成为失道寡助的失败者。而面对失败，他们又开始怨天尤人，从不思考自己的不足，不想改变自己、"优化"自己，而是一味地破罐子破摔。这样的人生态度，注定了失败者的悲剧命运，他们的人生不但与成功无缘，而且很少能从生活中、工作中得到些许乐趣。这样的人生态度使世界在其眼中变得暗淡无光，让他们离快乐的生活越来越远。

二、成功者的人生态度

成功者往往有着积极心态去面对问题和事情。他们为自己四周的美好事物和大自然的奇妙感到欢愉。他们对于鲜花含苞待放、雨后空气清新之类的小事也欣赏喜爱。他们总是有着愉快乐观的态度，也同样把自己的积极思想和言论引申为振奋鼓励的念头和方法。相对于失败者总是对生活抱有的消极态度，成功者总是更乐于体验现实存在的美好事物，把过去当作借鉴参考的资料库，把未来看作充满无限欢乐诱人事物的未知世界。成功者看重他们所具备的条件，想出创造性的办法去争取想要达到的目标。他们理性面对处境中出现的消极方面，尽可能把它缩减到最小限度，并且尽量从中找出积极的因素来。他们致力于所处的环境中，发现并求得发展和学习的机会。他们也十分乐意与别人交往，不论是对别人有帮助还是对自己有所收获，都乐于表现出来，同别人相处充满了热情。

如果成功者处于严峻的环境与灾祸之中，他们会怎么做？他们也同样可以发掘出在这种状况下的积极因素，鼓起勇气向前跨越灾难，他们相信“大难不死必有后福”、“暴风雨之后必有彩虹”，总有坚定乐观的思想支撑着他们，想方设法改变面临的困境。

同样，当成功者遇到一些不愉快的人或事时，他们会尽快扭转这种情绪。他们知道，要过得身心愉快，责任一定还是在自己身上。成功者看待问题与生活处事的方式与失败者有着根本不同，失败者只会指着成功者说好运恰巧让你碰上一次，但是成功者会对失败者说：好运不是一直跟着我吗？这就是他们人生态度的不同。

三、态度决定一切

人生态度往往决定了人生的结果，我们是不是该向成功者学习一下积极的人生态度，面对工作中复杂的问题，我们可以试试凡事都往好处多想想，面对似乎不可能完成的工作时，相信自己的能力，告诉自己我可以做得到。在工作的时候，充满激情，精力充沛，而不是萎靡不振。做事的时候，不要总是计较得失，比别人多做一点，自然也会有更多的收获。面对艰难的时光，要学会从中找寻快乐的元素，越是遇到人生的逆境，越要向高处远处眺望，才能看到希望的璀璨星光。不畏艰辛与痛苦，与不幸和痛苦共同成长，磨炼自己的意志。

真正的成功要素不是看你的出身、学历、资本等，关键看你具有什么样的世界观和人生态度。成功者的人生态度肯定有值得我们学习的地方。为什么自己属于不成功的群体呢？因为你从小所受到的教育、你的思想、你的认知能力、更重要的是你的人生态度都来自于那个群体。当你觉得自己的人生态度变得越来越积极了，世界变成了“玫瑰色”而不再是“灰色”的，那就意味着你的“凤凰涅槃”，预示着你开始走上了成功之路。

【星星点灯】做一名优秀学员

艾森豪威尔在西点军校时只是一个不起眼的普通学生，第一次世界大战期间，他有许多同学在战场上出生入死，建立战功，但他却未参加过任何战斗。一战后，艾森豪威尔转到巴拿马，来到他所崇拜的福克斯·康纳将军手下工作，他后来回忆说："与康纳将军生活在一起，就如同在一所军事学和人文学研究生院学习。将军经历丰富，深谙人性及人们的行为，是他改变了我的生活，我的感激之情是无法表达的。"

当艾森豪威尔被选送到参谋学校受训时，他立志要成为最优秀的军官学员，一改在西点军校的平庸表现，成了一名非常勤奋优秀的学员。做伟人的学生所获得的自信，积极的学习态度，在此发挥了重要作用。艾森豪威尔在这所要求严格、竞争激励的学校，名列全班第一。最终，他成为第二次世界大战时的盟军总司令和美国总统。

第二节　借助外力

一、成功的有效捷径

想成功，要有积极的心态、坚韧的毅力，但这还不是全部条件。因为一个人的力量总是有限的，只靠自己的力量做，往往是事倍功半，甚至无功而返。如何在通往成功的大道上取得事半功倍的效果呢？这就需要借助外力。

【星星点灯】马与船的比赛

一条帆船在江中悠哉悠哉地顺流而下，岸上的一匹马看到了，傲慢地说："喂，你怎么走得这么慢呢，能不能快点啊！"船劈开江水不紧不慢地说："朋友，你认为你跑得很快吗？那我们比试一下怎么样？""哈哈，你想跟我比快？好呀！现在就开始吧！"说完，马撒开四蹄就奔了出去。马跑呀跑，跑了几个小时，当它确信自己已远远地把船抛在了后面的时候，就在江边的一片草地上停了下来，一边休息，一边啃点儿青草补充能量。可是它的喘息还没平定，船就赶上来了，它还是那样悠悠地顺流而下，好像不是在参加一场比赛，而是在进行一次旅行。马见船靠近了，撒腿又开始跑，看看再次把船抛在了后面，又停在江边的草地上吃起草来。马正吃得津津有味，见船又驶来了，它慌忙撒开四蹄接着跑。就这样，马想摆脱船的追赶，船却像它的影子一样，怎么也甩不掉。马终于累倒在地，眼睁睁看着船从自己的面前开了过去。马有点儿不明白，高喊："你说实话，咱们两个究竟谁跑得快？"船老老实实地说："在一定的时间里，你比我跑得快。""可是，为什么最后我却输给你呢？""很简单，"船仍是慢悠悠地说，"慢船累倒马——你靠的仅仅是自己的力量，而我，却借助了风和水的力量。"

这是一个告诉大家成功应该借助外力的寓言故事，这匹马面对失败困惑了。在工作与生活中，你也可能因为一个不如你能干、勤奋的人获得比你更大的成就而困惑。也许你会想，这个人不如我刻苦勤奋努力，不如我的学识和头脑，为什么他却升职、涨薪，更受上级的重用？你自己观察看看，是不是你忽略了借助外力的重要性。

个人的力量毕竟有限，而且由于内在或外在的种种阻力而无法充分发挥。将自己封闭起来只会使自己走向衰亡。任何一个人都不是孤立存在的，人正是在社会交往中成为人的。人的社会关系越丰富，人也就越自由，能量越大，借助外力，可以使我们的力量大幅度扩展。因此，人要有开放的心态，不要以自我为中心，而要把自己看成是社会的一分子，把自己的目标融入民族乃至世界的共同理想中去。通过建立各种社会关系，通过各种形式的团结协作，集体会形成一股强大的合力推动共同理想的实现，在这个过程中，个人的目标也就自然而然实现了。

外力可以帮助自己更快地实现目标，牛顿曾说过“不是我伟大，而是因为我站在巨人的肩上”。牛顿也可以被理解成一个有效借助外力实现成功的典范。

二、如何借助外力

借助外力既然十分重要，但是如何做、怎么做能有效借助外力来实现我们的目标呢？可以从这样几个方面来考虑：

第一个借助外力的方式是找一位导师。在你工作生活中，在一个有着丰富经验老师的指导下，能使你少走许多弯路，他会告诉你什么该做、什么不该做，他可以给你提供许多有益的建议，让你及早得知做一些事情的作用和后果，这样可以更快取得成功。

第二个方式是找到一个团队或组建一个团队。通过团队的协同工作，利用每个人的专长和优点，发挥每个人的积极作用，扬长避短，形成“逆桶板效应”，相互帮助和支持，特别是在困境中相互鼓励和激励，能够更好地应对种种前进中的问题，更快地实现目标。

第三个方式是建立人脉。一个拥有广阔人际关系的人在通往成功的道路上总是更加顺利一些。所以，拓宽自己的交际范围，建立良好的人际关系，关键时刻，你的某个朋友可能对你克服一个大难题发挥意想不到的重要作用。

第四个方式是利用现代技术工具。人类社会的发展，本身就是通过利用工具和改造技术不断进步的，很明显，借助现代技术工具可以节省我们更多的时间和精力，加快我们成功的脚步。近些年国内外出现的一批“网络英雄”就是借助现代技术外力取得成功的典范。

在生活与工作中，努力借助更多的外部力量，明白借助外力的重要性，常常留心身边可以借助的力量，任何优秀的人才都可能是我们的老师或帮手，一些刚出现的新技术、新方法，我们都应该留心关注学习，不断充实自己，以备不时之需。

三、借助外力要以修炼内力为根本

我们知道一个人的力量是有限的，借助外力是必要的，但要得到外力，得到更多的人支持和帮助，归根结底要靠修炼自己的内力，靠提高我们的德行修养。做一个有道德的人，做一个值得信赖的人，做一个懂得尊重他人的人，做一个乐于助人的人，你就会得到更多的人帮助。

这个道理其实也很简单，帮助别人是人的一种善良天性，而人们通常希望受助者也是个善良的人，是值得自己帮助的好人。我们常能听到说，某人人缘很好，这就是说这个人的善良本性为人所知，大家都乐于与他交往，愿意帮助他，他身旁的外力更多是积极推动力。反之，当我们听说某人是个尖酸刻薄的“刺头”，总是讽刺伤害他人，大家“敬鬼神而远之”，避之唯恐不及，没有什么人愿意帮助这种人，甚至都盼着他能早点儿离开这个地方，那他能借助的外力几乎不存在，更多的可能是阻力，取得成功的希望十分渺茫。正所谓“千夫所指，不病而死”。

作为一个想要走向成功的人，坚定目标的同时，也应该去考虑我的能力到底在什么层次，走向成功还需要做出什么样的努力？自己是否有这个能力？同时要环顾自己的四周环境，有什么力量可以借助？有什么朋友可以帮忙？自己在朋友同事的“感情账户”、“信任账户”里有足够的“储蓄”吗？要坚持做一个值得大家信赖和帮助的人，在人生事业发展中，就可以得到更多的外部助力，使自己更快到达成功彼岸。

每个人一生都会看到机会，但是机会总是来的时候显得很小，去的时候显得很大。换句话说，人们很容易看到一个失掉的机会，但要发现一个新来的机会就难得多。当你总是看到失掉的机会而看不到新出现的机会时，可能也会感觉沮丧，觉得命运捉弄人。但是，你应当坚信无论现在看到与否，地平线上永远会有新的机会，你所要做的就是提高自己识别机会和借用外力的能力。

第三节　挫折的价值

一、如何看待挫折

所谓挫折是指人们在有目的的活动中，遇到无法克服或自以为无法克服的障碍或干扰，使其需要或动机不能得到满足而产生的障碍。

英国著名学者休谟说过：“顺境使精力闲散无用，使我们感觉不到自己的力量，但是障碍却唤醒这种力量而加以运用。”挫折作为一种生活中的障碍常常能有唤醒自身潜能的力量和作用。

每个人当然都希望自己能够早日成功，最好是事事顺心，不要有挫折困苦的牵绊。这是多数人都希望达到的理想状态，可是常常事与愿违，生活和工作中必然要碰到这样或那样的一些困难问题，遭受痛苦与挫折，人生很难一帆风顺。

既然挫折往往不可避免，那么对待挫折就应该有一个冷静客观的态度或观念。其实痛苦与挫折并不一定都是坏事，如能善加利用，淬过火的钢刀更锋利，经历过大挫折的人往往能成就大事业。

二、挫折给我们的反思

有哲人说过：对于人类来说，挫折和痛苦不能不说是一笔精神财富。事事顺心的人常常是肤浅的，因为生命给他们思考的机会太少。而挫折与痛苦却可以让人有机会深刻反省自己，从而获得精神上的充实。人往往在遭受折磨与痛苦后才能悟出更多人生的道理。同样，一个真正的成功者，没有哪个没经历过挫折，由于理解了挫折带给他的人生道理，从而更加认真努力去面对生活才获得了成功。

面对挫折这个理念，让人不由地想到竹子。对于竹子来说，那一节节的竹节，代表着否定与痛苦的结果，每一节的竹节就像从母体阵痛中诞生的婴儿，那节层坚硬如铁，它们是竹子饱经风霜、顽强成长的见证，也正是它们铸就了竹子挺拔、正直、虚心的性格和品质，正是经历了这痛彻心扉的挫折考验，竹子才能展现给我们飒爽英姿的风采。

与竹子相似，人也是一样的。对于我们来说，挫折和痛苦无疑是一种磨砺和考验。在生活中，我们可以发现，遭受过挫折和痛苦的人往往更坚强，更表现出一种冷静和沉着，这说明了挫折和痛苦的价值。

由此可以推论，那些有过人之处的成功人士，并非天生具有非凡的素质和品质，只是因为他们经受过常人所没有经受过的挫折和痛苦，磨炼出来的抗压能力和忍耐力，帮助他们走到了人生旅途的更高点。

三、挫折是一把“双刃剑”

挫折是一把“双刃剑”，因为它在带来消极影响的同时，也会有积极的作用。挫折在让我们身体承受痛苦的同时，也能使人更加成熟和坚强。这就好比茫茫原野山林中的鸟儿一双坚强的翅膀因生存的艰辛而练就，而笼中的鸟儿丧失了飞翔的本能就是因为缺少挑战；风雨中的山花可以开得更艳更久，而温室中的花朵反倒迅速凋零。

如果挫折在生活中销声匿迹，那么人生就少了波澜壮阔的雄伟和惊心动魄的感动，就像没有经历干渴的人很难体会出泉水的甘甜，没有熬过漫漫阴冷冬夜的人很难体会阳光的温暖宝贵。

挫折不是坏事，一定的挫折是人成长成熟过程中不可或缺的条件。大凡事业有成的人士，大多经历过挫折的磨砺，正如《史记》所写：西伯拘而演《周易》；仲尼厄而作《春秋》；屈原放逐，乃赋《离骚》；左丘失明，厥有《国语》；孙子膑脚，《兵法》修列；不韦迁蜀，世传《吕览》；韩非囚秦，《说难》、《孤愤》。《诗》三百篇，大抵圣贤发愤之所作也。由此可见，从古至今，人们都深知挫折是痛苦的，它给人以精神和身体的磨难，有时甚至是难以承受的痛苦，但是，磨难也激励人奋进，让人成熟，经历了磨难的身体总是更加坚强，经历了挫折的灵魂总是更加勇敢和无畏。面对挫折这把双刃剑，我们明白它的价值，体会它的价值，应该感谢它在人生中一次又一次的造访。

四、挫折激励我们走向成功

由此看出，当我们人生经历挫折时，不该用破罐子破摔和自认倒霉的心态来面对，而是要告诫自己，挫折就是人生路上该有的一道风景，经历了挫折的人生就像是雨后的彩虹，那么绚烂夺目。面对挫折给我们带来痛苦磨难的同时，更应该珍惜它能给我们带来的新的人生观、价值观，增强了我们以后顽强面对人生更大困难的能力。我们不害怕挫折，相反要感谢挫折。

挫折和痛苦既然有这么重要的价值，当我们遭到不幸和痛苦时，不必一蹶不振，更不能自暴自弃。而要痛定思痛，总结经验教训，把挫折变成自己成功道路上的一块阶石。挫折是使强者更强的踏脚石，也是使弱者更弱的绊脚石。你想成为强者吗？

那就拿出信心和勇气来，跨越挫折，让它成为你挑战自己的记录，成为你迈向成功的踏板。

【星星点灯】杰弗里·伯丁的“凤凰涅槃”

2000年2月18日，在一场激烈的比赛中，杰弗里的赛车以每小时185英里的速度撞上了护墙，燃烧着在赛道上翻滚，他在9辆车的碰撞中死里逃生。赛车的顶部被折断，引擎滚了出去，一些碎片飞到了看台上，车身的金属几乎全被撕碎，最后只剩下车的骨架，接下来是一次又一次撞击，即使用慢镜头，也几乎数不清杰弗里的赛车翻了多少圈，现场解说员也认为杰弗里这次是在劫难逃。事实上，杰弗里此时也有一种灵魂出窍的经历，他感到急救人员努力把他拖出车外，接着他看到了三年前去世的父亲，“爸爸，我来看你了！”他父亲却说：“孩子，现在还不是时候。你还有更重要的事情要做！”说完，他父亲就消失了。杰弗里用手比划着，我距离死亡是那么近，我简直不敢相信我跟爸爸对过话。事故发生后两个月，杰弗里又坐在了赛车的驾驶位置上，他说：“我是来比赛的，我不怕死亡，我不能让恐惧降低我的速度。”这位57岁的车手继续奔驰在赛车跑道上。

第四节　使命感

马克思曾说过：“作为确定的人、现实的人，你就有规定，就有使命，就有任务，至于你是否意识到这一点，那是无所谓的。这个任务是由于你的需要及其与现存世界的联系而产生的。”使命是客观存在的，不以人的意志为转移，无论你是否愿意接受，无论你是否意识到，是否感觉到它的存在，这种使命伴随人出生而降临到每个人身上。

由于人在生活中扮演着不同角色，每个人都有着多重身份及使命，对于老板，你的身份是员工，你的使命是出色完成自己的本职工作；对于妈妈，你是儿子，你的使命是让妈妈获得终生的快乐；对于妻子，你是丈夫，你的使命是做好家庭的顶梁柱。使命还有很多，使命贯穿于我们的一生，直到我们离开人世。没有哪一个成功者是一个没有使命感的人，做一个有使命感和责任感的人，是一个优秀的人必备的素质。

一、使命感是我们前进的动力

使命感是人对一定时代背景下社会和国家赋予的使命的一种感知和认同。每个人都应当有使命感，活着不仅仅为了穿衣吃饭而已，想要做一个成功的人更是如此。美国思想家爱默生说过：“一心向着自己的目标前进的人，整个世界都会为他让路。”

然而，在现实生活中，却有不少人因为忘记了自己的家庭社会角色和责任，而变得懒惰和平庸；有太多的人因为忘记了应该去经历和创造，而变得胆怯和固执；有太多的人因为忘记了自己应该承担的使命，而变得迷茫和失落。正是因为这些原因，使有的演艺明星在成为企业家后却无法找到自己的心灵归属，无法适应新的身份，最后放弃财富功名而出家。这类例子不断在我们生活中演绎。当我们沿着一条清晰可见的成功者的精神主线去解读和反思这种种悲情和困局时，蓦然回首便发现其中的道理也是如此直接明了：世界上所有真正伟大的成功者，客观上不是为自己而生，都是为社会而战，为一个坚定的使命而战。

一般来说，负有使命感的人，具有极强的主动精神，勇于真心投入。他们不是被动地等待着新命令，而是积极主动地去寻找目标和任务；他们不是被动地去适应新任务的要求，而是主动地去研究、变革所处的环境，尽量做出一些有意义的、重要的创造性贡献，并从中吸取再一次走向成功的力量。因为他们深深懂得，只是全心全意、尽职尽责是不够的，要想成功，就应该比自己分内的工作多做一点，比别人的期待更多一点，如此才可以吸引更多的注意，给自己进步创造更多的机会。同时，主动担当是一种极为珍贵、备受重视的素养，能使人变得更加聪敏、更加积极、更有效率。

【星星点灯】晋商的人生价值观

山西话剧院排演的话剧《立秋》的几句经典台词，体现了称雄国内金融界数百年的晋商的人生价值观：“天地生人，有一人应有一人之业；人生在世，生一日当有一日之勤。”“勤奋、敬业、谨慎、诚信。”

对于有使命感的员工而言，无论公司的规章制度如何，谁该为某个问题负责，谁应该具体完成某个任务，这些都不是最重要的，在他们心目中唯一的想法就是将问题很好地解决、将任务很好地完成。同样，使命感意味着自我牺牲和忘我奋斗，意味着尽职尽责、绝不张扬。

观察成功者的人生轨迹可以发现，使命感像一股巨大的力量推着他们不断向前、向前、再向前。他们坚守心中的信仰，勤奋努力以实现目标，希望自己有更大的突破和创造，在各方面都做到更好。因为他们有着强烈的使命感，有勇往直前的坚定决心，面对任何困苦难关，他们都能咬紧牙关，对自己说，要战胜困难，不辱使命，最终走向成功。

二、做一个具有高度使命感的人

职业和工作对于每一个人来说，都意味着一种使命。无论工作任务多么艰难，只要是正当的工作，在自己的职责范围之内，我们都要坚守自己的使命和责任，认真努力完成。人一旦有了使命感，工作会变得更有意义；而把每一件身边的小事做好，就会得到更大的信任和授权，承担更重要的工作。

应当指出，职业与事业是有区别的两个概念：职业是你的工作；事业是你衷心向往、乐于为之全力奋斗的目标。如果能把个人职业与事业很好地结合起来，可以充分调动人的使命感，忘我投入地工作奋斗，加快成功步伐。

一般来说，有使命感并且事业有成的人都有两个共同特点：一是他们深知自己最重要的人生使命是什么，面对自己的事业、自己的目标，他们充满了激情和热情；二是他们不断朝着更高的目标前进，尽管有着短期和长期目标之分，他们也会有序而稳步朝着目标前进，对于他们来说，目标的意义不仅是达到目标本身，更是他们每天积极行动、克服困难、不断创造人生价值的依据。

那些心中有远大目标、有大抱负的人，总是能够创造更大的价值，获得更有意义的生命力量，这就是使命感产生的伟大力量。可以说，使命感是成功的一半，使命感是对于所期望成就的事业的真正决心。对于所有想成就事业、想获得自己生命成功的人，就必须确立自己的使命，在生活工作中牢牢记住自己的使命，为之不懈奋斗。

使命感在某种程度上其实也是一种本能，一种发自内心的希望被社会、朋友、领导、同事认同的本能，每一个人在扮演不同角色的同时就肩负着不同的使命感，有着强烈的使命感，往往就有了走向成功的巨大动力。

【举一反三】以奥林匹克为终身事业的人

萨马兰奇担任国际奥委会主席21年，被认为是继现代"奥运之父"顾拜旦之后对奥林匹克贡献最大的人物。他依托国际奥委会、国际单项运动组织、各国奥委会三大支柱，共同将奥林匹克事业推向新的纪元，使奥运会成为全球水准最高的体育赛会，主办奥运会的城市及国家代表了至高无上的荣誉。

1952年的赫尔辛基奥运会是萨马兰奇第一次正式参加的奥运会，他的身份是西班牙代表团团长。1953年初，萨马兰奇正式到西班牙全国体育运动委员会任职，第一次提出加入国际奥委会的请求，没有成功。1961年，萨马兰奇在雅典再次提出加入国际奥委会的申请，但由于名额限制，仍未获得通过。1965年，萨马兰奇第三次提出申请。

在1966年国际奥委会第65次全体委员会议上，萨马兰奇终于被选为国际奥委会委员，而这一天，他整整等待了13年。从此，萨马兰奇开始了国际奥委会的事业。1970年，他当选为国际奥委会执委；1974年当选为国际奥委会副主席；1980年当选为国际奥委会主席；1989年获得连任；1993年9月再次当选奥委会主席。

奥运会成为当今世界上最重要的盛会，与萨翁20多年付出的心血和努力密不可分，可以说是他用意志和使命感换来的成就。

有人曾经给萨马兰奇做过统计，他当选国际奥委会主席最初几年时间里，由于工作过于繁忙，常常一天仅睡5个小时。他曾在6天中访问了5个拉美国家，参加了20次会议，发表20次演讲，听取100多人的发言，总行程达24 135公里。

1998年，萨马兰奇主席遭遇了上任以来的最大挑战。美国一家媒体爆出了震惊世界的"盐湖城丑闻"，揭露盐湖城申办委员会用专款向国际奥委会委员行贿，一些奥委会执委在评估过程中，以"机票"以及亲友所谓的"奖学金"等理由，收取盐湖城组委会45万美元的贿赂，萨马兰奇遇到信任危机。萨马兰奇带领国际奥委会迅速做出负责反应，不但主动上体育法庭作证，更顶住重重压力，惩罚了奥委会的16名委员，包括开除其中6人。

2001 年 7 月 16 日，在莫斯科举行的国际奥委会第 112 次全会上，萨翁正式退休，被授予奥林匹克金质勋章，并接受“国际奥林匹克委员会终身荣誉主席”称号。光荣退休后，萨翁继续传播并努力实现奥林匹克自由与和平的伟大梦想，他提出在奥林匹克博物馆内建奥林匹克研究中心，包括图书馆和文献档案馆，并向公众开放。目前这些计划都已经实现了。

2010 年 4 月 21 日，萨马兰奇因心肺功能衰竭在西班牙巴塞罗那医院去世，走完了传奇的一生，享年 89 岁。

第五节　当断不断 必留后患

很久以前，有一头耕牛不想再干繁重单调的活了。它和狗约好在晚上一起逃生，到深山旷野去过自由的生活。晚上狗如约而来。狗想用它的利齿去咬断那条穿着牛鼻、系在木桩上的绳子，牛却阻止了它：“不，还是请你好好地把它从桩子上解下来吧！这是一条好绳子啊，我什么家当也没有了，我要把绳子带走。”狗听了它的话，设法从桩上解下绳子，依然系在牛鼻子上，然后它们一起冲出大门逃走了。狗已经跑得很远了，牛却因绳子被路边的灌木绊住，很快被主人追上牵了回去。这个故事告诉我们的道理就是：当断不断，必留后患。

在生活中，你是不是也常常像故事中的这头牛一样缺乏果断呢？

一、果断是一种重要的个人能力

果断是反映人的个性心理特征的一种性格体现。人的个性要么刚毅、豁达、威严，要么胆怯、柔弱、谨慎等，不同的性格，也造就了不同的人生际遇与命运。有人面对挫折，越挫越勇，凭顽强的意志和毅力突破踩倒困难，从而走向成功。有人被困难吓弯了腰，抬不起头，从此一蹶不振。人的性格就像“发动机”或“减震器”，既能加大发动力，推人成功；也可以放缓能量，让人失败。在楚汉之争中，项羽之所以失败，败在优柔寡断，不纳良言；而刘邦为什么会成功？成在驭才有术，用才有道。果断作为一个人学识、能力、胆识与气质的外在展现，同时也是一种作风，作风影响办事效率。关键决策时刻，有人优柔寡断，有人当机立断，区别就在于平时知识经验的积累多寡和性格是否果敢。凡事犹豫不决“慢一拍”的人，往往左顾右盼，错失良机；反之，做事当断即断“快半拍”的人，总是快人半步，赢得先机。

有句犹太格言：“有三种东西不能使用太多——做面包的酵母、食盐和犹豫。”优柔寡断是成功的绊脚石，犹豫不决是成功的大敌。应当培养慎重决策、果断行事的处事风格，做到当断则断，不留后患，不要错过事物发展的宝贵时机。

果断作为一种个人能力，它反映了一个人是否自信、勇敢和顽强，思考问题敏捷，追求目标明确，懂得努力不一定成功，但放弃肯定失败。果断抉择并不一定是最佳决策，但保证了行动和策略的时效性，不会因错失良机而后悔。

果断不是武断。相对于果断而言，武断的人则太过冲动，刚愎自用，总是急功近利，遇事上火冲动，听不进反对意见，对于难题或突发事情缺乏冷静思考，总想马上成功，行动缺少耐心，太过鲁莽，往往会断送已有的工作成果。

果断而不武断，既要有冷静思考判断的能力，又要有当断则断的魄力。对那些稍纵即逝的机遇，绝不能左右摇摆、举棋不定，必须当机立断。尤其在重大问题决策上，要善于快速听取他人意见，比较权衡，抓住问题的核心，迅速做出果断的决定，做到“善断”不“专断”，“果断”不“误断”。

有句话说得好：做事要抓住机遇。什么是机遇？——抓住了就是机遇，抓不住就是空气。抓住转瞬即逝的机遇，需要果断决策的魄力，更需要平时总结积累的观察分析能力。要看准决策时机，条件不成熟时，蓄势以待不盲动；条件成熟时，当机立断快速行动；情况发生变化时，随机应变，权衡调整策略。

二、如何做到果断

果断作为一种重要的意志素质，需要具备两个条件：一个是敢于做出决定，敢于做决定的人就要有敢于接受不好结果的承受力。有魄力常常是成功人士具备的风范，所以他们凡事很淡定，处理问题冷静果断，遇事不会抓耳挠腮，着急忙乱。二是做出的决定又是有根据的。何谓有根据的决定，做决定之前，先权衡比较决定可能产生的几种结果，哪种结果可以达到收益最大化，成本风险相对较小。

要培养自己的果断素质，可以从几个方面着手：一是观察那些行事果断的能人和成功人士，向他们学习；二是从身边小事做起，锻炼自己快速决断的能力，改变做事犹豫拖拉的习惯；三是广泛接触社会实践，增加人生经验，包括博览群书（特别是名人传记）获得间接社会经验，一个人是否能够当机立断，往往由他的知识水平和人生经验所决定，提高自己的知识水平也是做到果断处事的关键。

果断这种素质，是任何人都需要的。古人说过：“用兵之害，犹豫最大；三军之灾，起于狐疑。”当然不止用兵，人生许多时候都需要果断，在面对关键抉择的时刻，可能一个当机立断的决策就改变了你的人生方向，决定了你的成功与失败。

人物案例

一、原一平

（一）原一平生平简介

日本有近百万的寿险从业人员，其中很多人不知道十大寿险公司总经理的姓名，却没有一个人不知道原一平。他的一生充满传奇，从被乡里公认为无可救药的小太保，到最后成为日本保险业连续 15 年全国业绩第一的“推销之神”。最穷的时候，他连租房、坐公车的钱都没有，晚上只能睡在公园的长椅上。可是最后，他终于凭借自己的毅力和勤奋，成就了自己的辉煌事业。

1904 年，原一平出生于日本长野县。他的家境较好，父亲德高望重又热心公务，在村里担任一些职务，为村民排忧解难，深受敬重。

原一平是家中的老幺，可能是被宠的缘故，原一平从小就很顽皮，不爱读书，调皮捣蛋，爱捉弄别人，常常与村里的小孩吵架、殴斗，甚至老师教育他，他竟然拿小刀刺伤了老师，父母对他也无可奈何。

23 岁那年，原一平离开家乡，到东京闯天下。第一份工作就是做推销，但是碰上一个骗子，卷走保证金和会费跑了。为此，原一平陷入了困境之中。

1930 年 3 月，27 岁的原一平揣着简历走入了明治保险公司的招聘现场。一位刚从美国研习推销术归来的资深专家担任主考官，瞟了一眼这个身高只有 1.45 米的小家伙，硬邦邦地说："你不能胜任。"

原一平被激怒了："请问进入贵公司，究竟要达到什么样的销售标准？"

"每人每月 1 万元。"

原一平不服输的劲儿上来了，他一赌气："我也能做到 1 万元。"

原一平许下诺言，勉强当了一名"见习推销员"。没有办公桌，没有底薪，在最初推销的 7 个月里，他连一份保险也没拉到，拿不到分文薪水。为了省钱，他只好上班不坐电车，每天只吃一顿或两顿饭，晚上睡在公园的长椅上。

然而，这一切都没有使原一平退却。他把应聘那天的屈辱看作一条鞭子，不断"抽打"自己，整日奔波，拼命工作，为了不使自己有丝毫的松懈，他经常对着镜子，大声对自己喊："全世界独一无二的原一平，有超人的毅力，落魄是暂时的，我一定要成功，我一定会成功。"他明白，此时的他已不是推销保险，他是在推销自己。

他依旧精神抖擞，每天清晨 5 点起床从"家"徒步上班。一路上，他不断微笑着和擦肩而过的行人打招呼。有一位绅士经常看到他这副快乐的样子，很受感染，便邀请他共进早餐。尽管他饿得肚子咕咕叫，但还是委婉地拒绝了，希望这位先生能买一份保险。这位先生与原一平在办公室长谈，了解了原一平的远大理想后，深受感动，说："你给我上了一课，你是我的人生老师！"原一平终于签下了第一张保单。更令他惊喜的是，这位绅士是一家株式会社的社长，帮他介绍了不少业务。原一平在 9 个月内实现了 16.8 万元的业绩，远远超过了当时的许诺。

1936 年，原一平的业绩遥遥领先公司其他同事，成为全公司之冠，并且夺取了全日本的第二名。

1937 年，34 岁的原一平与久蕙小姐结婚。

1939 年，推销业绩全国第一。

1940 年，原一平成为美国百万圆桌协会成员，协助设立全日本寿险推销员协会，并担任会长至 1967 年。后来原一平成为百万圆桌协会的终身会员。

1948 年，45 岁的原一平再次夺得推销业绩全国第一，并连续保持了 15 年。

1962 年，因对日本寿险的卓越贡献，原一平被日本政府特别授予"四等旭日小绶勋章"。获得这种殊荣在日本是极少有的，连当时日本总理大臣福田赳夫也羡慕慨叹："身为总理大臣的我，只得过五等旭日小绶勋章"。

1964 年，世界权威机构美国国际协会为表彰他在推销业做出的成就，向他颁发全球推销员最高荣誉——学院奖。

1984年4月,81岁的原一平正式退休;同年8月15日,因病逝世。

原一平50年的推销生涯,可以说是一连串的成功与挫折所构成的,他成功的背后,是用泪水和汗水写成的艰苦奋斗史。

(二)原一平的优秀品质

1. 勇对命运挑战

原一平始终坚信:社会本身必然为那些学有所专和勤奋努力的人提供生存和发展的广阔空间。在接受了保险培训之后,他开始了独自推销保险的尝试。在开始的前7个月里,命运好像在有意考验他,由于推销的保险份数为零,他的薪水也被无情地冻结在零上。但是,他毫不气馁,而是在冷静地思考后,满怀信心地迎接每一天。为了尽量节省生活开支,他把自己的"家"从公寓中迁出,晚上睡在公园的长椅上;把坐电车上班的习惯,改成了步行上班。日子,就在这看似毫无收获的灰色中一天接着一天,但他仍精神抖擞而又热情百倍地向跟自己迎面相遇的每一位路人报以真诚而温暖的微笑。于是在这个世界的一个个极其平凡的日子里,总有不知名的路人,因为得到了他温暖微笑的慷慨馈赠而心情倍感温馨和振奋。他没有显赫的家庭背景,没有名校学历,靠着自己扎实的努力,成就了自己的事业。如果说微笑是他成功的一个重要因素的话,那么需要特别强调的是,他能在一个月、两个月直至七个月零薪水的起点上,始终乐观自信、永不言悔地坚持自己的选择,这是他成功的又一重要因素。如果说,遇上了一位热情老板客户的提携是一次机遇的话,那么他靠着那份执着努力,得到被其真诚感染的顾客的慷慨支持,其实是一件迟早要发生的事。

2. 积极乐观的人生态度

原一平认为,推销之路是由无数的"拒绝"堆砌而成的,一个成功的推销员在遭遇挫折或失败时,要能永不认输,屡扑屡起,咬住不放,坚持到最后胜利为止。原一平为了使某公司总经理投保,在3年8个月内71次走访了这位总经理,结果总经理深受感动,不仅自己投保,还让公司其他职工都投保。事实证明,越是难缠的顾客,其潜在的购买力就越强。原一平笑对失败的积极心态值得我们借鉴和学习,面对一次又一次的失败,他没有向平常人那样低头认输,而是有一套自己的人生哲理,认为失败是常有之事,只有通过失败汲取经验,努力尝试,才会有成功的可能。

原一平真诚地面对顾客,急顾客之所急,想顾客之所想,与顾客建立了良好的关系。推销员与顾客的交往要顺利发展,必须以坦诚、信任为基础。推销的最高技巧是无技巧。原一平以率直、纯真和稚气面对顾客,永葆赤子之心,孟子说过"至诚而不能动人,未之有也"。顾客认可了他的赤子之心,也就认可和接受了他推销的产品。

原一平身高1.45米,长得又小又瘦又黑,实在缺乏吸引力。但他苦练笑容,被日本人誉为"值百万美元的笑"。原一平为什么练笑呢? 因为他总结出笑容在推销活动中有九大作用:笑容是传达爱意给对方的捷径;笑容具有传染性,你的笑容可以引起对方笑并使对方愉快;可以轻易地消除两人之间严重的隔阂,使对方门扉大开;笑容是建立信赖关系的第一步，创造出心灵之友；笑容可以激发工作热情，创造工作成绩；笑容可以消除自己的自卑感，弥补自己的不足；如能将各种笑容拥为己有，了如指掌，就能洞察对方的心灵；笑容能增进健康，增强活动能力。原一平认为，婴儿般天真无邪的笑容最具魅力。于是，他花费很长时间练习笑，直到他在镜中出现与婴儿的笑容相差不多时才罢休。他练习的步骤是：检查自己的笑容有多少种(原一平认为自己有含义不同的39种笑容，曾经在对付一个顽固的客人时，用了30种微笑)，列出各种笑容要表达的心情与意义，然后再对着镜子反复练习，直到镜中出现所需要的笑容为止。

原一平的这些故事告诉我们，想要做一个成功者，就要具备一个积极的生活态度，要成功推销自己，必须练就一两招过人之处。人不必因为自己仪表的先天缺陷而自卑，关键是找出自己认为最有希望的"突破口"，淋漓尽致地表现个人的魅力。

3. 无私帮助扶持晚辈

原一平成就非凡，被誉为日本的"推销之神"。他不仅自己成为一个真正的成功者，而且毫无保留地传授自己的成功经验，希望更多的推销员提高素质，找到各自的成功之路。他在世界各地连续不断演讲，把自己的思想经验推广开来。原一平希望推销人员记住"三恩"：社恩(公司)、佛恩(指导自己的恩师)、客恩(客户)。

原一平向推销员提出了11条忠告：

忠告一：你要建立起一个成功的心态。信心——给自己加油鼓劲；信念——坚持就是胜利；意志——锲而不舍走向成功；乐观真诚——成功者需要积极的人生观。

忠告二：注重自身修养，做一个有魅力的人。笑容——最有效的销售武器，优雅的谈吐为你敲开客户之门；倾听——善用自己的耳朵；气度——让对方感到你的存在；手势——让魅力动起来；仪表——让客户一眼看上你；健康的身体——成功的保证。

忠告三：处处留心，客户无处不在。敬业的态度——早起的鸟儿有虫吃；处处留心——每时每地都有客户；沥沙淘金——找到有效的客户；巧借他山之石——市场咨询法，建立准客户卡。

忠告四：主动出击，打开深锁的客户大门。避过雷区——主动出击的技巧；电话约访——不可或缺的程序；发出"尊重"信号——完善你的开场白；单刀直入——找对自己的准客户。

忠告五：客户是推销员的财神，他们的决定永远是正确的。如何赢得客户的心，打破"坚冰"——与难缠的客户共处；美妙的技巧——与客户打交道的艺术。

忠告六：成功是客户营造的，捕捉时机敲定成交。成交——你准备好了吗？模式——屡试不爽的成交方法。

忠告七：成功是从拒绝开始的。调整自己——别被拒绝打倒，想想你为什么被拒绝；失败者总是抱怨，胜利者则找出解决办法。

忠告八：售后服务是你下一次销售的开始。

忠告九:建立客户群,让客户为你介绍客户。

忠告十:拥有感恩的心,把你的成功与家人分享。

忠告十一:终身学习,与积极上进、优秀的人为伍。

我们提到借助外力的方式,首先要找一个导师,而原一平就是一个很好的老师,他提出的这11条忠告,对那些打算在营销领域开创一片天地的年轻人是鼓励和帮助。

原一平虽然个性坚毅、韧性极强,但取得成功之后,又十分冷静平和,始终保持谦虚进取的态度。他说过:"若要纠正自己的缺点,先要知道自己的缺点在哪里。"他连续6年坚持每月举行一次"原一平批评会",听取大家的批评意见,来检讨自我、改进自我。他坚持每星期去日本著名的寺庙听吉田胜逞、伊藤道海法师讲禅,来提高自己的品德修养。

原一平作为一个成功范例,无论他的德性、品质、工作方式、人生态度,都有许多值得我们学习的地方。

二、王阳明

(一)王阳明简介

王阳明,本名王守仁,字伯安,浙江绍兴余姚人,生于明宪宗成化八年(1472年1月31日),卒于明世宗嘉靖七年(1529年1月9日)。因曾筑室于会稽山阳明洞,自号阳明,称之为阳明先生。王阳明既是宋明心学的集大成者,一生事功也赫赫有名,可称立德、立功、立言三不朽。其学术思想在中国、日本、朝鲜半岛、东南亚等地有重要影响,因此,王守仁(心学集大成者)和孔子(儒学创始人)、孟子(儒学集大成者)、朱熹(理学集大成者)并称为孔、孟、朱、王。

王阳明精通儒家、佛家、道家,有哲学著作《答顾东桥书》、《传习录》、《答友人问》、《大学问》等,且能统军征战,是罕见的全能大儒,王阳明对圣人有全新的诠释,对成圣方法有新探索,把成圣的可能性扩大到每个人,"人人皆可为尧舜",在宋明理学甚至整个中国思想史上有突破性意义。

王阳明是政治家,一生仕途坎坷,先后担任刑部主事、兵部主事,因得罪刘瑾被贬为贵州龙场驿丞。王守仁后升任泸州县令,再升至南京刑部主事、太仆寺少卿、右佥都御史、巡抚南赣。在平定宁王叛乱之后,被封为新建伯,后追封侯爵,兼南京兵部尚书。王阳明是明朝第二个因军功封爵的文官。

王阳明是军事家,被称为"大明军神"。正德十三年(1518年),王守仁平定为祸江西三年之久的民变祸乱。次年宁王朱宸濠在南昌发动叛乱,攻占九江,并计划进取南京。时任南赣巡抚王守仁用巧计迷惑叛军,并趁宁王后方空虚攻占南昌,最终在鄱阳湖决战中击败叛军,擒获朱宸濠父子,战争为期仅43天。

王阳明是文学家,他的文学成就也很高,《古文观止》中收录有王阳明的名篇《瘗旅文》、《教条示龙场诸生》。《四库全书》中有评论曰:守仁勋业气节,卓然见诸施行,而为文博大昌达,诗亦秀逸有致,不独事功可称,其文章自足传世也。

王阳明也是书法家。明朝徐渭曰："王羲之以书掩其人，王阳明则以人掩其书。"清朝朱彝尊称赞其："诗笔清婉，书法尤通神，足为临池之模范。"

（二）王阳明的哲学思想

王守仁的父亲王华是个状元，这对他是无形的压力。父亲是儿子的榜样，也是难以超越的高山，既然在科举方面不可能超越父亲，少年王守仁就想到以读书学圣贤为第一等事。

王守仁研习陆九渊的著作，最终形成心即是理的思想，反对程颐朱熹通过每事每物追求至理的格物致知方法，因为事理无穷无尽，格之则未免烦累。他提倡从自己内心中去寻找理，认为理全在人心，理化生宇宙天地万物，人秉其秀气，故人心自秉其精要。在知与行的关系上，强调要知，更要行，知中有行，行中有知，所谓知行合一，二者互为表里，不可分离。知必然要表现为行，不行则不能算真知。

1. 阳明成学四阶

太虚法师在《论王阳明》一文中，以龙场悟道为开端，把王阳明的成学划分为。悟得良知、存省良知、完成良知、应用良知四个阶段。从另一个角度看，这四个阶段也就是王阳明探寻成圣之道的四个阶段。

"悟得良知"就是提出了"心即理"的命题，对成圣的可能性进行了证明。

"存省良知"和"完成良知"，就是依次发现了静坐、知行合一以及致良知等成圣的路径。

"应用良知"，固然包含有王阳明在江西平叛等事功上的卓越表现，但更重要的是王阳明"一体之仁"命题的提出，从而扭转了自宋代以来、特别是明代政治环境下理学受禅宗、道教影响重视清净追求涅槃的学术立场，自觉承接起早期儒家修身齐家治国平天下的神圣使命，并把这一点作为个人是否实现人性完满的判断标准。

2. 心学

在如何成圣的问题上，王阳明起初是遵循宋儒格物的路子，只是在无所得入的情况下，才出入佛老。在阳明洞之悟和龙场之悟前，他的主要知识活动是围绕宋儒和佛老二者进行的，在探究的过程中发现了格物之学与佛老的不足，为最终提出自己的成圣之道奠定了思想和知识基础。

（1）心学的关键词

龙场悟道得力于静坐工夫，作为工夫的第一关就是超越了生死。阳明在龙场能克去生死之念，就是辨天理人欲到了根本地步。阳明在龙场问自己，若是圣人在此，又如何？（"圣人处此，更有何道？"）强调心在成圣治国中的关键地位，人要根据条件的变化随时正心，只要其心无私，则无论进退都合乎正道。

龙场悟道提出"心即理"说的第二年，王阳明被聘为龙场书院主讲，针对朱熹的格物说，王提出"知行合一"说。王阳明有三次研究格物之学的经历，提出知行合一就是在悟得"心即理"后，对知行关系的重新定义。

王阳明同时提出"静坐"，以"廓清心体"。为纠正静坐涵养之弊，王阳明又提出

“事上磨练”,通过磨炼喜怒哀乐等感情,在处事中存天理灭人欲。

(2)致良知

在龙场悟道后,阳明所提出的静坐、事上磨练以及知行合一,都是为了诚意,静坐涵养心体,是静中的工夫,事上磨练是动中的工夫,而知行合一则实现了动静工夫的合一,但这三者还缺乏明确的行为依据,是整个诚意之教的不足,继续探索的结果,王阳明提出了“致良知”学说,认为“知是心之本体,心自然会知,见父自然知孝,见兄自然知弟,见孺子入井,自然知恻隐,此便是良知,不假外求”。在动静情况下都能做修养功夫,重视外在德行的同时强调内在德性的提高,提出良知作为行为的依据和判别行为是否合乎道德的依据。

(3)万物一体之仁

王阳明的为学重点由起初的“修己”转变为积极承担民胞物与之责任。这既是阳明对于圣人之道理解的深化,也是致良知学说的极致和必然归宿,圣人不只是求得一己修养之提高,更应该自觉承担起仁民爱物的人文关怀。

万物一体之仁,指出到达圣人境界关键一点是意识到“本来若是”的。“心之仁”使本心得以呈现,这也是致良知最终要揭示的。万物一体之仁的学说,一主张本心的呈现,二提高了良知的地位,三强调了仁民爱物的人文关怀,这三方面综合起来,构成了王阳明对于圣人境界的描述。同时,王阳明由一体之仁出发,对理想社会特别是理想的社会分工进行了论证,一体之仁使王阳明一生所追求的成圣目标有了一个圆满的句号。

第八章　追求可持续的成功

第一节　保持危机感

保持危机感是进取心的源泉，是成长发展的重要动力。失去了危机感，就会变得安于现状，裹足不前；保持危机感，并有计划、有安排地积极应对，就会保持积极向上的精神状态，持续发展进步，获得成功。

一、危机感是一种现代社会意识

总体来说，整个社会的资源是相对有限的，而个体的需求和欲望则是无限的。我们每个人、每个企业、每个民族，都想获得更多更好的资源，以满足日益增长的物质和精神需求。而资源的配置，在一定条件下遵循的是达尔文的“物竞天择，适者生存”法则。比如：一所重点学校，只能从20 000名报考者中择优录取2 000名；一个单位，只需要从 400 位应聘者中遴选出 4 位最优秀、最适合职位要求的员工；某年全国所有钢铁厂产能为 12 亿吨，而市场上钢铁需求量只有 8 亿吨。所以说，这是一个处处有竞争的社会。谁能察觉到危机、不满足于现状，从而奋起直追、不断进步，他就能拥有更突出的能力和更多的机会，从而在竞争中脱颖而出，获得更多的资源，走向成功。如果能时刻保持危机感，在常态中发现危机，在危机中寻找机遇，那他就能保持可持续的成功。

因此，无论是个人还是团体，都应具有一种危机意识、忧患意识，都应未雨绸缪，否则可能会被多变的社会现实打个措手不及。

当今世界的经济形态主要是市场经济，市场经济的基本特征是自由竞争。各个市场主体在公平健康的社会环境中展开激烈的竞争，优胜劣汰，达到社会资源的最优化配置。现代社会，竞争无孔不入，竞争渗透到社会的各个角落。社会中存在着个人与个人的竞争、企业与企业的竞争甚至国家与国家的竞争。人才市场的火爆就是个人竞争的反映；商场如战场讲的是企业之间竞争的激烈；军备竞赛、综合国力较量等是国与国之间竞争的表现。老子的“鸡犬之声相闻，老死不相往来”的小国寡民时代早已成为历史，现实社会就如一部大机器，每个主体之间被“竞争”与“合作”的链条紧紧地联结起来。人与人之间既要相互依赖，也要相互竞争，由此推动人类社会的发展进步。个人如此，企业、民族、国家也是如此。因此，我们每个人都应具有竞争意识和合作意识，这不仅是个人进步的需要，也是社会发展的需要。

危机感、竞争意识、使命感是现代社会对其成员的基本要求，也可以说是使我们在社会中很好生存的三件法宝。这三者之间存在着密切的关系。竞争意识与危机感产生的巨大能量是完成使命的前提，而使命感又为竞争赋予了正当价值理念，驾驭其不至于误入歧途。

二、每个人必须保持危机感，才能不断提升自己

前面我们讲到，一个人的综合素质体现在"德才兼备"。在个人修养上，我们要每日三省吾身，多看书、多思考，提高自己的道德修为和思想境界；在个人能力上，我们也不能满足现状。要扩充自己的知识广度和深度，要努力提高自己的业务能力。在校大学生如果只知道埋头读书，伸手向父母要钱，那他在跟其他经常关注社会人才需求变化、拥有社会实践经验的同学的竞争中肯定处于劣势。如果一个公务员不积极进取、努力工作，也有可能被淘汰掉。

我们每个人的内心也都需要适度的危机感，使自己保持进取的斗志，保持人生拼搏的胆量。黑夜和白天总是密不可分，没有黑夜就没有白天。危险和机会也总是并行，机会的背面就是风险。如果一直安于现状，人会变得懒惰，"逆水行舟，不进则退"，失去发展机会和竞争优势。因此，正如哈佛商学院教授理查德·帕斯卡尔所说的："21 世纪，没有危机感是最大的危机。"

现任最高人民检察院检察长曹建明有着一段曲折的人生经历。他在小学四年级时遇上"文化大革命"，中学毕业后被分配到一家小饮食店当学徒，每天凌晨 3 点多就起来上班，从出煤渣、生炉子到和面、拌馅，所有的准备工作都要在天亮前干完。因为过度劳累，一年不到他的胃连续两次大出血。后来，这段未成年时的艰苦经历沉淀为他内心永恒的"强烈的危机感"，时刻鞭策着他要努力进取。回忆这段时光，曹建明说："正是在这里，我经受了永远难以忘怀的磨砺，学到了在其他地方难以学到的东西。考上大学之后，无论春夏秋冬，每天凌晨 4 点半，我准时起床，跑步后即投入紧张的学习。数年如一日，这么早起床读书，很多同学觉得无法做到，觉得不可思议。对我而言，相比在饮食店每天 3 点多起床干活，那真是一种幸福了……七年寒窗，我连续六年获得'上海市三好学生'的荣誉称号。"

1988 年 10 月，曹建明作为访问学者去比利时根特大学进修，紧迫的学习危机感又压在心头。除了跟教授讨论外，曹建明几乎所有时间都泡在图书馆里，导师因此感叹说："你是我接触的所有中国人中最勤奋的一个。"正因为他的刻苦认真，教授们参加学术活动时都喜欢带他去。于是他得以去荷兰、卢森堡、德国、法国、南斯拉夫、瑞士等许多国家，参加国际会议和访问大学研究所，结识著名的学者和专家，这为他今后的法学研究奠定了扎实的基础。

内心的危机感，通常能够使人爆发惊人的胆量，是勇气的重要来源之一。

危机感迫使我们做出改变，进行冒险。要么在沉默中死亡，要么在沉默中爆发，这也是危机感在心理上给人的暗示。尤其事关生存的危机感，总能激发人最大的潜力，使人的勇气激增到无所畏惧的地步。因此，人们把"置之死地而后生"当作兵法的精髓之一。

在现代社会，竞争日益激烈，无论从事何种职业，人们都会感到危机感。许多人在压力下日夜奔波，不少人因为压力而焦虑难安，有的人甚至在压力下崩溃。可是，当我们假设一下没有危机感的情形，却又会发现，当我们失去危机感，可能就会失去事业和生活的重量感，进而满足现状，不思进取，不敢开拓和冒险，结果正如孟子所说："生于忧患，死于安乐。"

三、企业必须时刻保持危机感，才能立于不败之地

微软的比尔·盖茨总是感到危机的紧迫："微软离破产永远只有 18 个月。"

海尔的张瑞敏总是感觉："每天的心情都是如履薄冰，如临深渊。"

联想的柳传志认为："你一打盹，对手的机会就来了。"

百度的李彦宏经常强调："别看我们现在是第一，如果你 30 天停止工作，这个公司就完了。"

创建过亚信公司、中国宽带产业基金，担任过网通总裁的田溯宁也认为："企业成长的过程，就像是学滑雪一样，稍不小心就会摔进万丈深渊，只有忧虑者才能幸存。"

管理专家李敏博士在《生与死——中国企业到底能活多久》中提到，中关村6 000家企业存活 8 年以上的仅占 3%。浙江民营企业的平均存活年限只有 5.9 年。在这个变化迅速的社会，一个企业如果不能时刻保持危机感，陶醉在自我满足的梦幻中，很快就会陷入停滞，被后起之秀超越，或者被市场逐出。

全球化竞争和微利时代的来临，让企业的脚下成为随时会融化和崩塌的冰山。每一个企业经营者都应当意识到——冰山在融化，企业危机时代已经来临。危机感是企业长青的基石。企业只有树立危机意识，做到平时如战时、战时如平时，才能够轻松应对随时可能出现的危机，实现由优秀迈向卓越的突破。

诺基亚公司创始于 1865 年，原本是一家木浆工厂，在 100 多年的发展中，紧跟时代脉搏，先后进入造纸、橡胶、电信领域。这个依托生产电缆逐步全面进入电信行业的移动通信产品跨国公司，移动通信的全球领先者，其移动终端产品 1996～2010 年一直占据世界市场份额第一。20 世纪 90 年代以来，移动通信市场竞争惨烈、风云变幻，随着昔日辉煌的摩托罗拉、爱立信、NEC 的没落，今日新秀 RIM、iPhone、google 手机的兴起，而时刻保持危机感、有着科学发展理念、先进的研发和管理技术、敏捷的市场反应能力的诺基亚仍保持较好发展势头。

诺基亚这一时期的成功归功于时刻保持着危机感，紧密追踪和预测时代和市场的变化，积极、正确地应对。

20 世纪 80 年代，伴随着芬兰解除金融管制带来的经济腾飞，林业、电缆和信息产品等业务给诺基亚提供了前所未有的丰厚利润，诺基亚也效仿日本财团式的"全球性巨型联合集团"，开始了一系列跨越业务和国界的并购。业务范围最广时，诺基亚的战略业务点竟然多达 180 家，从来福枪到地板材料，从铝制品到橡胶鞋，从卫生纸到电缆，从电脑到电话交换机，诺基亚这个古老的芬兰品牌，通过攻城掠地大肆并购，在欧洲家喻户晓。1987 年的诺基亚已有超过一半的员工位于芬兰国土之外，七成的销售额来自在国外制造或者销售到国外的产品。高增长、国际化、高盈利，这个芬兰企业正成为一家在世界举足轻重的公司。

当时，诺基亚没有被眼前的成功冲昏头脑，相反，它看到了光环背后的危机：大举投资、产业领域过宽导致的管理混乱、资金链断裂风险，苏联解体和东欧剧变后的全球市场调整，经济泡沫破灭后的经济衰退。在巨大的危机面前，诺基亚对自己的愿景、能力和资源进行重新审视、重新评估，对未来市场热点进行科学预测。于是，在1992年，当时的首席执行官奥利拉向董事会提出了革命性的计划——以移动电话为中心的专业化发展新战略，除了移动电话和电信设备部门，其他业务全部剥离。凭借着移动数字通信的提前布局，诺基亚夺得了这个快速膨胀的市场的一大块份额。

时刻保持危机感让诺基亚像一头狼，嗅觉灵敏、动作敏捷。诺基亚设有一个市场信息搜集网络，能全面快速地获取市场信息；它还有一套不同于其他大型企业的灵活决策机制，能更快推出新产品和调整市场策略。

2004年，诺基亚的全球市场份额略有下降。市场调查发现，诺基亚的手机像素不高，跟不上时代的潮流。随后诺基亚研发部门马上分组，一部门继续保留原先的大众化路线，另一部分开始研发符合时代潮流的新款手机。

2010年后苹果的iPhone、加拿大RIM的黑莓手机以及google手机迅速蚕食北美市场份额，诺基亚不得不寻找有实力的合作者，2011年2月，诺基亚宣布与微软达成战略合作关系；2013年9月，微软以71亿美元收购诺基亚手机业务。

四、国家民族必须时刻保持危机感，才能免于覆亡之灾

每个国家、每个民族要自立于世界民族之林，必须有危机感和进取心。回想清朝末期的晚清政府，腐败、无知、无能，还盲目自大，因循守旧，自以为是无人能敌的天朝大国，其实早已变成别人砧板上的一块肥肉，东西方列强争相抢食的结果也就是不可避免的了。

【举一反三】唐太宗"居安思危"

上(唐太宗)谓侍臣曰："治国如治病，病虽愈，犹宜将护。傥遽自放纵，病复作，则不可救矣。今中国幸安，四夷俱服，诚自古所希，然朕日慎一日，唯惧不终，故欲数闻卿辈谏争也。"

魏征曰："内外治安，臣不以为喜，唯喜陛下居安思危耳。"

1938年1月，白求恩受加拿大共产党和美国共产党的派遣，与医生帕尔斯、护士琼·尤组成援华医疗队，经香港、武汉到达延安。作为外科医生，白求恩很快发现八路军医院没有血库和输血技术的巨大隐患。1938年6月，白求恩在山西五台县八路军后方医院讲授输血技术。由于当时中国医疗条件落后，只有大城市少数医院能输血，在野战医疗条件下输血，人们连想也不敢想。

白求恩大夫首先详细讲述了采血操作、标准血型制作、血型鉴定、配血试验、储存、运输、保管等基本知识，接着推来一名胸部外伤的患者说："现在，我来操作，你们谁第一个献血？""我来献。"32岁的卫生部部长叶青山挽起袖子。验过血型，白求恩大夫让叶青山和病人头脚相反躺在床上，拿出简易输血器。带着针头的皮管连接在他们靠紧的左右两臂静脉上，皮管中间有一个三通阀门，阀门连着注射器。白求恩把阀门通向叶部长，抽拉针栓，殷红的鲜血流入注射器，再转动阀门，血液便流入伤者体内。大家激动地鼓掌，战地输血在我军野战外科史上第一次取得成功。第二个病人推过来，白求恩主动躺下说："我是O型血，抽我的。"消息传开，边区的农会、妇救会纷纷响应，上千人报名献血，很快组成一支150人的献血预备队，为抢救伤员提供了有力保障。

【举一反三】忧者以昌，喜者以亡

赵襄子使新稚穆子攻翟，胜之，取左人、中人；使遽人謁之。襄子方食而有忧色。左右曰："一朝而两城下，此人之所喜也；今君有忧色，何也？"襄子曰："夫江河之大也，不过三日；飘风暴雨不终朝，日中不须臾。今赵氏之德行，无所施於积，一朝而两城下，亡其及我哉！"孔子闻之曰："赵氏其昌乎！夫忧者所以为昌也，喜者所以为亡也。胜非其难者也；持之其难者也。贤主以此持胜，故其福及后世。齐、楚、吴、越皆尝胜矣，然卒取亡焉，不达乎持胜也。唯有道之主为能持胜。"孔子之劲能拓国门之关，而不肯以力闻。墨子为守攻，公输般服，而不肯以兵知。故善持胜者以强为弱。

赵襄子攻打翟国，一朝而连下两城。但赵襄子却认为胜利来得太容易，害怕其灭亡在即。而孔子听闻赵襄子的忧虑，预言赵襄子昌盛可期，因为赵襄子在胜利时仍保持危机感，"以强为弱"，故认为赵襄子是"善持胜者"。

日本身为岛国，由于资源十分匮乏，人们普遍有一种危机意识。日本的传统文化一直强调精神比物质更重要，但第二次世界大战失败也使日本人意识到光凭精神力量是不够的，还需要有物质力量作为强大的后盾。战后日本经济迅速崛起，但作为一个岛国，经济越是发展，资源稀缺的矛盾也就越突出。几十年来，日本不断填海造地，东京有几块新城区就是从海上建造起来的。据介绍，20世纪80年代初，日本以很低的价格从中国进口了不少精煤，用于填海和储存，现在价格已经翻了几番，这些为争夺资源的战略举措，让人吃惊。

同时，对资源紧缺的危机意识使日本人特别讲究节能和环保。许多工厂与电厂签约，规定每月的用电量，违约罚款惊人，没用完也要收费，逼着企业精密计算和控制。日本企业对废物再利用也极为重视，研发不遗余力。有的工厂有61种废物，已有57种被开发再利用，占到93.4%，剩下的4种是烟蒂、油墨残物、专用色条、生活废物，他们还在研究全部利用的技术方法。在这个过程中，所有职工都要养成习惯，把废物分类堆放，切割成形，按步骤一一处理。日本工人在这方面训练有素，严格按要求操作。

危机意识已渗透到日本人的思想中，不需要大张旗鼓地宣传节能环保、循环经济的好处，人们已经在日常生活和工作中自觉实行。这应该看作危机感给日本人带来的正面效应，值得我们学习。但是，还要看到，资源缺乏的危机感如果不受伦理的制约，会有负面结果。近年来，日本国内右翼势力一再抬头，重弹军国主义的老调，为其扩张寻找借口，这是我们需要警惕的。

第二节　凡事预则立

我们做一件事情，或者为了实现某一目标，要有一个事先的准备、周全的考量、合理的计划。“预”就是提供一个按部就班的行动指南，从确立可行的目标，拟定计划并订出执行方案，到最后确认你达成目标之后所能得到的回报。

一、为自己画好蓝图

任何事物往往是先在大脑里创造出来，再在现实中创造出来。就像盖房子一样，如果有人问你，“你准备什么时候动工盖一栋你想要的房子？”当你在头脑中已经勾勒出整个建筑的时候，你就可以破土动工了。如果你还没有完成对它的规划和设计，就草率动工，那是愚蠢和冒险的举动。有了计划再行动，成功的几率会大幅度提高；只有行动，没有计划，是所有失败的开始。

【星星点灯】孙正义的人生蓝图

孙正义对电脑的情有独钟像比尔·盖茨；在风险投资领域，他的重拳出击颇有乔治·索罗斯的风范；在选择出手的对象上，他又有点像当今世界上最杰出的证券投资者沃伦·巴菲特的味道——不败之道在于做足功课然后行动。

——美国《电子商务》杂志

1976年，19岁的孙正义规划了一个50年的人生蓝图：

- 30岁以前，要成就自己的事业，光宗耀祖
- 40岁以前，要拥有至少1 000亿日元的资产
- 50岁之前，要作出一番惊天动地的伟业
- 60岁之前，事业成功
- 70岁之前，把事业交给下一任接班人

为了选择能实现自己50年人生规划的合适行业，孙正义花了一年多时间来想自己到底要做什么。对孙正义来说，他不仅要选一个赚钱的生意，更要选一个能做50年的生意。这一年多的时间里，孙正义不是待在家里枯坐冥想，而是把自己所有想做的事情都列出来，然后逐一做市场调查。他用时1年半，对40个行业展开一连串市场调查，拜访过各式各样的人，阅读了许多书籍与资料，分别编制出十年的预估损益平衡表、资产负债表、资金周转表，还依时序的不同，制作出不同形态的组织图，将结

果与检查项目表对照，判断这些是不是适合自己投入一生的事业。最后，他看到了即将到来的信息时代的巨大商机，选择了计算机软件批发业，决定成立软件银行（Softbank）。

这是孙正义的成功梦想，是他愿意用毕生的精力投入的目标。而他也用实际行动实现了他的人生规划。40岁的时候，他名下的雅虎股票市值80多亿美元；43岁（2000年）时，软银拥有一大批高成长的合资或独资企业：美国企业300多家，日本企业300多家，总共400亿美元资产，跻身日本前十大会社。50岁的时候，孙正义的软银已经成为网络帝国，世界上最大的风投企业。正如美国《福布斯》杂志所评价的："软银总裁孙正义先生转眼之间就创造了一个互联网帝国，他正着手实行自己的300年商业计划。孙正义先生不愧是互联网之王。"

二、有备无患

事物发展总有不确定性，做一件事都有成功或失败两种可能，因此，预先考虑几种应对方案往往是必要的。人常说：做最坏的打算，向最好的结果努力。因为有了应对最坏结果的方案，所以才能降低不好结果出现的几率和可能。

随着人生阅历的增长和工作经验的积累，我们分析事物发展运行规律会更为准确可靠，但准备应对意外结果的观念仍然要有，特别是从事一些重要活动时，一定要考虑好应急、备用方案，以免出现特殊情况时，自己猝不及防，给自己和企业单位造成大的损失。

发生意外情况时，有没有应急方案，结果会大不一样。

【举一反三】"泰诺"事件

药品生产行业由于关系到民众的健康乃至生命而有着极为严格的行业生产标准，因此医药行业的突发危机往往成为民众舆论关注的焦点，一旦发生，就直接关系到企业的生死。医药企业在加强日常管理的同时也需有应急预案，面临突发危机时，才能将民众的损失降到最小，为企业挽回信誉。

"泰诺"是约翰逊公司生产的用于治疗头痛的止痛胶囊。作为约翰逊公司主打产品之一，年销售额达4.5亿美元。20世纪80年代，约翰逊公司曾面临一场生死存亡的"中毒事件"危机：1982年9月29日至30日，芝加哥地区有人因服用"泰诺"止痛胶囊而死于氰中毒，最初死亡3人，后增至7人，随后又传说在美国各地有25人因氰中毒死亡或致病。后来，这一数字被夸大到2 000人（实际死亡人数为7人）。一时舆论大哗，"泰诺"胶囊的消费者十分恐慌，94%的服药者表示绝不再服用此药。医院、药店纷纷拒绝销售泰诺。

面对这一危急局面，由公司董事长为首的七人危机管理委员会果断地拿出了应急预案：

第一，在全国范围内立即收回价值近1亿美元的全部"泰诺"止痛胶囊，并投入50万美元利用各种渠道通知医院、诊所、药店、医生停止销售。

第二，以真诚和开放的态度与新闻媒体沟通，迅速地传播各种真实消息，无论是对企业有利的消息，还是不利的消息。

第三，积极配合美国医药管理局的调查，在五天时间内对全国收回的胶囊进行抽检，并向公众公布检查结果。

第四，为“泰诺”止痛药设计防污染的新式包装，以美国政府发布新的药品包装规定为契机，重返市场。1982年11月11日，约翰逊公司举行大规模的记者招待会，董事长伯克亲自主持，他首先感谢新闻界公正地对待“泰诺”事件，然后介绍该公司率先实施“药品安全包装新规定”，推出“泰诺”止痛胶囊防污染新包装，并现场播放了新包装药品生产过程录像。美国各电视网、地方电视台、电台和报刊就“泰诺”胶囊重返市场的消息进行了广泛报道。

事实上，在中毒事件中回收的800万粒胶囊，事后查明只有75粒受氰化物污染，而且是人为破坏。公司虽然为回收付出了1亿美元的代价，但表明了约翰逊公司在坚守自己的信条：“公众和顾客的利益第一。”这一决策受到舆论的广泛赞扬，《华尔街周刊》评论说：“约翰逊公司为了不使任何人再遇危险，宁可自己承担巨大的损失。”

由于约翰逊公司在“泰诺”事件后采取了有条不紊的应对措施，赢得了公众的理解。在一年时间内，“泰诺”止痛药又重新占据了市场领先地位，再次赢得了公众的信任。

三、未雨绸缪

要成就大的事业，就更需要未雨绸缪，提前做好充分准备，如果临时抱佛脚，则难有胜算。古往今来的英雄豪杰做成的宏伟大业，往往背后都有着长期谋划、深思熟虑。

【举一反三】林则徐托付新疆大事

1849年，林则徐从新疆告老还乡途经长沙，指名要见无官无职的左宗棠。这是林则徐第一次见到左宗棠，但一见如故，终于找到可以托付大事的人了。他将自己在新疆整理的资料和绘制的地图全部交给左宗棠，并说：“吾老矣，空有御俄之志，终无成就之日。数年来留心人才，欲将此重任托付！”他还说：“将来东南洋夷，能御之者或有人；西定新疆，舍君莫属。以吾数年心血，献给足下，或许将来治疆用得着。”年逾花甲的林则徐好似临终托孤。临别，林则徐还写了一副对联相赠：“苟利国家生死以，岂因祸福趋避之。”

左宗棠将这对联当做自己的座右铭，时时激励自己。他说：每遇艰危困难之日，时或一萌退意，实在愧对知己。回福建后，林则徐身染重病，知道来日不多，命次子聪彝代写遗书，向咸丰皇帝推荐左宗棠为“绝世奇才”、“非凡之才”。

左宗棠一生，最辉煌的业绩是平定西北，收复华夏1/6的国土。这既是他个人的荣耀，更是国家之福。浙江巡抚、左宗棠的老友杨昌浚在清廷恢复新疆建省后到西域，所到之处，杨柳成荫，人来车往，当即吟出一首《恭诵左公西行甘棠》："大将筹边尚未还，湖湘子弟满天山；新栽杨柳三千里，引得春风渡玉关。"通过这首诗，依稀可见当年左宗棠豪气抬棺出征、收复新疆的情景，他还让大军沿途种下几十万棵树，后人称做"左公柳"。

第三节 谦虚使人进步

一、谦谦君子，学无止境

《尚书·大禹谟》云："满招损，谦受益。"获得了一定知识、取得了一点成就的人如果洋洋自得、骄傲自满，就会停滞不前，或被别人赶超，被社会自然淘汰；而如果能认识到自己的不足之处，发觉与别人的差距，虚心学习、奋起追赶，则可以不断进步，终身受益。

人生有涯，而学海无涯，一个人不管怎样聪明博学，自己的知识与人类整体的知识相比只不过是沧海一粟。一个人对某一行业的造诣再深，也不能说自己已经完全研究透彻了。我们要知道天外有天，人外有人，强中自有强中手，井底之蛙的自满态度是要不得的。"海纳百川，有容乃大。"大凡才识越高的人，越是明白这个道理，因而越是虚心好学，严以律己，持之以恒，也越能成就大事业。

【星星点灯】梅兰芳的"老师"

著名京剧大师梅兰芳是菊坛魁首，在艺术上有着非凡的成就。然而他并没有骄傲自满，而是谦虚谨慎、精益求精。有一次演出京剧《杀惜》时，在众多喝彩声中，他听到台下有个老先生说"不好"。梅兰芳来不及卸装更衣就用专车把这位老人接到家中，恭恭敬敬地对老人说："说我演得不好的人，是我的老师。先生说我不好，必有高见，定请赐教，学生决心亡羊补牢。"老人指出："阎惜姣上楼和下楼的台步，按梨园规定，应是上七下八，博士为何八上八下？"梅兰芳恍然大悟，连声称谢。以后梅兰芳经常请这位老先生观看他演戏，请他指正，称他"老师"。

二、谦虚是一种美德，也是一种智慧

晋代葛洪说过："劳谦虚己，则附之者众；骄慢倨傲，则去之者多。"谦虚的人言谈举止谦恭有礼，不专断、不傲慢、不自以为是，在交往中比较容易获得别人的好感，容易得到忠告、帮助和真诚的合作。一个处处得到他人好感的人，他的事业之船等于悬挂了顺风帆，其成功也不言而喻。

相反，过分自高自大或喜爱对人炫耀自己的能力，都是非常有害的。不管一个人的才华多么出众，但如果他喜欢自我炫耀、骄傲自大、乱摆架子，使周围的人感到卑下或失落，导致旁人心理上的失衡，必然会招致别人的反感，受到众人的厌烦和抵制，最终可能四面楚歌，吃了大亏，还不知问题出在哪里。

【星星点灯】宥座之器

古代有一种陶制的宥座之器，空的时候是歪的，半满的时候是正的，全满的时候则会倒覆。古人以这样一种器物放在身旁，时刻提醒自己不可自满，骄傲自大则会导致覆亡。

老子讲："良贾深藏若虚，君子盛德，容貌若愚。"谦虚的人，在人际交往中，不居功自夸、不故意张扬、不盛气凌人。在对待学习和工作上，"知人者智，自知者明"，明白自己的缺点和不足，并虚心学习，知错就改。

谦虚，不是虚伪，也不是自卑。这里有一个度的概念。如果不是发自内心的谦虚就是虚伪，过度的谦虚就是自卑。谦虚跟现代社会提倡的"表现自己"并不矛盾。积极恰当的表现是好事，它给人自信，给人激情，给人力量，也会给人成功的机会。在工作上我们要充分发挥自己的潜能，展现自己的才能和优势，勇于承担重任，用实际行动表现自己的才干，前提是不要伤害他人或贬低他人。

第四节　终身学习能力

一、活到老，学到老

人处于社会发展的中心，是推动社会前进的动力。人在一生中出于自己生存发展的需要，出于外部环境的压力，出于对人的生活质量、人的尊严和生命价值的追求，自我意识不断地觉醒，终生学习，不断进步，这是人生的最佳选择。

人在一生中都需要成长发展，因而我们总在自觉或不自觉地进行有意识的或无意的学习。处在一个动态发展的社会环境中，信息技术的发展使社会变迁的速度更快，社会对人在社会中生存所具有的综合素质要求也在变动提高，人的一生是一个逐步学习成长的过程。

人从出生之始，就开始了各种形式的学习活动。每个人在人生的不同阶段承担不同的社会角色，有不同的发展任务。人在一生中都面临着生物的发展、认知的发展、情感的发展和社会发展。仅就其职业生涯而言，也有转换、升迁、失业等问题。此外，个性、潜能、情感在人的一生中都在发展变化。人又生活在动态的社会环境中，社会和人都在变化，人要适应社会变化，要促进社会发展，要与社会在动态中达到平衡，学习必然会贯穿于人一生的全过程。

学习将伴随人的整个生活历程并影响人一生的发展。这是不断发展变化的客观世界对人们提出的要求。人类从诞生之日起，学习就成为整个人类及其每一个个体的一项基本活动。不学习，一个人就无法认识和改造自然，无法认识和适应社会；不学习，人类就不可能有今天获得的一切进步成果。学习的作用不仅仅局限于对某些知识和技能的掌握，学习还使人聪慧文明，使人高尚完美，使人德智体美全面发展。

正是基于这样的认识，人们始终把学习当作一个永恒的主题，反复强调学习的重要意义，不断探索学习的科学方法。同时，人们也越来越认识到，实践无止境，学习也无止境。庄子说：吾生也有涯，而知也无涯。

进入21世纪，世界在飞速变化，新情况、新问题层出不穷，知识更新的速度大大加快。人们要适应不断发展变化的客观世界，就必须把学习从单纯的青少年阶段求知变为从小到老的生活内容，努力做到活到老、学到老，终身学习。

二、提高自己的学习能力

（一）提高学习效率

我们想掌握的知识是无穷的，而人的精力是有限的。尤其是参加工作以后，能用来学习的时间更少。所以，能够提高学习效率更显得重要。

要提高学习效率，就必须掌握科学的学习方法，更有效地利用时间。提高学习效率并非一朝一夕之事，需要长期的探索和积累。前人的经验是可以借鉴的，但必须充分结合自己的特点。影响学习效率的因素，有学习之内的，但更多的因素在学习之外。首先要坚持体育锻炼，有一个良好的身体；保证睡眠，这样学习时才能精神饱满，全神贯注；养成良好的学习习惯，合理利用时间，注意“专心、用心、恒心”等基本素质的培养；调整情绪，身心愉快地投入学习，也是提高学习效率的一种技巧。

（二）从实践中学习

荀子说：“不闻不若闻之，闻之不若见之，见之不若知之，知之不若行之，学至于行而止矣，行之，明也。”获得知识的最好途径是亲自去实践，我们获得知识的最终目的也是为了实践。书本上的知识本来就是从日常生活中、从实践中提炼出来的。纸上得来终觉浅，绝知此事要躬行。要真正掌握书本上的知识，要发掘书本上没有的知识，还是要到实践中去，在实践中发现问题，解决问题，提高能力。

（三）勤思考，多请教

孔子曰：“学而不思则罔，思而不学则殆。”学习是思考的基础，没有丰富的知识作基础，就谈不上思考的深度和广度；思考是学习的继续，是对实践现象进行分析、综合、比较、探索其本质和规律的重要认识环节，是学习后的觉悟过程。对书本上的知识和日常生活中的问题，认真分析研究，进行“去粗取精、去伪存真、由此及彼、由表及里”的综合加工，才能真正转化为自己的思维成果。

我们在学习中，要注意多向别人请教，多交流学习心得。每个人的经验不一样，每个人都有自己擅长的领域。有时候，自己百思不得其解的东西，可能经别人一点拨，就豁然明白了。跟别人多交流，是增长知识的快捷方法。

【举一反三】王江民38岁学习计算机

江民杀毒软件的作者王江民先生的一生可谓是传奇的一生。王江民初中学历，却拥有包括国家级科研成果在内的各种创造发明20多项；38岁开始学习计算机，两三年之内成为中国最出色的反病毒专家之一；45岁只身一人独闯中关村办公司，产品很快占据反病毒市场的80%以上;没学过市场营销,却使KV系列反病毒软件正版用户接近100万,创中国正版软件销售量之最。正因为具备良好的终身学习能力,王江民每进入一个新的领域,都能很快地学习了解,而且做出了杰出的成绩。

1988年,王江民开始接触计算机。他意识到要搞光机电自动化,必须依靠计算机来控制,不学计算机肯定会落后。“我38岁开始学计算机,没有感觉我老了,没有感觉我不行,只感到我的英语基础不好。再说,计算机是实践性非常强的学科。我搞计算机是用计算机,不是学计算机。”

仅仅只是在上班的时候摆弄计算机,王江民感觉不过瘾,1989年,王江民花1 000多元自己买了一台中华学习机,第二年又买了一台8088PC机。王江民首先学的是BASIC语言。当时,王江民的孩子正上小学一年级,王江民就琢磨着怎样用计算机教育孩子,就这样王江民编出了中国第一套按照教学大纲进度要求,成体系的一二年级数学、语文教学软件。这个软件在《电脑报》交流,被评为第二名,第一名是WPS磁盘版。《电脑报》每“交流”出一套王江民的教学软件,就给王江民25元,三个月后,王江民收到了800多元钱。王江民从一开始就是在用计算机,而不是在学计算机。王江民没有继续开发三年级以上的教学软件,此时他已把目光投向杀病毒。

1989年,国内首次报道界定了病毒。在此之前,王江民就发现了小球和石头病毒,“只是那个时候,还没有人指出那是病毒”,王江民回忆说。

王江民的工作是开发工控软件,但用户的机器因为感染病毒不能正常工作,用户就认为是王江民开发的软件不好用。“这种情况逼着我必须解决病毒问题。”

王江民先是用Debug手工杀病毒,跟着是写一段程序杀一种病毒,王江民第一次编程序杀的病毒是1741病毒。王江民有一个很好的习惯,就是杀一种病毒就在报刊上发表一篇文章,公布这段杀病毒的程序。后来,王江民觉得这些各自独立的杀病毒程序用起来很麻烦,就把6个杀不同病毒的程序集成到了一起,命名为KV6,后来发展到KV8、KV12、KV18、KV20。

电脑用户越来越多,新病毒也层出不穷。王江民认真分析这些病毒特性,创造出“广谱过滤法查毒”。王江民将自己的想法连同开放式、可扩充的KV100软件一起寄给了《软件报》,并为它起了个非常鲜明的名字“超级巡警”,以示高效广谱的查毒特性。《软件报》认为这是一个很好的想法,在1994年7月15日首次发布了《反病毒公告》。KV100在《软件报》上一炮打响,王江民也开始了开创江民科技的征途。

第五节　积小胜为大胜

一、成败皆有价值

成功的道路从来不会是一帆风顺的。人们在每一次拼搏中可能得到的不外是两种结果:一是成功,二是失败。不论是成功还是失败,对于我们都是宝贵的经验财富。

人生走向成功的途径也不外乎两种:一种是从失败中吸取经验教训,逐步修正前进的方向，找到成功之路并坚持到底，这种发展路径就是通常说的“失败乃成功之母”。另外一种发展路径，是我们第一次就幸运地选对了方向，找到了合适的方法，踏上了成功之路。遇到这种“好运气”，取得了初步成功时，我们也要注意总结经验，不要因一时的成就而盲目乐观、过于自信、疏于思考，导致偏离了正确的方向，最终转入一条失败的道路。能把一次一次的小的胜利积累成最终的成功，也需要付出大量心血和努力，并以深厚的德行和坚强的意志，把握住前进的方向，提供持续前进的动力。

【举一反三】成败巨人

怀着一颗不安分的心和满腔创业激情，史玉柱在 1989 年毅然辞去了在安徽省统计局的工作，开始了他跌宕起伏的商海生涯。

史玉柱带着东挪西借凑来的4 000元钱来到深圳，解决基本的吃、穿、住都成问题，更不要说招兵买马和开拓市场，创业的艰难可想而知。当时，他唯一的创业资本是技术——M-6401 桌面汉字处理系统，这是他在统计局工作时钻研出来的一套文字处理软件。经过后期技术上的完善和出色的商业运作，M-6401 为史玉柱带来了第一桶金，这一桶金不仅为他接下来的创业之路提供了一定资金基础，也使他更加自信，创业的激情更加澎湃。首战告捷后，史玉柱把大部分资金和精力投入到产品的研发和升级上，相继研制出了 M-6402、M-6403。为此，他和伙伴把自己反锁在深圳大学的一间房子里专心研究，不与外界发生任何联系。功夫不负有心人，M-6403 取得了巨大成功，1992 年销量一跃升至全国同类产品之首，实现利润3 500万元。短短几年间，史玉柱就成为国内电脑软件业的著名人物，成为国人心目中的创业英雄。

经过创业初期的积累，1991 年 4 月，珠海巨人新技术公司正式成立，史玉柱满怀豪情地说：“IBM 是国际公认的蓝色巨人，我用‘巨人’命名公司，就是要做中国的 IBM，东方的巨人！不做东亚病夫，要做东方巨人！”

对于史玉柱和巨人公司的到来，珠海市政府非常欢迎，在很多方面给予了优惠政策，如户口调动、证件办理、税收减免等，其中的一份厚礼是一块按当时地价减免 50%并可分期付款的土地。来自政府的特殊待遇，一方面为巨人公司的发展扫清了许多障碍，另一方面也为其失败埋下了伏笔。起初，史玉柱只想在那块地上建一栋 18 层的自用办公楼，后来经过多次修改，“巨人大厦”的功能从办公楼变为房地产开发，大厦规划高度也不断增加，从 18 层增加到 38 层、48 层、68 层，最终确定为 72 层。规划楼层不断增高，反映了史玉柱当时浮躁的心态。

1995 年 2 月 10 日，史玉柱在集团总部豪情万丈地宣布“三大战役”：巨人将全面进入保健品、医药、电脑三大领域。但是，“三大战役”的第一炮就成了哑炮，在保健品方面投入几千万元广告费却没有得到预期的效果，资金链在第一环节就出现了问题。此前已经开工的巨人大厦的总投资至少需要 12 亿元，1996 年巨人大厦资金告急，史玉柱便决定把保健品方面的大量资金调入大厦，结果使得保健品业务也因资金“抽血”过量及管理不善而迅速衰落。1997 年 3 月，让史玉柱伤透脑筋的巨人大厦无奈之下停工了。史玉柱成为负债2亿多元的国内最大"负翁",渐渐淡出公众视野。

痛定思痛,史玉柱冷静深入地分析了电脑业、保健品业的特点和自身的优势,决定撤出电脑业,再次选择了保健品业。在大量消费者调查的基础上,史玉柱选择了脑白金这一产品,并以二级城市江阴作为东山再起的根据地。1998年,史玉柱借来50万元运作脑白金,凭借着出色的营销策划能力和更加稳健的经营,脑白金取得了巨大的成功,2000年脑白金创造了13亿元的销售奇迹,成为保健品行业的状元。之后,他又成功开发了另一个保健品——黄金搭档。2003年,史玉柱将脑白金和黄金搭档的知识产权及其营销网络75%的股权卖给四通电子集团,同时开始向保健品以外的行业投资,从此他又多了一个身份——投资者。作为一个投资者,追逐利润是其天性。在喜欢玩网游的史玉柱看来,网游既是一个高速成长的行业,又是一个高利润的行业。2004年11月,上海征途网络科技有限公司正式成立。经过短短3年时间的发展,征途一举进入中国网游三大巨头的行列。2007年11月,巨人网络集团(上海征途网络的控股公司)在美国纽交所上市。至此,"巨人"又重新站立了起来。

史玉柱的东山再起让人们刮目相看,但最让人钦佩的是他的诚信意识。2000年,生意刚有起色的史玉柱在接受《南方周末》采访时说,他要偿还巨人大厦的购房者损失,以履行他的许诺"赚钱后第一件事就是还债"和"老百姓的钱一定要还"。

史玉柱大起、大落、再起的奋斗过程,充分展现了一个优秀企业家在面对失败时的坚强、理性和诚信。他为当代中国创业者树立一个榜样,希望他能始终把握好企业的航向和发展节奏。

二、成功之路就在脚下

任何成功都需要脚踏实地的付出和努力,没有捷径。老子讲:"合抱之木,生于毫末;九层之台,起于垒土;千里之行,始于足下。"通向成功的万里征途就在我们脚下。

"骐骥一跃,不能十步;驽马十驾,功在不舍。"成功的道路需要我们一步一个脚印去走。虽然路途遥远,但只要坚持不懈、持之以恒,总会有到达目的地的一天。

成功在于积累,量变才会引起质变。荀子说:不积跬步,无以至千里;不积小流,无以成江海。没有小学、中学的刻苦学习,我们就不能走进名牌大学学习更多的知识;没有从小事、琐事干起的经验积累,我们就不能在单位里独当一面;没有对市场的洞察、管理的驾驭或者技术的掌握,我们就很难创业成功。当我们的积累到了一定程度,就会由量变产生质变,获得飞跃性发展,成功不再是遥不可及的梦想。

【举一反三】高位截瘫的农产品经纪人

河南青年赵仁伟在一次意外中,造成高位截瘫。他没有放弃人生,凭借毅力练成了用嘴咬住筷子操作电脑的功夫,并且利用互联网帮助家乡群众打开了辣椒的销售渠道。赵仁伟做生意讲诚信、有耐心,现在他已经成为一名当地深受农民信任的农产品经纪人,并取得了经纪人资格证书。

1982年出生的赵仁伟，家住河南渑池县果园乡杜寺村，全家3口人。2003年8月，已是郑州航空工业管理学院大二学生的赵仁伟，暑假在家帮助父母干活，不慎从房顶上摔下，全身瘫痪。

灾难突降，赵仁伟的心冰到了极点，他想结束自己的生命。一个活蹦乱跳的小伙，一个聪明优秀的大学生，从此卧床不起，手不会动，腿不会动，会动的只是两只眼睛、一张嘴和能听到声音的耳朵。一日三餐，全靠父母一勺一勺喂。原本就十分困难的家庭，更是雪上加霜。多年来，父母含辛茹苦为了供自己上学，十几年没穿过一件像样的衣服，不是逢年过节，全家从来不舍得买点肉改善一下生活。父母把所有的希望都寄托在赵仁伟身上。可是如今，二十几岁的大小伙却需要父母日夜不离地照顾。几个月工夫，母亲的头发白了，父亲的头发白了。赵仁伟望着父母，一次次泪水满面，最后鼓起了绝食的勇气，一连几天拒绝父母的喂食，哭着说："爹妈呀，以前你们已为我付出了太多太多，我再也不能拖累你们了。"父母都哭了，妈说道："你只要活着，我们心里都高兴，你死了，我和你爹可怎么活呀？"经过几天的不眠思考，赵仁伟终于向父母说道："我不死了，我要活下去，我要咱们家的生活好起来。"

赵仁伟瘫痪在床，几乎与世隔绝。幸好，同学们来看他时，为了排遣他的寂寞，送了他一台旧电脑。但是，他的手和胳膊，不但不会动，并且在萎缩着。赵仁伟让父母用木头做了个电脑支架，用嘴咬着筷子，练习开机、关机、敲击键盘，一次两次，一天两天，一周两周，嘴磨出了血，用水漱漱再干。

整整半年，他终于能用嘴熟练地敲击键盘，一行行清晰的文字出现了，一篇又一篇文章发表了，五年来，他发表文章200多篇，70多万文字；他组建网上残疾人协会，为全国600多位残疾人相互沟通，增加了挑战生命的勇气；他运用互联网，为村里乡亲担任销售经纪人，解决全村辣椒销售难的问题。

《河南日报》、河南电视台、中央电视台等先后报道了赵仁伟的事迹，他的故事感动着每个人。2010年3月份，河南电视台《天使在人间》栏目，把赵仁伟请进了电视台，当记者问他，是什么力量让你勇敢地面对现实活了下来，赵仁伟平静地答道："为了父母，为了天下所有的残疾人能增加生活下去的勇气，我要向命运挑战！"当记者问他今后的打算时，他说，"我要通过努力改变我们家庭的贫困，全村的贫困，圆我大学之梦，圆我人生之梦"！

第六节　财散人聚与财聚人散

一、正确认识财富

毋庸讳言，对于一个人或一个家庭，财富是非常重要的。我们通常说的财富一般指各种动产和不动产，特别是金钱。金钱是一般等价物，是一种用来交换的资源。苏轼说过：举天下一毫之事，非金钱无以行之。我们的衣食住行需要金钱，我们创业需要"本钱"，我们要想"乐善好施"，更需要经济实力。在如今的市场经济时代，拥有更多的财富,不仅是生活质量的保证,还是一个人对物质世界控制能力的数量化表现,是一个人能力和价值的体现,往往也是一个人获得成功的重要标志。保持对财富的渴望并努力创造财富,促进财富的合理流动和使用,更是一个人社会价值和社会责任的体现。

财富既不是万恶之源,也不是无所不能的东西。在对待财富的态度上,我们能看出一个人的智慧和境界。《论语》中说:"富与贵,是人之所欲也,不以其道得之,不处也;贫与贱,是人之所恶也,不以其道得之,不去也。"我们认为,对待财富的正确态度是"取之有道,用之有度"。获取财富固然有讲究,利用财富也是一门学问。大肆挥霍只会使财富很快耗尽;而做一个守财奴,正如钢铁大王卡内基说的:"死去时腰缠万贯是一种耻辱。"利用财富的最智慧的办法,是促进财富的合理有效流动,既能让别人受益,又能反馈自己,从而获取更大的成功。

二、要学会分享财富

财富固然重要,但人才更重要。要吸引八方才俊、凝聚人心,就要有仗义疏财、分享财富的广阔胸怀。用好的待遇吸引优秀人才;让优秀人才创造杰出业绩和更多财富,一个企业才能进入良性循环,企业家才能把自己的事业不断发展壮大。

【举一反三】"烧券市义"

《战国策》里有一篇说门客冯谖替孟尝君"烧券市义"的故事:

齐人有冯谖者,贫乏不能自存,使人属孟尝君,愿寄食门下。孟尝君曰:"客何好?"曰:"客无好也。"曰:"客何能?"曰:"客无能也。"孟尝君笑而受之,曰:"诺!"左右以君贱之也,食以草具。

居有顷,倚柱弹其剑,歌曰:"长铗归来乎! 食无鱼!"左右以告。孟尝君曰:"食之,比门下之客。"居有顷,复弹其铗,歌曰:"长铗归来乎! 出无车!"左右皆笑之,以告。孟尝君曰:"为之驾,比门下之车客。"于是,乘其车,揭其剑,过其友,曰:"孟尝君客我!"后有顷,复弹其剑铗,歌曰:"长铗归来乎! 无以为家!"左右皆恶之,以为贪而不知足。孟尝君问:"冯公有亲乎?"对曰:"有老母。"孟尝君使人给其食用,无使乏。于是冯谖不复歌。

后孟尝君出记,问门下诸客:"谁习计会能为文收责于薛者乎?"冯谖署曰:"能。"孟尝君怪之曰:"此谁也?"左右曰:"乃歌夫长铗归来者也。"孟尝君笑曰:"客果有能也。吾负之,未尝见也。"请而见之,谢曰:"文倦于事,愦于忧,而性懧愚,沈于国家之事,开罪于先生。先生不羞,乃有意欲为收责于薛乎?"冯谖曰:"愿之。"

于是,约车治装,载券契而行,辞曰:"责毕收,以何市而反?"孟尝君曰:"视吾家所寡有者。"驱而之薛。使吏召诸民当偿者,悉来合券。券遍合,起矫命以责赐诸民,因烧其券,民称万岁。长驱到齐,晨而求见。孟尝君怪其疾也,衣冠而见之,曰:"责毕收乎? 来何疾也?"曰:"收毕矣。""以何市而反?"冯谖曰:"君云视吾家所寡有者,臣窃计:君宫中积珍宝,狗马实外厩,美人充下陈。君家所寡有者以义耳! 窃以为君市义。”孟尝君曰：“市义奈何？”曰：“今君有区区之薛，不拊爱子其民，因而贾利之。臣窃矫君命，以责赐诸民，因烧其券，民称万岁，乃臣所以为君市义也。”孟尝君不说，曰：“诺，先生休矣！”后期年，齐王谓孟尝君曰：“寡人不敢以先王之臣为臣！”孟尝君就国于薛，未至百里，民扶老携幼，迎君道中。孟尝君顾谓冯谖曰：“先生所为文市义者，乃今日见之。”

冯谖曰：“狡兔有三窟，仅得免其死耳。今君有一窟，未得高枕而卧也，请为君复凿二窟。”孟尝君予车五十乘，金五百斤，西游于梁，谓惠王曰：“齐放其大臣孟尝君于诸侯，诸侯先迎之者富而兵强。”于是，梁王虚上位，以故相为上将军，遣使者，黄金千斤，车百乘，往聘孟尝君。冯谖先驱，诫孟尝君曰：“千金，重币也；百乘，显使也，齐其闻之矣！”梁使三反，孟尝君固辞不往也。齐王闻之，君臣恐惧，遣太傅赍黄金千斤，文车二驷，服剑一，封书谢孟尝君曰：“寡人不祥，被于宗庙之祟，沈于谄谀之臣，开罪于君，寡人不足为也。愿君顾先王之宗庙，姑反国，统万人乎？”冯谖诫孟尝君曰：“愿请先王之祭器，立宗庙于薛。”庙成，还报孟尝君曰：“三窟已就，君姑高枕为乐矣！”孟尝君为相数十年，无纤介之祸者，冯谖之计也。

古人早就深刻地明白“财散人聚，财聚人散”的道理。孟尝君广招宾客，拿出家财厚待他们。因此使天下的贤士无不倾心向往，优秀的人才纷纷归于门下。在群雄争霸、风云变幻的战国时代，正是这些优秀人才的帮助，孟尝君才能在扑朔迷离中看清局势，在遇到危险时转危为安。而冯谖烧掉薛地的债券，虽然让孟尝君少了一笔收入，但是给他赢得了人心，赢得了领地老百姓的衷心拥戴。后来孟尝君落难回到自己的封地薛时，终于体会到了冯谖的良苦用心。

当今社会，很多企业家也明白“财散人聚”的道理，放弃个人短期利益，换取天下归心，用优惠待遇或者合理的利益分享机制，比如期权激励、内部创业计划，将优秀人才纳入囊中，从而使企业走上了高速发展和快速壮大的道路。

成立于1988年的华为公司是全球领先的电信解决方案供应商。而这么庞大的一个企业，其创始人兼总裁任正非所占股份仅为1.04%。说到华为的成功，就不得不提华为的“以知为本”的企业文化和员工持股制度。1990年华为开始实行内部股制度，实行该制度主要是为了筹集资金和鼓励员工将个人利益与公司利益捆绑在一起。在2001年之前内部股一直是每股1元，华为根据能力、贡献、潜力分配给员工数量不等的股票，可以由员工自己出钱购买，也可以贷款购买。内部股分配的对象十分广泛，几乎人人有份，而且数量不菲，到2001年一个副总监级的干部5年时间所持有的股票可以达到50万股。在这一段时间，华为的内部股简直是个聚宝盆，因为华为每年的分红达到70%。再加上高工资、高补贴，华为员工的积极性和创造力被充分调动起来。华为公司以30%以上复合增长率快速发展，2015年全球销售收入达到3 950亿元人民币，超过100多个国家的GDP。

华为公司成立的20多年来，拿出了几百亿的财富给员工分享，造就了几百个千万富翁。华为公司吸引了大批优秀人才,成为具有国际影响力的通信设备企业,也成为国内企业的标杆。

现在也有一些企业,尤其是小企业,企业主借口成本控制,给员工非常低的工资,不给员工加班补贴,甚至剥夺员工法定节假日休息的时间,不给员工上社保、交"四金"或"三金",更别说给员工带薪培训了。他们自恃劳动力市场供过于求,不愁招不到人。可是愿意来他们公司工作的一般都是没有工作经验、刚从学校毕业的学生,或者急于找个落脚点的求职者,看到工作待遇很差、职业没有发展前景,干不了几个月就跳槽走了。企业主看似省了一些工资福利开支,但是企业员工流动性大,公司发展缓慢,企业形象不佳,受到国家监管部门的处罚和客户的抵制也就在所难免了,企业主最终只会落个"财聚人散,人散财无"的结果。

人物案例

一、蔡元培

(一)蔡元培简介

蔡元培1868年1月11日生于浙江绍兴,字鹤卿,又字仲申、民友,号孑民。11岁,父蔡光普(钱庄经理)因病早逝,因生前待友厚,借出款自动来还。母仁慈慎言,节俭度日。蔡元培17岁中秀才,22岁中举人,25岁殿试进士及第,点为翰林院庶吉士,27岁任翰林院编修。

1898年,蔡元培对清政府顽固守旧失望,弃官从教,先后任绍兴中西学堂监督、嵊县剡山书院院长、南洋公学特班总教习。1902年同蒋智由等在上海创办中国教育会并任会长,创立爱国学社、爱国女学,均被推为总理。1904年,蔡元培与章太炎、陶成章等组建光复会,1905年为同盟会上海分会负责人。1907年赴德国莱比锡大学研究哲学、文学、人类学、文明史,特别重视实验心理学、美学,编著《中国伦理学史》、《中学修身教科书》等,在欧洲游历甚广。

1911年辛亥革命爆发,蔡元培取道西伯利亚回国。1912年就任南京临时政府教育总长,颁布《普通教育暂行办法》,主持制定《大学令》和《中学令》,强调要把中学和大学锻造成健全国民的学校,发表《对于新教育之意见》,提出"军国民教育、实利主义教育、公民道德教育、世界观教育、美感教育皆近日之教育所不可偏废"的思想。

蔡元培曾作为迎袁使节赴京。1912年7月,因不愿与袁世凯合作而辞职。1913年携眷再赴欧洲从事学术研究。1915年6月与李石曾、吴玉章等发起组织华法教育会,在法国倡导勤工俭学,编《华工学校讲义》。1916年夏,黎元洪政府明令恢复民国初年的《临时约法》,蔡元培11月回国,受命担任北京大学校长。

1919年五四运动爆发,蔡元培为抗议政府逮捕学生,5月8日提交辞呈。6月15日发布《不愿再任北京大学校长的宣言》:"我绝对不能再作不自由的大学校长:思想自由,是世界大学的通例。"后在各方劝说下放弃辞职,但请蒋梦麟代之。1920年初,蔡元培与李石曾、吴敬恒，利用庚子赔款创办中法大学于北京。1923年为罗钧任抱不平再辞校长，赴欧洲游历并参与爱国活动。1924、1926年中国国民党第一次、第二次全国代表大会上，入选中央监察委员会。

1926年2月，蔡元培回国参加国民革命军北伐工作。1927年后倡议成立大学院作为全国最高学术教育行政机关，被任为大学院院长，后改任中央研究院院长。1928年于杭州西子湖畔创立国立艺术院(即现中国美术学院)。1931年"九一八"事变后，积极呼吁抗日。1932年，同宋庆龄、鲁迅等发起成立中国民权保障同盟，任副主席，为争取人权民主、营救政治犯，进行不懈的努力。抗日战争爆发后移居香港。1938年，被推举为国际反侵略运动大会中国分会名誉主席。1940年3月，在寓所意外跌倒，3月5日病逝，葬于香港。

(二)蔡元培的品格

1. 外圆内方，不肯苟同

蔡元培先生自述："孑民之宽厚，为其父之遗传性。其不苟不妄言，则得诸母教也。"《蔡元培先生纪念集》载：先生日常性情温和，如冬日之可爱，无疾言厉色。处世接物，恬淡从容。无论遇达官贵人或引车卖浆之流，态度如一。但一遇大事，则刚强之性立见，发言作文，不肯苟同。蔡元培说："主张学术研究自由，可是并不主张假借学术的名义，作任何违背真理的宣传，不只是不主张，而且反对。"陈独秀悼念蔡元培写道："一般地说来，蔡先生乃是一位无可不可的老好人；然有时有关大节的事或是他已下决心的事，都很倔强地坚持着，不能通融，虽然态度还很温和；这是他老先生令人佩服的第一点。"

2. 兼容并包，宽厚容忍

柳亚子说："蔡先生一生和平敦厚，蔼然使人如坐春风。"刘海粟对蔡元培的印象是："他的声音很温和，说话极有条理。眼角上的浅纹在闪动着，从眉心的皱纹看来，他不但经历过风霜，而且爱好思索。"蒋梦麟在《苦难与风流》中写道，蔡元培主持北大时，"保守派、维新派和激进派，都同样有机会争一日之短长。背后拖着长辫，心里眷恋帝制的老先生与思想激进的新人物并坐讨论，同席笑谈。"蔡元培主张："教育者，与其守成法，毋宁尚自然；与其求划一，毋宁展个性。教育的目的在于性格的培养。一切教育的最终目的是形成人格。"蔡元培最大的贡献，是提出并实践了"思想自由，兼容并包"的大学办学方针。

3. 重视人品人格

蔡元培特别关注大学教育对人格的培养。1917年1月9日，他在北大的就职演说中谈道："诸君为大学生，地位甚高，肩负重任，责无旁贷，故诸君不唯思所以感己，更必有以励人。苟德之不修，学之不讲，同乎流俗，合乎污世，己且为人轻辱，更何足以感人。"当时还是学生的罗家伦，回忆听蔡先生讲话的感觉："那深邃、无畏而又强烈震撼人们心灵深处的声音驱散了北京上空密布的乌云，它不仅赋予了北京大学一个新的灵魂，而且激励了全国的青年。"蔡元培多次说："人言有良社会斯有良大学，吾谓有良大学斯有良社会。”在蔡元培看来，道德教育是国民教育之根本，一个民族的道德水平才是民族文化的核心内容。傅斯年说：“蔡元培先生实在代表两种伟大文化，一曰，中国传统圣贤之修养；一曰，西欧自由博爱之理想。此两种文化，具其一难，兼备尤不可覯。”

4. 谦虚低调，礼贤下士

蔡元培是一个非常谦虚低调的人。冯友兰曾回忆：“1922 年，蔡先生以北大校长的资格到欧洲和美洲参观调查，当时，我在纽约哥伦比亚大学学习。我们到纽约码头上迎接。只见他仍然是一介寒儒，书生本色，没带随从人员，那么大年纪了，还像一个老留学生，一个人独往独来。他不惊动驻纽约的中国领事，也不惊动驻华盛顿的中国使馆外交人员，住哥伦比亚大学附近的小旅馆，和同学们在一起。”

1916 年底蔡元培被内定为北京大学校长，还没有上任，文科学长的人选难以定夺。在留法同学汤尔和家中，蔡元培看到《新青年》杂志，钦佩主编陈独秀的才华，北大文科教授沈尹默也大力推荐陈。蔡元培与沈尹默亲自登门拜访，邀请陈独秀到北京大学任职。陈独秀睡得晚，起得迟。“蔡先生差不多天天要来看仲甫（陈独秀），有时来得很早，……他招呼茶房，不要叫醒，只要拿个凳子给他坐在房门口等候”。论资历，蔡元培是进士出身的翰林，曾任中华民国临时政府教育总长，陈独秀不过是秀才出身，蔡先生礼贤下士的风度令人敬佩。蔡元培说，聘请陈独秀担任文科学长后，“北大的整顿，自文科起，……文学革命、思想自由的风气，遂大流行。”

5. 提倡新道德，实践“以美育代宗教”

1912 年，蔡元培与李石曾、张继、汪精卫发起成立“进德会”，定下三项基本戒条：不嫖、不赌、不纳妾；五条可以选认的戒条：不吸烟、不饮酒、不食肉、不作官僚、不作议员。蔡元培一直身体力行，洁身自好。在他的教导感化之下，北京大学风貌一新，一扫原京师大学堂的官僚腐败习气，成为当时中国“民主与科学”的堡垒，新文化运动的摇篮。

蔡元培非常重视美育，认为美育能陶冶人的品格，打破人我之成见，“教育家欲由现象世界而引以到达实体世界之观念，不可不用美感之教育。”他谆谆告诫教育者，“教育乃养成人格之事业也。使仅仅为灌注知识，练习技能之作用，而不贯之以理想，则是机械之教育，非所以施于人类也。”教育在于达到人性在“德、智、体、美”诸方面和谐的发展。

6. 求知欲强、终生好学不倦

蔡元培自幼刻苦好学，博览群书。蔡元培读书十分专心，有一次，他在楼上读书，楼下失火，他一点儿没感觉，直到有人记起来他在楼上，连忙去救，他才脱离了危险。蔡元培自述：“从十余岁起，读到现在，将满六十年了……几乎没有一天不读书”。蔡元培说：我们读学者的著作，可以得到两种利益：一是得到他的知识；二是得到他的方法。蔡元培学贯中西。他是前清的进士，后来到德国和法国留学多年，学养深厚，见多识广，加上他勤于思考和虚怀若谷的品格，形成了自己宽容大度的办学思想，成为

20 世纪中国最伟大的教育家之一。

二、安德鲁·卡内基

(一)安德鲁·卡内基生平简介

在美国,与“汽车大王”福特、“石油大王”洛克菲勒等大财阀的名字列在一起的,还有一个“钢铁大王”卡内基。卡内基白手起家建立起一个大型钢铁联合企业,数十年保持世界最大钢铁企业的地位,几乎垄断了美国钢铁市场。卡内基与洛克菲勒、摩根并立,是当时美国经济界的三大巨头之一。从不名一文的移民到堪称世界首富的“钢铁大王”,卡内基在功成名就后,又将几乎全部的财富捐献回馈给社会。他生前捐赠款额之巨大,足以与设立诺贝尔奖金的瑞典科学家、实业家诺贝尔相媲美,由此成为美国人心目中的英雄和个人奋斗的楷模。

在美国,“钢铁大王”卡内基的名字是个传奇,也令人百思不得其解。他与福特、洛克菲勒等大财阀一样,曾经影响着整个美国的金融和经济。但让世人为之惊讶的是,他在自己事业的巅峰阶段,放弃了所有的一切,追求另一种自由、无拘束的生活,并为慈善事业做出了巨大贡献。纽约著名的卡内基音乐厅是他捐资修建的,匹兹堡的卡内基大学是他建立的,还有遍布世界各地的“卡内基图书馆”。这就是卡内基,财富对于他而言,不是第一位的,为社会做贡献才是他生命的真谛。

1835 年 11 月 25 日,安德鲁·卡内基出生于苏格兰古都丹弗姆林。父亲威尔·卡内基以手工纺织亚麻格子布为生,母亲玛琪则以缝鞋为副业。父母虽穷,却为人正直,始终充满着积极进取的精神。这是一个继承了自豪、自立、自尊光荣传统的家族。

小卡内基的祖父是个性情开朗、机智幽默,而又具有不屈不挠精神的人。小卡内基作为长孙,以祖父的名字——安德鲁·卡内基——命名。他从小就以有这样的祖父为荣,同时也以终生拥有他的名字自豪。他的外祖父是个天生的雄辩家,也是个富有才智的政治家,是当地颇为活跃的政治领袖。或许是祖辈遗传基因的作用,卡内基自小就乐观进取,能言善辩,这对他一生的影响极大。

13 岁那年,怀着对美国的向往,卡内基和家人来到美国东海岸的纽约港,后又辗转来到匹兹堡。移民的生活是非常清苦的,小卡内基白天做童工,晚上读夜校,十分辛苦。14 岁那年,他来到匹兹堡的大卫电报公司做信差。虽然他当时对城市街道一点儿都不熟悉,却向公司许下诺言,说自己一个星期就可以记熟全城的线路。公司经理被卡内基的决心感动,留下了他,而卡内基也实现了自己的诺言,成为公司熟练的信差。

当年的匹兹堡不仅是美国的交通枢纽,而且是物资集散中心和工业中心。电报作为先进的通信工具,在这座实业家云集的城市起着极其重要的作用。每天走街串巷送电报的卡内基就像进了一所“商业学校”。他熟悉每一家公司的名称和特点,了解各公司间的经济关系及业务往来。日积月累,他熟读了这无形的“商业百科全书”,在他日后的事业中受益匪浅。因此,卡内基在回顾这段时期时,称之为“爬上人生阶梯的第一步”。

1853年，宾夕法尼亚州铁路公司匹兹堡管理局长斯考特看中了业余勤学掌握了熟练电报技术的卡内基，聘他到铁路公司当电报员兼秘书，每月薪水35美元。当时卡内基已是18岁的小伙子，他怀着强烈的上进心走进了这个更为广阔的世界。

在宾夕法尼亚铁路公司的10余年中，卡内基凭着自己的勤奋和机灵，24岁就升任匹兹堡管理局长，年薪1 500美元，并逐步掌握了现代大企业的管理技巧，这种技巧是他后来组织庞大的钢铁企业所必不可少的。

与此同时，卡内基也抓住时机，初试牛刀，参与投资，而且频频得手，慢慢积累一些资财，为他以后开办钢铁企业奠定了一定的经济基础。

1865年4月，美国南北战争结束了，战争造成了大量的机会。29岁的卡内基这时已经小有成就，但是他不满足，他要紧紧抓住人生旅途这一关键阶段，自主创业，另立门户。于是，他向宾州铁路公司提出了辞呈并在宾夕法尼亚州与人合伙创办了卡内基科尔曼联合钢铁厂。

此前，卡内基曾带人修桥，就思考能否用铁桥代替木桥。当时的匹兹堡虽然钢铁工厂数量不少，但还只是在起步阶段。1862年，他与几个朋友创立了建造铁桥的公司。而1863年7月4日，南北战争的双方都开始使用军舰对抗，给卡内基以警示：帆船时代已经过去了，钢铁时代即将到来。于是，辞职之后，他来到欧洲旅行，到伦敦考察了那里的钢铁研究所，果断地买下了道茨兄弟发明的一项钢铁专利，还买下了焦炭洗涤还原法的专利，他认为，这两项专利会带来源源不断的财富。

回到美国的卡内基，鼓足干劲要大干一场。他把分散的资金聚集在一起，把以前自己入股的两家公司合并起来，成立了联合制铁公司。当时，美国的钢铁生产经营极为分散，从采矿、炼铁到最终制成铁轨、铁板等成品，中间需经过许多厂家。加上中间商在每个产销环节层层加码，致使最终产品的成本很高。卡内基深知传统钢铁企业的这些弊病，他决心建立一个面目全新的、囊括整个生产过程的供、产、销一体化的现代钢铁公司。他迈出进军钢铁业的第一步，就开始大胆引进最先进的生产技术和人才，大刀阔斧改进生产管理，不断改进钢铁生产技术，降低成本，使自己的企业迅速发展壮大。

到19世纪末，卡内基钢铁公司已成为世界上最大的钢铁企业。它拥有2万多名员工以及世界上最先进的炼钢设备，它的年产量超过了英国全国的钢铁产量，它的年收益额达4 000万美元。

1889年，卡内基在《财富的福音》一书中主张富人为社会服务负有道德责任。1901年，他从蓬勃发展的钢铁事业中引退，以4.8亿美元的价格将卡内基钢铁公司卖给金融大王摩根，并同意摩根创设美国钢铁公司，卡内基由此成为世界上最富有的人。这一年，他正式退休，开始实施把财富奉献给社会的伟大计划。

此后直到去世的近20年间，卡内基的生活发生了巨大的改变。1901年，即他退休的第一年，他首先拿出500万美元为炼钢工人设立了救济和养老基金，向帮助他取得事业成功的员工们表示感谢。接着，为帮助有志上进而家境贫穷的年轻人，他当年在纽约市捐款建立了68座图书馆。这个图书馆建设事业持续了16年，他总共捐资1 200万美元，兴办图书馆3 500座。

卡内基在他的第二故乡匹兹堡创办了“卡内基大学”。后来，又在美、英各地捐资创办了各种学校和教育机构。他用于建造教育设施的捐款达9 000万美元之巨。

在随后的几年中，卡内基又设立了若干项基金。他捐资500万美元，设立“舍己救人者基金”；他捐资3 900万美元，设立“大学教授退休基金”，以保障教育家的晚年生活。他还设立了“总统退休基金”和“作家基金”，对美国总统和作家的晚年生活给予资助。此外，他向11个国家提供了“卡内基名人基金”，并以1 000万美元设立“卡内基国际和平财团”，专门资助为世界和平做出贡献的人们。

1911年，年迈的卡内基夫妇由于10年来一直直接参与捐献工作，身心都深感疲惫，因此，卡内基决定以剩余的1.25亿美元设立“卡内基公司”，让公司人员代理进行捐献工作，他希望公司帮助大学及科学研究等。

1919年8月11日，卡内基在马萨诸塞州莱诺克斯去世。

（二）卡内基的品德特点

1. 虚怀若谷，善待人才

卡内基将自己的成功归因于自己周围所有人的共同努力。他曾经为自己的墓碑写过墓志铭，上面这样写道：“这儿躺着的是这样一个人，他深谙如何将自己周围的人变得比他自己更加聪明。”卡内基是公司的最大股东，但他并不担任董事长、总经理之类的职务。他的成功在很大程度上取决于他任用了一批懂技术、懂管理的人才。在卡内基向钢铁业大规模进军的时候，他找到了两位制造钢铁的奇才：一位是年仅30岁的亚历山大·霍利，有高超的制造钢铁技术，发明了酸性转炉炼钢法，这种方法是使设备和人员高效率运转以求得最大效益，而在设备过时之前就将它废弃，用新的技术水平更高的设备来取代；另一位是36岁的琼斯，是霍利的助手，光是钢铁生产技术方面的专利就有十几项，并一手筹建了位于布罗多克地区的钢铁厂，被卡内基破格任命为厂长，给了他和当时美国总统同样的年薪——25 000美元。这两个人才对于卡内基钢铁事业的发展做出了重要贡献。

卡内基对于年轻的后起之秀，不遗余力地培养和提拔。年仅18岁的施瓦布就是被卡内基慧眼所识，受雇6个月后就任命为副厂长。直到后来卡内基钢铁公司的董事长辞职，卡内基又提升他为公司的董事长。

时至今日，人们还常常引用卡内基的一句名言：“如果把我的厂房设备、材料全部烧毁，但只要保住我的全班人马，几年以后，我仍将是一个钢铁大王。”

2. 认真做好每一件事情

卡内基成名之后，有新闻记者访问他，问他是怎样工作才有今天这样的成就。卡内基回答说：“我之所以能成功，有两个基本因素：第一，我自幼出生在贫苦之家，小时候常常吃饱了这一顿，不知道下一顿的食物在哪里，我晚上常听见父母为了应付面对的穷困而叹息。所以我从小就力求上进与发奋，决心长大之后要从我手中击败穷困。

第二，凡事不论大小，都要认真去做。我12岁时做过纺织工人，我努力地要把纱纺好。后来我又做过邮差，我尽量记住我那邮区里每户人家的姓名、住宅外貌，到后来几乎每一家我都熟识了。努力把每一件小事情认真地做好它，以后才有人敢把大事情放心地交给你。”

【星星点灯】卡内基的成功心得

我再总结一下所讲到的几点：要有一个远大的目标，向着最高处攀登；一定不要去酒吧喝酒，不要沾烈性酒，如果非要喝的话只能是在你吃饭的时候；永远不要投机；不要批准使用超过你现金余额的钱；把公司的利益看作是你的利益；为维护上司利益勇于不断地违背上司命令；集中所有的精力与资金干好一件事情；将你所有的鸡蛋放到一个篮子里，并且要紧紧盯住它；让你的消费与支出永远低于你的进项与收入；最后一点，要有耐心，不要迫不及待，不要焦躁不安，因为正如爱默生所说的那样：“除了你自己之外，没有人能够欺骗你，将你阻挡在成功之外。”

3. 勇于承担责任，热心回馈社会

加德纳(A. G. Gardiner)曾这样描述过：有两个长着一个躯体和一个脑袋的卡内基，一个是有万贯家产的巨商，一个是奉献了亿万家产的慈善家，两者之间没有任何冲突。需要时，一个受命采取行动，任务一完成便不见了。“经商！”一位十分精明的钢铁大王说；“布施！”一个充满乐善好施热情的慈善家说。他杰出的经商能力、孜孜不倦的奋斗精神和他的真知灼见使他聚集了惊人的财富。

【星星点灯】大胆的电报员

有一天，作为铁路局电报员的卡内基收到一封紧急电报：“货车在阿尔图那附近的铁路上被堵塞。”他拿着电报赶忙去找斯考特局长，可斯考特外出未归。卡内基迅速查看货车的配位图，马上看出了堵塞的原因。但是，对列车下达调度命令，除了局长斯考特以外，其他人在任何情况下都是被禁止的。谁若是违反，不管你有什么理由，都可能被立即革职。卡内基犹豫了，但禁不住内心的冲动，也不忍坐视铁路系统混乱延搁造成更大损失，他毅然提起笔来，写了一个处理堵塞的电令，签上了斯考特的名字，发了出去。斯考特回来后，看到来电，立即写了电报指令，其内容与卡内基已经拍发的电报简直一模一样。这时候，卡内基只好把实情告知。斯考特没有责备，也不肯赞许，但卡内基的越权行为实际上被默认了，这充分显示了他的应变能力和敢于承担责任的胆识。

卡内基说过，他会重用这样的人，勇于也乐于承担责任，甚至为了维护上司和整个企业的利益而敢于违背上司命令的人，因为他相信这样的人是忠诚的。

一个能创造财富的人，还要会管理和使用财富。卡内基在1899年6月的《北大西洋评论》上第一次系统地阐释了他的金钱观:“我认为一个富人的职责是:成为谦逊谨慎、生活朴实、不骄不奢的典范;有节制地满足那些依赖于他的人们的合理要求;接着是将多余的全部收入完全视为信托基金,并按自己认为的最好方式进行管理,以便让其充分地造福于社会。这样,富人就完全变成了贫苦兄弟的财产信托人和代理人。”

他赠送给公共福利事业的款额高达上亿美元。这笔巨额财富大部分通过纽约卡内基公司捐出。该公司的宗旨是:“通过赞助技术学校、高等院校、图书馆、科学研究、英雄基金、有价值的出版物以及不断被发现的类似机构与方法,来促进知识在美国人民中的传播和发展。”

少年时期的卡内基聪明好学,喜欢读书,却没钱买书。听说詹姆斯·安德森上校的私人图书馆里有很多书,可免费借阅,他欣喜若狂,立即前往借书。除读了许多历史和人物传记外,还借阅技术方面的书,特别是煤与钢的专业书籍对他以后的事业颇有帮助。卡内基后来回忆说:“这个图书馆,是我一生获益最多的地方。我当时就像一根长在贫瘠荒野里的小树,突然获得好的营养,否则,我只能做烧火的材料了。”

卡内基发达之后,十分感怀安德森图书馆对他的帮助,他在该图书馆原址上出资盖了一个大型图书馆。图书馆墙壁的铜制纪念碑上镌刻着:“献给西宾夕法尼亚免费图书馆的捐献者詹姆斯·安德森上校。他赐予众多青少年求知的机会。此一纪念馆,乃勤勉少年安德鲁·卡内基,为感怀其深恩大德而建。”

由于自己的成长经历和体会,卡内基对捐建图书馆格外重视,认为这是帮助千千万万青少年靠知识改变命运的最好途经,他是促进美国以及中南美洲图书馆事业发展的重要人物。

第九章　人人可以选择成功

第一节　通往成功的道路有千百条

一、多元的社会和多样的认知

当今的社会在不断进步，其中一个重要表现就是在法律法规允许的范围内，人们对一些罕见事物或新兴事物的态度越来越宽容。现代通讯的迅猛发展也使得每一个个体都有了更加广阔的展现自我的舞台，可以表达自己的观点，展示自己的才能。只要愿意，一个人这一秒钟说的话、做的事，下一秒就可以通过互联网让全世界的人知道，甚至成为“网红”。

在这样高节奏甚至有些浮躁的生活背景下，人们对于成功的认识可能出现片面性、功利性，很多人认为拥有了“票子、房子、车子”或者成为“网络红人”就算是成功。这样的社会风气很容易导致人们价值追求的偏差。一些年轻人将眼光放在短期内能够挣大钱、出风头的事情上，而不去判断“我要做的这件事情是适合我的吗？”“这件事能给我带来快乐吗？”“我赚钱的手法光明吗？”“我出名的手段正确吗？符合社会道德吗？”“这种生活追求我在二十年、三十年后会后悔吗？”

由于缺乏一种根本性的人生价值思考，许多年轻人很容易人云亦云，随波逐流，在专业选择或职业选择方面，追随“热门”，偏离自己的兴趣和特长，偏离自己的原有价值观念，陷入自己不擅长的领域，进入自己不快乐的工作生活，甚至有些人会走上犯罪的道路，最终很可能是浪费了宝贵的时间和精力，让有限的人生变得无限痛苦。

年轻人应该形成正确的价值观，不管周遭环境如何，都应该坚守自己的善良梦想和目标，坚持做一个正直有益的人的道德底线和人生原则，保持自己的特点和想法，坚持不懈，勤奋努力，向着成功迈进。

二、成功的道路不止一条

我们提到成功，很容易就想到那些杰出的闻名世界的成功人士：商业巨头、著名主持人、国家领导人、文学家、体育明星、各种国际奖项获得者……他们都是各自行业或领域内的佼佼者。其实，他们之所以能够取得成功，并不是有什么特殊的诀窍，他们只是确定自己的人生目标，找准自己的兴趣和方向，专注于自己喜欢并擅长的领域不断发展，持之以恒，努力奋斗，最终取得成功。例如，股神巴菲特，从小就对赚钱感兴趣，非常喜欢研究数字，因此，通过计算投资赚钱是他喜欢和擅长的领域，在后来的人生路径中，他从没有偏离过这个方向，最终成为金融奇才和投资大师；比尔·盖茨擅长钻研，酷爱计算机，喜欢编程，大学没毕业就开始创业，成立自己的公司，一直坚持在这一领域发展，成就了人生伟业。

成为人们敬仰和羡慕的位于金字塔顶端的佼佼者固然是成功的，但这样的成功毕竟是少数人的成果。通往成功的道路并不是只有这一条。从纵向比较的角度来看，成功的真谛是能够充分发挥自己的特长和兴趣，坚持不断完善自我，在所在的领域不断进步，日日取得新的成绩。从这个角度来讲，任何人都有自己的特长和兴趣，只要专注于该领域，持之以恒，就一定可以实现自己的人生价值，取得提升自己德才修养的人生成功。

正所谓“三百六十行，行行出状元”。普普通通的农民中可以出现种植专家或养殖专业户；工人中可以出现电焊能手、吊车状元；修鞋的可以成为修鞋连锁店老板；包饺子的能包出大娘水饺；剪纸的能剪成艺术家……从人生起点和某一阶段来看，这些人可能生活困顿，也可能地位卑微，但是只要他们在自己的领域里默默耕耘、深入钻研、坚持不懈，最终总能在本行业中取得不俗的业绩，实现自己的价值。

再放宽一些考虑成功问题，相比较于自己的昨天，今天的自己有任何一点儿进步都可以叫做成功。不管什么行业、什么岗位，只要努力，每个人每天都可以获得成功。

这样看来，不管是什么样的出身，不管天资是否聪明，不论身处什么样的环境，位于什么样的位置，遇到什么样的困难，都应该相信自己，永不放弃。天生我材必有用，理性挖掘自己的特长，找到自己的兴趣，坚持诚实做人，认真做事，持之以恒，条条道路都可以通向成功。

【星星点灯】诚实的甘地

甘地小时候并不聪明，从小学到中学，他的成绩都不是很好。可是他一点儿也不顽皮，是个诚实害羞的孩子。有一天，一位督学到学校来检测学生的英文水平。他让学生们听写了 5 个英语单词，甘地写对了 4 个，就是“茶壶”这个词不会拼。正当甘地皱着眉头冥思苦想的时候，老师走过他旁边，用脚尖轻轻碰一下他的椅脚，暗示他去看旁边同学的卷子。可甘地继续低着头想，不看别人的答案。结果，大家都考了满分，只有甘地一个人考了 80 分。督学走后，老师把甘地叫到面前，说：“傻孩子，偶尔作弊一次又有什么关系呢？如果你也能拿满分的话，我们就可以受表扬了。”可甘地坚持认为自己那样做是正确的，抄袭就是不对，倒是老师让他作弊，让他感到非常难过。

第二节　成功与姓名、性别、年龄、种族无关

通往成功的道路有千百条，每个人都可以选择成功。我们总结了大量成功人士的成功要素，也研读了大量成功人士对于自我成功经验的评价，没有人会将自己的成功归功于姓名、性别、年龄或者是种族。

一、成功与姓名没有关系

一个人能否获得成功，与他（她）的姓名没有关系。一个人的姓名只是他（她）区别于别人的一个符号，是他（她）进入社会的信息，是人与人之间传递信息的一个重要载体。不同国家和地区、不同民族、不同文化下的命名，会受到历史、社会、民族等诸多因素的影响，一个人的姓名通常会有一定的含义和希望。人们通常都会把一些寓意美好和成功的词或字作为名字，但实际上一个人的名字并不影响其个人价值的实现，并不能决定一个人是否成功。

每位家长都会对自己的孩子寄予希望，有的希望孩子能够健康，有的希望孩子快乐，有的希望孩子有钱，有的希望孩子成为名人……这些希望通常会反映在孩子的名字上，因此，我们可以看到“栋”、“梁”、“才”、“龙”、“强”、“超”等寓意成功的字出现在很多人的名字里，这当然无可厚非。但这仅仅是一种希望而已，成功并不会只因为名字就来临。

【星星点灯】Winner 和 Loser

罗伯特是生活在纽约市布鲁克林贫民区一个穷困潦倒的黑人男子，常年没有正常工作，只能靠最低的社会救济维持他和妻子的生活。但他的第一个儿子出生时，罗伯特还是非常高兴，希望儿子将来可以比他更有出息，给儿子起了个特殊的名字——“Winner”（成功者）。过了两年，第二个儿子又出生了，但这时家庭境况更为窘困，罗伯特与妻子经常吵架，每天在外酗酒打架，屡屡犯案被拘留，对生活充满了绝望，对家里新添的这张吃饭的嘴毫无欢喜可言，反而有几分埋怨，所以给孩子起了个很怪的名字——“Loser”（失败者）。

几年后，罗伯特因为街头械斗而一命呜呼。两个孩子在人生磨难中慢慢长大了，哥哥 Winner 走的是与他父亲一模一样的人生道路，从小不喜欢学习，小学没读完就辍学在家，与一帮街头无赖混在一起，不断违法作案，连续 3 次被逮捕判刑，人生可以说是一场彻底的失败。而弟弟 Loser 从小勤奋好学，以优异的成绩高中毕业，后来参军，在部队得到勋章，转业之后又成为一名优秀的警员，进入警官学院深造，成为社区走出来的少数几位杰出人物之一。

新闻记者分别采访兄弟俩时，问了同样的一个问题：“你走上今天的人生道路，对你影响最大的是什么？”弟兄俩的回答竟是意外的一致，“有那样的父亲，我还能有别的道路可以选择吗？”

二、成功与性别没有联系

一个人能否获得成功，与他（她）的性别没有任何关系。性别源于父母，我们无法做出选择，尽管有个案由于心理等原因而选择变性，但从大众主流意识形态来看，大家均会接受自己的性别。

由于历史原因尤其是男权主义在历史长河中占据更长时间，我们可见范围内成功人士中男性占据着较大比例。但是，我们不难发现，在全球范围内包括中国，随着女性解放运动的不断推进和女性自我觉醒意识的不断强化，女性已经在政治、经济、文化、外交等很多领域展现出“半边天”甚至是超过半边天的力量。另外，在很多领域，如公关、文艺、策划、手工等，女性反而具有比男性更大的优势。

【星星点灯】非洲女性马塔伊——九棵树的梦想

马塔伊，一个出身贫寒的肯尼亚妇女。她在高中毕业后执意前往美国念书，先后获得生物学学士和匹兹堡大学硕士学位，1971 年获得肯尼亚内罗毕大学兽医学博士学位，成为东非第一个获得博士学位的女性，1976 年她被任命为内罗毕大学第一位女系主任。

20 世纪 70 年代中期的肯尼亚，森林资源的肆意砍伐与燃料和水资源的短缺、土地的侵蚀互为因果，加深了贫困的恶性循环。在整个非洲大陆，一半以上的森林由于开矿、伐木以及人们需要燃料等原因被摧毁。作为生物学家的马塔伊意识到，生态环境恶化给肯尼亚乃至整个非洲的可持续发展带来了严重的不利影响。1977 年，马塔伊在自己家后院栽下了 9 棵树，随后创立了绿色环保组织“绿带运动”(Green Belt Movement)，号召十余万非洲妇女陆续加入了这个组织，在肯尼亚乃至整个非洲共植树3 000万株。

肯尼亚在 1991 年才真正实行选举制，在一个妇女没有任何地位的传统社会，在一个强权与资本联合欺凌贫弱的制度下，号召和组织最底层的妇女起来植树，并不是一件简单的事情。这项环保运动实际上也是在不断争取广大非洲妇女的就业机会和社会地位、不断追求肯尼亚的政治民主的过程。在这个过程中，马塔伊曾一度入狱，遭遇死亡威胁，并数次成为暴力袭击的对象。但马塔伊认为：“我们不能撤退，我们不能放弃，我们必须坚持。”1991 年，马塔伊获得了著名的美国戈登曼环境奖。2002 年 12 月，在肯尼亚的首次自由选举中，以绿党成员身份参选的马塔伊以 98% 的得票率当选议员。2003 年任肯尼亚齐贝吉内阁的环境和自然资源部副部长，负责自然资源保护工作。2004 年，马塔伊获得诺贝尔和平奖。成为自 1901 年诺贝尔奖设立以来首位获此殊荣的非洲女性，也是继南非前总统曼德拉、联合国秘书长安南之后赢得这一荣誉的第 7 位非洲人。

三、成功与年龄无关

一个人能否获得成功，与他(她)现在的年龄没有关系。年龄代表了人在这个社会上经历的时间，一般来讲，年龄越大，生活阅历和人生经验越丰富。但是年龄并不能完全代表我们积累或者是获取的成功资源的多寡。如果一个人不学无术，不求上进，那年龄再大也终究一事无成；如果一个人孜孜不倦，潜心钻研，那其成功的速度会很快。因此，我们有儿童艺术家、少年发明家、青年音乐家，也有大器晚成、老而弥坚的老年企业家。

【星星点灯】66 岁重新上路

肯德基创始人——哈兰·山德士上校出生于1890年,年轻时做过各种各样的工作,包括铁匠、铁路消防员、养路工、司炉、厨子、保险推销员、轮胎销售员及加油站店主等,人生经历非常丰富,但都没有很大的成就。

山德士40岁在肯塔基州经营加油站时,为了增加营业收入,开始自己制作各式小吃提供给路过的旅客,其中最著名的就是他精心研制发明的炸鸡。他烹炸美食的名声吸引了过往的旅客,生意开始稳步上升。1935年,当时的肯塔基州州长 Ruby Laffon 授予他上校名衔,以表彰他对肯塔基州餐饮业的贡献。

20世纪50年代,山德士上校的事业遇到了危机:他的餐厅所在地被新建的高速公路穿过,他不得不将餐厅出售。当时上校已经66岁,但他自觉尚年轻,于是,这位退休老人用一辆老汽车载着他的11种香料配方和压力锅开始上路。他到印第安纳州、俄亥俄州及肯塔基州各地的餐厅,将炸鸡的配方及方法出售给感兴趣的餐厅。1952年,设立在盐湖城的首家被授权经营的肯德基餐厅建立。随后,在短短五年内,上校在美国和加拿大发展了400家连锁店,这便是世界上餐饮加盟特许经营的开始。如今,作为世界上最大的炸鸡快餐连锁企业,肯德基餐厅已遍及全球的各个角落;哈兰·山德士上校的那身白西装、满头白发和山羊胡子的经典形象也红遍全球。

在通往成功的道路上,并不是努力就一定能得到立竿见影的成功,成功之路也不会一帆风顺,很多人可能会遭遇挫折和失败。通常人们会认为,一个人年龄大了,到了中年甚至老年还没有取得成绩,这个人的成功也就没什么希望了。其实不然,即使年龄再大,只要敢于向自己挑战,不轻易服输,仍有成功的希望和可能。

【星星点灯】日本佛学大师松原泰道——我的人生从50岁开始

松原泰道是日本的佛学大师,1907年生于东京。他早年就读于日本早稻田大学文学部,曾在一个著名的佛寺修行,担任过教派学部长,东京龙源寺主持。松原泰道65岁那年,发表了《般若心经入门》,因说法精妙,一举成名。从此他一发而不可收,四方讲学,开专栏,年年推出新作,迄今著述超过130部,成为日本佛学界的一个奇迹。

问到松原泰道此生的成就与作为,他说:“我的人生是从50岁开始的。以我的经验来说,五六十岁是人生的折返点,由此人生可分为两段:50岁前,是打基础阶段,在这个阶段,我们往往为立足社会、养家糊口而疲于奔命,基本上是为别人活着;50岁以后,经济基础已经奠定,职责也已完成,这才到了实现自我、创造自我最有价值的阶段。”

正是在人生折返点后的第二阶段,松原泰道致力于推广佛教的生活哲学,把深奥的佛学经典、禅宗智慧写成易于被大众理解的著作,并身体力行,到城市、乡村、大学、中学各种论坛进行普及性演讲,受到广泛的支持和推崇。他切入世俗生活,把佛教的理念活学活用，创立了一套经世致用、充满智慧的人生观。1989 年，82 岁高龄的松原泰道获得第二十三届佛教传教文化奖。

四、成功与种族无关

一个人能否获得成功，与他(她)的种族没有关系。种族，又称作人种，是在体质形态上具有某些共同遗传特征的人群。由于社会发展原因，人类历史上曾出现过非常严重的种族歧视。直到今天，种族歧视还在一定程度上存在。但是随着整个人类社会的不断进步，在同等的机遇和社会条件下，各种族的人均有机会取得非凡的成就。如在美国社会曾被严重歧视的黑人，也涌现出总统奥巴马、著名主持人奥普拉、著名球星乔丹等成功人士。

【星星点灯】奥巴马——总统神话

贝拉克·奥巴马，1961 年 8 月 4 日生于美国夏威夷，父亲是肯尼亚到美国的留学生，母亲是美国当地白人；父母在他童年时离婚，他随母亲和继父在印度尼西亚生活过 4 年；他 10 岁时，母亲与继父离婚，他随母亲回到美国。

奥巴马 1983 年获得哥伦比亚大学文学学士学位；1985 年到芝加哥工作；1991 年获得哈佛大学法学博士学位，是第一个担任《哈佛法学评论》主编的非洲裔美国人。

1996 年，奥巴马投身政坛，当选为伊利诺伊州参议员，并在之后的 3 年中连任；2000 年，在竞选美国众议院议员席位失败后，奥巴马将主要精力投入到伊利诺伊州争取基层民众支持的社会工作中，2004 年在伊利诺伊州当选为国会参议员。2007 年 2 月，奥巴马正式宣布参加 2008 年美国总统大选。2008 年 8 月，奥巴马被正式提名为民主党总统候选人，成为美国历史上首位非洲裔总统大选候选人；11 月 5 日，奥巴马击败共和党候选人约翰·麦凯恩，正式当选为美国第四十四任总统，是美国历史上第一位具有黑人血统的总统。

作为一名国家领导人，奥巴马很年轻，从政时间也短，能够竞选总统本身就是一个很大的挑战，能够成功竞选，更可谓是一个神话。

2009 年 10 月 9 日，奥巴马因“为增强国际外交及各国人民间的合作做出非同寻常的努力”而被授予 2009 年度诺贝尔和平奖。

第三节 成功与出身、性格、地域关系不大

一个人能否取得成功，与他(她)的出身、性格、所在地域等因素也没有直接或太大的关系。

一、成功与出身没有必然的联系

当一个婴儿呱呱坠地时，其出身就已经注定，套用经济学的术语，出身就是其原始禀赋，个人没有选择权。

一个良好的家庭环境固然可以为其带来好的成长条件，预示着更好的物质消费和更好的教育基础，拥有良好的家庭环境的人更有资本去创业、去获取所需要的物质条件、社交网络和良好的教育机会。但是正如一枚硬币的两面，生活在优越家庭环境下的人从小便没有经历磨难的机会，没有经历更多挫折的机会，没有通过自身努力来改变家境甚至命运的强烈欲望。一个养尊处优的人，不懂得艰苦奋斗的重要性，不知道生活的艰辛，容易养成挥霍浪费的不良习惯，尤其是一旦遭遇挫折，遭遇变故，容易一蹶不振甚至酿成轻生惨剧。

中国有句俗话说，"富不过三代"，但"富不过三代"并非只是中国特色。世界各国都有类似的说法，可见这是个普遍的现象。葡萄牙有"富裕农民—贵族儿子—穷孙子"的说法；西班牙也有"酒店老板—儿子富裕—孙子讨饭"的说法；德国则用三个词"创造—继承—毁灭"来代表三代人的命运。在美国，家族企业在第二代能够存在的只有30%，到第三代还存在的只有12%，到第四代及四代以后依然存在的只剩下3%。

相反，穷苦人家的孩子在积极进取、顽强拼搏、勤俭持家等方面往往更占上风。一些出身贫苦的人，通过自己的努力，同样也可以获得成功，得到社会的认可。古今中外，出生在贫苦农村、普通家庭但凭借自身努力成功的例子不胜枚举：朱元璋、岳飞、齐白石、高尔基、卢梭、凡高、季羡林……

二、成功与性格没有很大的关系

性格是指表现在人对现实的态度和相应的行为方式中的比较稳定的、具有核心意义的个性心理特征。一个人的性格会受其价值观、人生观和世界观的影响，表现了人们对现实和周围世界的态度，通过人们的言谈举止得以体现。

人的性格可以依据不同的标准分为多个不同的种类，但并没有好坏之分。不同的性格类型有适宜的不同职业类型。比如说，现实型的人喜欢户外、机械以及体育类的活动或职业；探索型的人适宜科学研究类的活动或职业；艺术型的人适宜艺术创造或表演类的工作；社会型的人喜欢扮演帮助别人的角色，如教师、顾问等；管理型的人适合管理和领导类的工作；常规型的人适合做循规蹈矩的工作。美国职业专家霍兰德认为，每个人都是这六种类型的不同组合，只是占主导地位的类型不同。而每一种职业的工作环境也是由六种不同的工作条件所组成，其中有一种占主导地位。

一个人的职业是否成功、是否稳定、是否称心如意，在很大程度上取决于其个性类型和工作条件之间的适应情况。获得诺贝尔化学奖的华裔科学家钱永健在谈到自己的科研生活时，曾说过类似含义的话："你的科研应当理想地贴合你的个性，这样，当你遇到那些不可避免的失败时，才会有一些内在的快乐支持你。"所以，最重要的是，要明确自己的人生目标，找准自己的兴趣，发挥自己的特长，只要坚持下去，每个人都有机会成功。

有些读者可能会说，怎么能说性格与成功的关系不大呢？我们常常说，性格决定命运，性格改变人生。连戴尔·卡耐基都说过："一个人的成功85%归于性格，15%归于知识。"有的心理学家也说：心理变，态度亦变；态度变，行为亦变；行为变，习惯亦变；习惯变，人格亦变；人格变，命运亦变。诚然，这些话在一定程度上确实是没错。一个人的心态或者性格确实是有着不可忽视的作用。但从另一种意义上来说，性格与本性不同，本性作为一种与生俱来的思维方式，是不可改变的。而大部分学者认为，人的性格更多是由后天形成的。因此，如果一个人有着明确的目标，有着强烈的取得成功的欲望，他(她)本身就会在成长发展的过程中，不断磨砺自己的性格，完善充实自己的心灵，使得自己的性格可以帮助自己更好地达到目标。在这个意义上，我们认为，一个人能否取得成功，与他(她)的性格或者说最初的性格究竟怎样，关系并不是很大。

【星星点灯】海伦·凯勒——从暴戾女孩到天使

海伦·凯勒是19世纪美国盲聋女作家、教育家、慈善家、社会活动家。她的著作《假如给我三天光明》闻名世界，《我的人生故事》是海伦·凯勒的自传性作品，被誉为“世界文学史上无与伦比的杰作”。

海伦19个月大的时候，由于一场大病，使她失去了视力和听力，也无法学习说话。从此，她坠入了一个黑暗而沉寂的世界，陷进了痛苦的深渊。有一次，她推翻了比她小5岁的妹妹的摇篮，如果不是妈妈及时赶来，也许她的妹妹就摔死了。但是对于这一切，海伦却没有丝毫歉疚，她的心中没有爱，脾气变得越来越暴躁，性格乖戾。

海伦7岁的时候，家人请来了一位叫安妮·莎莉文的老师来辅导她。当莎莉文老师到达海伦家门口时，她看到的海伦像一只掉进水里的小猫：棕色的头发散乱着，上好的衣服弄得很脏。在海伦的记忆里，坐马车来的人，往往手提箱中都装有糖果和玩具等东西。于是，她毫不客气地把客人箱子里的东西都掏出来，莎莉文大吃一惊，赶紧收回手提箱，可是海伦很生气地向她冲去，要不是海伦父亲制止，两人就滚在地上了。第二天上午，两人在早餐时又因为海伦随便乱抓别人盘里的食物爆发了一场“战争”。但随后，莎莉文老师用自己心中无限的爱和耐心，一点点地将海伦桀骜不驯的性格软化了，她教会了海伦说话、读书，更重要的是让海伦懂得了什么是爱——对人们的爱、对生活的爱、对人生的爱。最终，海伦以优异的成绩毕业于哈佛大学德克利夫学院，成为一个学识渊博，掌握英、法、德、拉丁、希腊五种文字的著名作家。而且，她走遍美国和世界各地，为盲人学校募集资金，把自己的一生献给了盲人福利和教育事业，赢得了世界各国人民的敬佩和赞扬。

三、成功与地域的关系不大

从诸多的成功案例，我们同样可以看到，一个人所处的地域并不能决定他(她)成功与否。不同的地域确实会存在着不同的地域文化，形成一个人成长生活的大环境，影响其人生观、世界观、价值观。但这不足以成为影响一个人成功与否的决定性因素。不管是发达国家还是发展中国家，不管是亚洲、非洲、美洲、欧洲还是大洋洲，不管是南半球还是北半球，不管是南方还是北方，不管是沿海还是内陆，不管是农村还是城市，世界各地都会有举世闻名的成功人士。

【星星点灯】奥普拉·温弗瑞

奥普拉·温弗瑞，1954年出生在密西西比州的一个小镇，由于母亲是未婚先孕，生活异常困顿，几乎整日处于颠沛流离的状态。与别的黑人少年一样，年轻的奥普拉曾一度自甘堕落：吸毒，堕胎，甚至还生下一个不久就夭折的女婴。但奥普拉最终醒悟，告别放荡不羁，认真做人做事，最终凭借自己的“嘴上”功夫进入美国传媒界。“奥普拉脱口秀”逐渐成为她的个人品牌，成为美国媒体的主导力量之一。奥普拉1993年对迈克尔·杰克逊的专访，至今仍是电视史上收视率最高的专访。

奥普拉不仅仅是一位著名的电视节目主持人，她的成就是多方面的：她在1996年推出的一个电视读书会节目在美国掀起了一股读书热潮；她创办了天使网络(The Angel Network)，每年募集数百万美元善款；她出版了自己的杂志《O，奥普拉》和《O居家》，并与他人一起成立了女人有线电视网“氧气”；她是哈普娱乐集团的董事长，2009年，她的财富超过25亿美元；她甚至还涉足演艺事业，并获得过奥斯卡最佳女配角的提名。作为一名成功的黑人女性，奥普拉已经成为当今世界上最具影响力的妇女之一，美国伊利诺伊大学甚至开设了一门课程专门研究奥普拉。

第四节　成功是自己的选择

不管是横向意义的成功，还是纵向意义的成功，任何成功都不是轻易得来的，更不是上天赐予的。任何人想要取得成功，都得付出努力。只有你首先选择了成功，成功才有可能选择你。成功是自己的选择。

一、要确立明确的人生方向和目标

“有志者事竟成”——立志是成功的首要因素。这个“志”，就是人生的方向和目标，这是成功的航标灯，没有人生方向和目标的人，是不大可能成功的。目标是走向成功的动力，是指引行为的导航仪。一个积极合理的目标，有助于激发人的巨大潜能，鞭策人一步一步走向成功。

事实上，几乎所有的人都会有自己的理想和目标，这个目标可能是长远的，也可能是短期的。比如说，一个农民的短期目标可能就是当年的收成好；一个基层员工的短期目标可能是做一个部门经理；一个运动员的短期目标可能是在某一次比赛中拿奖……综览中外古今的成功人士，他们大多有着不同凡响的人生理想和目标，并为之努力奋斗。但并不是立了志，有了方向和目标就一定可以成功。选择的方向正确、目标合理，才具备成功的可能性。比如，一个普普通通的老农，如果把成为一个优秀的将军作为自己的追求目标，那多半是行不通的，而成为一个种植大户倒完全有可能。

【举一反三】台湾第一、亚洲第一、世界第一

郭台铭是台湾地区著名的企业家，台湾第一大企业鸿海集团的创办人。1974年郭台铭成立鸿海塑料企业有限公司，生产黑白电视机的旋钮。当时的鸿海是个资产只有30万元新台币的小公司，仅有15名员工。但郭台铭的奋斗目标十分明确，就是要使鸿海塑料成为台湾地区第一、亚洲第一、世界第一。为了实现这一宏大目标，郭台铭向企业员工提出了"四个如果、一个梦想"，创造了自己的经营哲学。创办公司之初，郭台铭在台湾地区名不见经传，其企业规模在行业内不足挂齿。而如今，郭台铭是叱咤风云的台湾地区首富，麾下企业遍及欧美，员工达到数十万。

对于多数人来讲，可能不会一下子就有一个宏大的目标，而且过高过远的目标，可能使人不好确定当下的努力方向和着力点。这样，倒不如设定几个分期的阶段性目标，然后逐一实现。当每一个目标达到时都会有一份成功的喜悦，使自己的自信心不断强化，工作经验进一步提升工作效率，有助于自己早日达到最高目标。

【星星点灯】昆西·琼斯——我的梦想永远在路上

1933年，他出生在美国芝加哥的黑人贫民窟。第二次世界大战初期，芝加哥经济萧条，黑帮林立，到处充满着硝烟，街上每天都有斗殴和抢劫事件发生。他厌恶这一切，经常会对着天空中往返穿梭的飞机发呆。他问父亲："我为什么不能飞？"父亲说："你没有翅膀。"他很沮丧，父亲又说："孩子，只要有梦想，你也能飞。"

一切的改变缘于一架钢琴。一天，他和小伙伴闯进了一家军械库玩。鬼使神差般，他走进一间小屋，黑暗中一架立式钢琴将他的视线牵引了过去。他走过去，缓缓坐下，手指轻轻触摸那些琴键。那一刻，他热血沸腾，"我似乎感觉到我的心开始寻找到了我的一生的方向，那就是音乐"。那年，他10岁，他的梦想是成为歌手。

第二次世界大战结束后，他随父亲搬到西雅图市，开始了自己的音乐之旅。由于小号吹得非常出色，他逐步赢得了和爵士乐高手同台演出的机会，继而又实现了另一个突破——全美巡演。那年，他20岁，他的愿望是唱响整个美国。

当美国满足不了他的雄心壮志时，他继续"迁徙"，来到了世界艺术之都——巴黎。除了演出之外，他把主要精力放在学习上，作曲、配乐样样都令他兴趣盎然。那年，他30岁，他的梦想是成为全能的音乐家。

再次回到美国，他开始进军好莱坞，并且迅速成长为好莱坞大腕们争抢的配乐大师，先后八次获得奥斯卡最佳配乐奖提名。40岁那年，他的梦想是成为全球最炙手可热的音乐大师。

或许是过多地透支了健康，41岁那年，他得了动脉瘤。医生建议他做开颅手术，手术成功率很低，但要活下来，就必须冒险去做。所幸，他挺过了这一关；不幸的是，由于手术后颅骨镶嵌了钢夹，他再也不能登台演奏了。人们都以为，他会一蹶不振，但他没有，反而满怀激情地投入到了一项新的工作中。他为一名黑人男孩制作专辑，结果唱片畅销全球，成为历史上销量最大的唱片。那个男孩就是后来的天王巨星迈克尔·杰克逊。他邀请斯皮尔伯格执导电影《紫色》，大胆起用了一位毫不知名的黑人女演员。这个女孩叫奥普拉·温弗瑞，后来成为全球最具影响力的主持人。50岁那年，他的梦想是帮助别人实现梦想。

此后，他在演艺圈的影响力无人能比。他曾汇聚全球百名当红歌星，演绎歌曲《We Are the World》。这首歌被称为20世纪最有意义的歌曲，共筹得5亿美元善款，全部用于非洲赈灾基金。从这首歌开始，他坚持身体力行，把大部分时间放在慈善事业上。60岁时，他的梦想是慈善。

2008年，他与季羡林、何振梁、李安等各界人士被聘为北京奥运会开幕式艺术顾问，先后多次来到北京，忙碌了好一阵子。奥运会结束后，记者问他，北京奥运会哪一点令你印象最为深刻？他脱口而出：同一个世界，同一个梦想。这也代表了他现在的梦想。此时，他已年过70。

他叫昆西·琼斯，被誉为西方现代音乐的教父。有人问他，你早已功成名就，为何从不停下脚步？他说，因为我的梦想永远在路上。

（摘选自：朱晖，《梦想永远在路上》，《读者》，2009年第5期。）

二、要敢于坚持自己的理想

有志者事竟成，志不坚者事不达。仅仅有了奋斗目标是远远不够的，还需要坚持不懈地向目标奋斗，才有可能获得成功。如果不能坚持自己的目标，一遇到挫折就轻言放弃，那么目标永远也达不到，肯定是不可能成功的。特别是当自己的目标和理想不被别人理解时，更要坚持自己的理想。只有坚持不放弃，才有可能到达终点。

【举一反三】你能坚持多久?!

在伦敦的一家科学档案馆里，陈列着英国物理学家法拉第的一本日记。日记第一页上写着：对！必须转磁为电。以后的每一天，日记里除了日期，都写着同一个字：No。从1822年直到1831年，每篇日记都是这样。但在日记的最后一页，却写了另一个字：Yes。这是什么意思呢？原来，1820年丹麦物理学家奥斯特发现金属通电后可以使附近的磁针转动。这一现象引起了法拉第的深思：既然电流能产生磁，那么磁能否产生电呢？他决心研究这一课题，并且用实验来验证。他开始实验、失败、再实验……9年的时间过去了，法拉第终获成功。他在历史上第一次用实验证实了磁也可以产生电，这就是著名的电磁感应原理。正是这一原理，日后促成了发电机的诞生。

【星星点灯】乔安娜·凯瑟琳·罗琳——终会等到“哈利·波特”

乔安娜·凯瑟琳·罗琳，英国女作家，创作了风靡全球的“哈利·波特”系列丛书，曾名列“英国在职妇女收入榜”之首，被《福布斯》杂志列入“100名全球最有权力名人”的第25位。

罗琳从小就想象力丰富，热爱童话故事。直到大学期间，她的脑海中经常会出现童话中的场景，构思童话故事。罗琳一直没有放弃自己的童话梦想，即使在她最困难的日子里。那段时间,她先后经历过个人感情生活失败和失业,她一个人带着年幼的女儿靠政府的救济金艰苦生活,穷困潦倒的日子使得她极度沮丧,甚至一度想到自杀。但最终,罗琳挺了过来,而且没有放弃自己的梦想。正是在那段时间,她写出了第一部长篇童话《哈利·波特》,在找了多家出版社之后,终于在一家小出版社出版了。没有想到的是,这部作品一上市就畅销全国,并在全球引起轰动。如今,“哈利·波特”系列丛书已被翻译成62种文本,在全球销售超过4亿册。

当遭遇挫折的时候,乔安娜·凯瑟琳·罗琳坚持了自己的梦想,即使在遭受人生的重大挫折时也没有放弃。正是因为这份坚持,她才有了今天的成就。

三、专注于自己的目标

一个人的时间和精力毕竟是有限的,要做成一件事情,肯定需要集中精力,需要对自己目标的专注。俗话说的“只要功夫深,铁杵磨成针”,实际上就是这个道理。反之,如果没有明确的目标或者在不同目标之间摇摆不定,今天想做这个,明天又想做那个,最终肯定哪一个也做不成。“少则得,多则惑”正是此理。做事情样样懂一些,远不如一事精通来得重要。

【举一反三】王永庆只赚自己“懂”的钱

被誉为“台湾经营之神”的王永庆,是台湾最富传奇色彩的创业家和企业家。他创立的台塑集团,多年来一直是台湾最赚钱的企业集团,但他们只赚自己“懂”的钱。王永庆曾因人情因素投资做芯片的台积电,那是台积电刚成立之时。后来一有机会,他马上把股份卖掉了。再后来台积电上市后股价大涨,有人问王永庆是否觉得可惜,他很果断地说“不”,因为他不懂这个行业,这不是他该赚的钱。台塑集团先前也曾投资过台湾的移动通信行业,后来也是因为“不懂”而退出。几十年专注于石化行业,王永庆对整个行业非常熟悉。台湾油品市场开放、民营业者加入之后,以炼油为主要业务的台塑石化很快成为领头企业,获利并不比台积电少。

1991年7月的一个周末,巴菲特第一次与比尔·盖茨见面。吃晚饭的时候,盖茨的父亲问了大家一个问题:人一生中最重要的是什么?结果,盖茨和巴菲特给出了同一个答案,那就是专注。

【星星点灯】从院长到副院长

钱学森是享誉海内外的杰出科学家和中国航天事业的奠基人,中国两弹一星功勋奖章获得者之一。20世纪50年代中期,自回国以后,钱学森先担任国防部五院院长,后来却改任副院长。这很不合常规,如果没有犯错误,为什么会降级?原来,钱学森出任院长时,只有45岁,年富力强,正是干事业的好时光。但是院长作为一把手,什么事情都得管,包括干部职工家属柴米油盐、生老病死,钱学森不想把精力耗费在这些琐事上，他主动打报告，辞去院长职务，降为副院长。这样一来，他就可以集中精力专心抓业务了。

四、勤奋是成功必不可少的要素

成功来自于勤奋。只有理想和目标，所谓的坚持和专注如果不付诸行动，永远不可能成功。只有踏踏实实、勤勤恳恳地向着自己的目标奋斗，才能取得最后的成功。

【举一反三】大明星的小角色

姜文，一名“影帝”级演员、导演，曾主演过多部电影、电视剧。在向新中国成立60周年献礼片《建国大业》中，姜文友情出演了军统头子毛人凤，这其实是一个跑龙套的角色，只有三场戏。但就是为了这三场戏，姜文主动做起了功课，全面研究剧中的人物，有关毛人凤的书籍、图片以及影像资料，他都一一查看，最终收集了半尺多厚的资料。他连毛人凤的军礼带有日式风格，在敬礼时习惯先撅一下屁股这个细节都注意到了。他还自己做好了一套标准的国民党军装和其他道具行头，其中一个是一副蛤蟆镜。这好像不合常识，其实这也是做过功课的，20世纪40年代流行的确实是这种眼镜。正式开拍的时候，姜文一进片场就一副飞扬跋扈的模样，与他扮演的人物形象相当吻合。总导演韩三平评价说：“姜文戏不多，但真的精彩。姜文不愧为大明星，而明星之所以能成为明星，正是因为他们在某些方面比别人做得更勤奋、更出色。”

即使一个很有天赋的人，仍然需要勤奋，才能获得成功。钱学森在美国的一位学生回忆说，钱学森教学很认真，全心全意放在课程上。他希望学生也付出相同的热忱学习，如果学生表现不如预期，他就会大发雷霆。有一次，他要求这个学生做有关扇叶涡轮引擎的一些计算，学生计算到中午，没有算完就去吃饭了，回来的时候，钱学森发脾气了：“你这是什么样的科学家，算到一半竟敢跑去吃中饭!”

五、为什么选择成功

(一)选择成功的理由

一个真正成功的人士一定以品德为根基，坚守做人、做事的基本原则和理念，才能为追求成功铺垫厚实的思想基础。每个人选择成功的理由不一定相同，可能有以下一些考虑：

(1)改变家庭的命运。有的人出身非常贫穷，可能是在偏僻落后的小山村，为了改变自己和家庭甚至家族的命运，勤奋学习，拼命工作，刻苦训练，希望以自己的优异成绩来改变家庭原有的状况。我们可以从一些运动员获得世界冠军后的感言中理解他们这样一种强烈的愿望：“我希望用这笔奥运冠军奖金，给我的父母在城里买一套房子，让他们过上舒舒服服的城市生活。”

(2)为了自己和父母的荣誉。成功者会得到社会的赞誉，鲜花和掌声对于自己和父母都是巨大的心理满足。古人讲:“扬名声,显父母。”这也是许多人选择艰难的成功之路的原因。

(3)迎接命运挑战,实现自我价值和自身潜力。美国著名自行车运动员阿姆斯特朗,23岁就获得环法自行车赛冠军,连续几年称雄世界自行车赛场,但不幸后来检查发现睾丸癌,已经扩散到肺部和脑部。消息传出,世界自行车界和阿姆斯特朗的粉丝都十分感伤,心想阿姆斯特朗再也无法继续运动生涯,而且性命难保。绝大多数人都想象不到,阿姆斯特朗以顽强的意志和癌症做斗争,战胜了致命的病菌,完全恢复了身体健康。3年之后阿姆斯特朗重新回到环法自行车赛场,又一次赢得冠军。

(4)基于一种责任感或使命感而选择成功。一些有爱国心或者民族感情强烈的青年人,往往会有一种强烈的使命感推动他们顽强拼搏,走上一条艰难的成功之路。这样一种选择,不是出于家庭或个人生活改善的想法,而更多的是要改变国家和民族的命运,使国家民族能够自立于世界民族之林。

【举一反三】德胜才的经营大师——稻盛和夫

在现代日本经济的发展过程中曾经出现过“经营四圣”:松下公司的松下幸之助、索尼公司的盛田昭夫、本田公司的本田宗一郎以及京瓷集团的稻盛和夫,这四人当中唯一仍健在的是稻盛和夫。技术员出身的他完整地经历了日本经济从战后恢复,到创造奇迹,直至泡沫破裂的完整过程。而他刻苦勤奋的精神以及深植于佛教的商业道德的准则也使他成为日本本土企业家的代表人物。

稻盛和夫1932年出生于日本鹿儿岛,鹿儿岛大学工学部毕业。技术员出身的他,最终成就了两家名列全球500强的大企业。27岁创办京都陶瓷株式会社(现名京瓷 Kyocera),52岁创办第二电电(现名 KDDI,日本第二大通讯公司)。在日本经济界,稻盛和夫是一位白手起家创业成功的传奇人物,也是日本战后经济奇迹的缔造者和重要见证者之一。

事业成功之余,稻盛和夫创设“京都赏”,每年表扬对人类社会发展具有卓越贡献的人士。此外,他出任以年轻经营者为招收对象的“盛和塾”校长,对培育新一代经营者不遗余力,其经营哲学被日本企业界奉为圭臬。

稻盛和夫说过:如果要寻求我成功的理由,也许就是这一点——也许我的才能不足,但是,我有一条单纯而坚强的追求人间正道的指针。

1997年,65岁的稻盛和夫剃度出家,许多人困惑不解。稻盛和夫说:我剃度出家,皈依佛门。日本国内外有很多人说佛教和企业经营盈利是不是有矛盾呢?其实这是一个很大的误解。佛教中有这样一句话“自利利他”,佛教认为要想自己获利必须造福他人,教导人们不要只考虑自己的利益,也要让他人得益。我在企业经营当中也经常要求员工帮助他人。日本有句话叫做“人情并不是为别人”,意思是说善待别人就肯定有回报。中国也有类似的话“积善之家有余庆”,做善事的人家子子孙孙都会得到幸福。就这点来说,我认为说佛教不适应企业经营盈利的说法是错误的,以佛教思想为基础从事企业经营远远比一般的企业经营高尚得多。

稻盛和夫的商业思想深植于佛教的道德准则，就是稻盛和夫所谓的“利他主义”和“追求人生的善与不朽”。京瓷公司的座右铭——“敬天爱人”来源于19世纪日本明治维新领袖人物西乡隆盛，也是稻盛和夫的鹿儿岛同乡。

稻盛和夫痛惜战后日本以选择聪明才辩型的人做领导为潮流，忽略了道德规范和伦理标准，导致近年来政界、商界丑闻频发。他建议领导者的选拔标准是德要高于才，也就是“居人上者，人格第一，勇气第二，能力第三。”

（二）不选择成功的理由

当然也有许多人，出于各种主客观原因不选择成功：

(1)个人生活舒适安逸。对于追求生活安逸的人来讲，成功不是他的人生选项，因为成功意味着要付出太多的脑力和体力，承受太大的工作压力，这样一种生活方式与安逸相距甚远，不符合他(她)的人生价值观。

(2)缺乏承受压力的脑力和体力。有的人天生体质很弱，不能胜任繁重的工作；有的人不能用脑，思考问题一多，就有神经衰弱、难以入眠等种种症状。这样的人受生理条件的限制，往往不选择成功之路。当然，一些身体严重残疾的人因为意志品质特别坚强，选择并走通成功之路的例子，在中国和外国都有，比如富兰克林·罗斯福、海伦·凯勒、张海迪等。

(3)为了照顾家人，放弃了自己成功的机会。这方面的例子从女性角度来看比较多，有的女性非常聪明能干，选择成功是完全具备条件的，但为了自己丈夫或儿子，主动选择放弃自己的事业，从中年开始就回归家庭，相夫教子，默默地做无名英雄。

社会上多数人都或多或少抱有对成功者的羡慕，即使声称自己不求成功的人内心也往往怀有对成功的向往，只不过他不愿付出获得成功所需的巨大努力，或者希望找到一条独特的轻松的成功道路。实际上，每个人只要还活着，都在通过自己的行动来达到自己的目标，而且人们的目标也在不断实现，只不过目标有大有小。每个人的努力程度不同，实现的目标高低不同，只有在某一方面最大限度充分展示出个人才能，实现了较高的目标，创造出较高社会价值，才会被社会视为成功者。

无论是否选择成功之路、是否能够成为成功者，每个正常人都应当自强自立，都应当有一份社会责任感，要积极创造社会价值，做一个对家庭、社会和人民有益的人，而不应成为家庭、社会的寄生虫，或社会的包袱。

作为经济发展水平相对落后的发展中国家，当今中国需要更多的人、特别是青年人选择成功之路去攀登，因为人类社会需要不断开拓创新，成功者可以帮助创造更多的精神和物质财富，进一步提高人民生活水平，促进社会与自然和谐发展。

第五节　社会呼唤并感谢成功者

一、社会呼唤成功者

真正的成功者为国家、民族甚至整个人类做出贡献，并且对当代社会甚至历史有着不可估量的积极影响力。

首先，成功者一般都会在本行业、本领域取得突出的业绩，推动所在行业领域的进步发展，使其所在领域繁荣创新。社会的发展和历史的进步需要这样的成就，需要这样的成功者。

其次，很多成功者在取得成就后，会心怀感恩，向身边需要帮助的人伸出援手，通过慈善活动和公益事业等形式，积极地回报社会。这样的行为会让社会充满爱，有利于良好社会风气和道德风范的形成和树立，有利于社会的和谐发展。社会需要这样的成功者。

最后，成功者凭着自己的杰出贡献和良好品质，会赢得人们的尊敬和信任。他们的行为会对社会产生示范效应。这个示范效应主要有两个方面：一个方面是激励人们努力工作，勇于创新，坚持不懈，在工作或技术上取得进步；另一个方面是社会公益事业，影响号召更多的人满怀大爱，帮助贫困病弱群体、帮助灾民克服生活中的困境。那些有强大影响力的成功者能充分运用自己的号召力和感召力，主动影响和带动更多的人努力工作，多做一些帮助别人、有益社会的事情。社会需要这样的成功者。

现在，各种平民化的节目越来越多，很多原本平凡的普通人可以通过展示自己成为“名人”。“超女”、“快男”就是一个很好的例子。两位五十多岁的农民竟然可以登上春晚舞台，与著名歌唱家一起高歌。当然，我们说成名不一定就是成功。但不可否认的是，这些平民、“草根”的成功对于普通大众来讲，确实具有更大的激励作用。人们会觉得成功并不是遥不可及的事情，只要努力，我也可以和他（她）一样成功。而如果越来越多的人抱有积极向上的人生观，向着自己的目标奋斗，社会的持续进步和发展也是自然的。

很多家长反对或者不理解孩子追星，其实，如果孩子追的“星”是个有社会责任感、有良好品德的人，孩子能从他身上学到一些好的东西，追星未尝不是件好事情。当然，追星不能过度，缺乏理智的追星行为是不可取的，有的无德品劣的所谓“明星”更不值得学习仿效。

正是有了成功者，人们看到更多的希望，有了更大的前进动力。社会的发展需要成功者，历史的进步更离不开各个领域的成功者。

【举一反三】有志不在年高

肯尼迪的年龄和孩子般长相是他竞选总统的一个不利条件，也被竞争对手刻意攻击。但肯尼迪总能轻松化解，他说：“萨姆认为我太年轻，对于一位78岁的人来说，他眼中的大多数人都是年轻的。”在回应尼克松关于我们需要一个极其成熟的人的言论时，肯尼迪说：“如果年龄被认为是一个标准的话，美国将放弃对44岁以下所有人的信任。这种排斥可能阻止杰克逊起草《独立宣言》，华盛顿指挥独立战争，麦迪逊起草宪法，哥伦布去发现新大陆……”

二、中国需要更多的成功者

作为一个人口众多、收入水平较低的发展中国家，中国需要更多的人选择攀登成功山峰，改变自己和家庭的贫困处境，为社会大众提供更多的就业机会，为国家创造更多的财富。

【星星点灯】企业是父老乡亲的

云南澜沧江啤酒企业集团董事长刘光汉，以3 000元起家创办企业，经过20多年的打拼，成为云南最大的啤酒、白酒、原生茶生产企业，至2005年底，集团公司总资产超过12亿元，提供就业岗位5 200多个，每年向国家上缴税金3 000多万元。

刘光汉不仅事业有成，更始终牢记自己是农民的儿子，不仅孝敬父母，而且把父老乡亲当作父母一样来侍奉。刘光汉对年轻员工说：你们中有的人能给情人买几百元的化妆品，可否想着给父母亲买百十元的营养品，今后，在公司里，谁不孝敬父母，就不算合格的员工。

刘光汉说，钱是身外物，有钱就要多为群众办好事。从农民家庭走出来的刘光汉也曾饱尝艰辛，他对农村总有一份割舍不断的感情，多年来为家乡建设默默贡献，仅2005年，他就为全县捐资365.4万元。

有人议论，刘光汉的个人财富已是一辈子享用不尽，他废寝忘食干图什么？刘光汉的回答是质朴的：我的父老乡亲还不富裕，云县整体的脱贫致富路途还很遥远，“澜沧江”品牌成为“云南的、中国的、世界的”目标还没有实现，我能歇得下来吗？他说：生我养我育我的是云县，我的集团再大，都是云县40万父老乡亲的。

有一颗善良感恩的心，是成功者的重要共同点，他们有着回馈社会的强烈信念和意愿，并在人生奋斗旅途中坚持着自己的善行善举。因此，社会大众也有机会分享成功者创造的成果，缩小社会贫富差距，减轻病残者的痛苦和不幸。

【举一反三】万升百乐之家

2009年10月26日，长春市宽城区金钱堡社区小礼堂内，来自万升百乐之家的孤寡老人和残疾人真情演唱了一首《我们的生活充满阳光》。在长春市宽城区小白桥北侧，有一幢新建的白色两层建筑，这是一个特殊的大家庭，安居着14位无人赡养的老人和5位残疾人，人们给这里起了个好听的名字——万升百乐之家。万升百乐之家是由李万升与金钱堡社区联合设立的养老机构，免费收养孤寡、残疾老人，占地6 000平方米，有28张床位，配备了活动室、健身房和菜地，有5位专职工作人员照料老人们。

李万升的老家在河南濮阳清丰县雨淋头村。6岁那年，李万升的父亲去世，母亲拉扯着8个孩子，靠卖豆芽、花生勉强度日。1986年，李万升入伍，3年后退伍回到家中，看着母亲每天操劳，想到外边闯闯，干出一番事业来！李万升独自来到长春打工，靠蹬三轮车挣来的钱，创办长春鼎庆经贸有限责任公司，经过艰苦奋斗，目前已成为吉林省最大的液化气仓储及销售公司，年销售收入3亿元。

“为社会尽一点微薄之力，对我来说仅仅是个开始，我还要继续努力，尽自己所能回报社会，献出自己的全部爱心。”李万升说，2009年除投资30万元建设万升百乐之家外，他还为青年路街道136名困难家庭的学生捐资助学，并筹资54万元为全市1.8万户低保、贫困家庭免费检测液化气钢瓶。

2008年5月12日，汶川地震发生后，李万升组织了一支“农民工志愿队”前往灾区支援。李万升带领12名志愿者到达成都后，与当地部门取得联系，当晚他们被分配搬运物资，12个人一共搬了7万多箱矿泉水，平均一人搬运6 000箱。他们干了整整一晚后，又去申请更艰苦的任务……他们是吉林省唯一一支前往都江堰的“农民工志愿者”。李万升，这个濮阳籍农民工树立了一个河南人的光辉形象。

三、社会应该感谢成功者

成功者是社会发展和历史进步不可或缺的，社会呼唤成功者。然而，对于成功者来说，如果单纯从个人得失角度来看，获得成功、特别是巨大成功，可能不是一件“合算”的事，与付出的巨大心血努力及创造的社会价值相比，成功者自己能够享用的物质成果只是一小部分，可以说是“得不偿失”。成功者创造的精神或物质财富，绝大部分献给了社会，为市民、国民以至全世界人民所拥有和享用。

因此，对于那些已经做出贡献的成功者和正在做出贡献的奔向成功者，每个人都应该心怀感激，应该对他们表示敬意和感谢。正是因为有了他们，社会才得以发展，历史才得以进步。

社会对于成功者的认可和感谢，除了人们良好的口碑和媒体的赞誉之外，最直接的表现就是各种荣誉或奖项的设立与颁发。不管是国内还是国际上，各行各业都设有一些奖项，用来表彰或奖励为社会做出杰出贡献的人。这是一个良性的循环，来自社会的认可和感谢可以进一步激励成功者为社会做出更多的贡献。

【举一反三】小学四年级学历的作家

1977年初，只有小学四年级学历的工人郑渊洁开始尝试写作，当时他21岁。工友们视他为异类，对他冷嘲热讽。他将李白的诗写在车间墙上：大贤虎变愚不测，当年颇似寻常人。工友们要他解释什么意思，郑说李白没出名时和平常人一样，愚人看不出来。结果工友们都拿着本子让他签名，他签完后，工友们哈哈大笑将本子扔进便池冲掉嘲笑他不自量。然而，郑渊洁坚持写作，并在1985年创办了一人写作的月刊

《童话大王》,而且,一直写了25年,直到现在。他笔下塑造的皮皮鲁、鲁西西、罗克、舒克和贝塔等卡通形象影响了一代人。《童话大王》创刊25年总印数超过亿册,作品字数达2 000万字。2006年开始,郑渊洁推出了《皮皮鲁总动员》系列丛书,被国家新闻出版总署列为全国少年儿童推荐书目,至今已售出1 700万本。

获得成功的郑渊洁积极投身公益和慈善事业,回报社会。郑渊洁先后为他人创造超过200个就业机会。郑渊洁特别关注中国少年儿童的身心健康发展。2007年,郑渊洁和儿子郑亚旗开始实施"皮皮鲁中文总动员计划",由郑渊洁在北京皮皮鲁讲堂及全国各地学校(包括农村贫困地区学校)现身说法,教授少年儿童用中文写一手好文章。弘扬母语文化,捍卫中文尊严。2008年汶川地震后,郑渊洁向灾区捐款38万元;2010年4月,他又向青海玉树地震灾区捐款100万元,用于灾后重建小学新校园。

郑渊洁被人们和社会所认可。1994年郑渊洁被评为首届北京十大杰出青年。2008年7月,中国青少年发展基金会希望工程向郑渊洁颁发"特别贡献奖";10月,郑渊洁获得联合国世界知识产权组织颁发的"国际版权创意金奖",成为中国作家获此殊荣第一人;12月,国家主席胡锦涛向郑渊洁颁发"中华慈善楷模奖";2009年12月,中国红十字基金会向郑渊洁颁发"爱心贡献奖";2010年4月,郑渊洁获选"2010年中国最值得信任的二十人"之一。

人物案例

一、邓丽君

(一)邓丽君生平简介

邓丽君,1953年1月29日出生于台湾云林县褒忠乡田洋村,祖籍河北邯郸大名县邓台村。邓丽君形象高贵、亲切、成熟,是20世纪后半叶最负盛名的华语女歌手之一。

邓丽君从小就表现出音乐天赋,小学就开始随乐队四处慰问演出。1963年8月,邓丽君参加中华电台黄梅调歌曲比赛,参赛者中年龄最小的她以一首《访英台》获得冠军。1966年,邓丽君参加了正声公司的歌唱训练班,并以优异成绩毕业;她参加金马奖唱片公司歌唱比赛,以《采红菱》夺得冠军。1967年,邓丽君从金陵女中休学,加盟宇宙唱片公司开始灌录唱片,9月推出她的第一张唱片《邓丽君之歌第一集——凤阳花鼓》,正式以歌唱为职业。此后,她不断参加各种演出,1971年开始在东南亚进行为期一年的巡回演出。邓丽君除了唱歌之外,也涉足其他领域,出演电影、电视剧,参加舞台剧演出,并主持节目。

1974年3月,邓丽君正式赴日发展,获得1974年"最佳新人歌星赏"、"新宿音乐祭铜赏"和"银座音乐祭热演赏",专辑总销量达75万张。自此,拉开了邓丽君风靡日本乃至整个亚洲的序幕。

1980 年，邓丽君在美国纽约林肯中心、洛杉矶音乐中心登台演出，她是首位登上这两个舞台的华人女歌手。邓丽君的歌声飘遍全世界，凡是有华人的地方都有她的歌迷。她于 1984 年初在日本复出，并自当年开始连续三年蝉联日本有线大赏以及全日本有线放送大赏，创下双奖三连冠纪录；她先后于 1985 年、1986 年、1991 年三次参加日本红白歌会。1986 年，她获选美国《时代》杂志世界七大女歌星、世界十大最受欢迎女歌星，是唯一同时获此两项殊荣的亚洲歌手。1990 年开始，邓丽君开始减少商业演出，只参加公益慈善义演。

1995 年 5 月 8 日，邓丽君因哮喘病发作，突然病逝于泰国清迈。噩耗传来，万众痛惜。

邓丽君的巨大影响继续存在，人们多次通过举行纪念音乐剧、制作特别节目等形式怀念邓丽君。2009 年，在新中国成立 60 年最有影响力文化人物网络评选中，已逝世 14 年的邓丽君仍以 850 多万票的绝对优势占据榜首。2010 年，为纪念邓丽君辞世 15 周年，邓丽君文教基金会联合亚洲 20 多家电台，进行邓丽君最爱歌曲网络票选，超过2 000万人参加投票。

在邓丽君三十多年的歌唱生涯中，共演唱3 000多首歌曲，留下了许多脍炙人口的作品，她的唱片销量超过4 800万张。

（二）邓丽君的品德特点

邓丽君之所以受到人们的喜欢，有如此大的影响力，不仅是因为她歌唱得好，还因为她身上有许多闪光的品质，在娱乐圈能保持这些品质并不是简单的事情。

1. 谦虚好学，勤奋努力

邓丽君从中学就开始演出，一方面是因为对音乐的兴趣，另一方面也与当时的家庭需要减轻负担有关系。邓丽君能够在华语乐坛占据如此重要的地位，在全球有如此大的影响力，与她的勤奋好学是分不开的。她对待任何演出都特别认真，总是希望呈现出最完美的状态，每次演出包括义演都非常用情，全心投入。

邓丽君取得辉煌成绩之后，还一直坚持学习，不断提高自己，转变唱腔。每天早上坚持吊嗓子 30 分钟。她曾因自己音域不够广阔而努力练唱，有时候甚至练到嗓子出血。

邓丽君通过自学，精通普通话、粤语、闽南语、山东话等多地方言，并通晓日语、英语、法语、马来语等多国语言。这不是仅有语言天赋就可以做到的，更需要勤奋学习和刻苦练习。

2. 待人真诚宽容，做人单纯

尽管邓丽君在音乐上取得了巨大成就，但她始终追求平凡单纯的做人原则。在辉煌成就面前，邓丽君依然恬淡做人，不为盛名所累，待人处事非常客气礼貌，从来不认为自己有什么特殊，从不与人争高下，不与人抢风头，没有大牌明星的傲气和霸气，也没有歌后的得意忘形。她参加文艺晚会从不讲排场，对排序也无所谓，不一定非要唱压轴戏。她洁身自好，在复杂的娱乐圈里没有养成任何坏习惯，对绯闻谣言总是一笑了之，从不登报澄清。

3. 心地善良，热心公益

从1969年应新加坡总统夫人邀请，首度出国做慈善义演开始，邓丽君一直怀着一颗善良慈悲的心，不断为孤儿、残疾者、灾民等举办慈善义演，拿出大笔钱财捐助福利机构，关怀弱小群体。对于公益演出，邓丽君从不拒绝，总是积极参加。几乎每年，邓丽君都会参加或举办各种形式的、在各地举行的慈善义演活动和慰问演出，一直到她逝世。

二、海伦·凯勒

海伦·凯勒（Helen Keller），19～20世纪美国盲聋女作家、教育家、慈善家、社会活动家。她以自强不息的顽强毅力，在安妮·莎莉文老师的帮助下，掌握了英、法、德、拉丁、希腊五国语言，完成了14部著作，主要著作有《假如给我三天光明》、《我的生活》、《我的老师》等。她致力于为残疾人造福，建立慈善机构，被美国《时代周刊》评选为二十世纪美国十大英雄偶像之一，荣获美国总统自由勋章等奖项。马克·吐温曾说过："19世纪有两个最值得关注的人，一个是拿破仑，另一个就是海伦·凯勒。"

（一）海伦·凯勒生平简介

1880年6月27日，海伦·凯勒出生在美国亚拉巴马州的塔斯甘比亚镇。

1882年3月，只有19个月大的海伦因病失聪、失明。

1887年3月，海伦生命中最重要的人——安妮·莎莉文成为她的家庭教师。

1888年5月，海伦进入波士顿聋盲学校就读。1890年，开始跟随盲校校长赫拉女士和莎莉文老师等人学习发声。1894年，进入纽约莱特—赫马森聋人学校学习唇读和发声。

1896年7月，海伦首次在聋盲哑教育大会上发表演讲。同年9月，进入波士顿剑桥女子中学学习。

1900年，海伦通过考试，进入哈佛大学德克利夫学院学习，并当选为大一新生同学会副会长。

1903年，海伦的第一本著作《我的生活》出版。

1906年，成为马萨诸塞州盲人教育委员会的委员之一。

1908年，《我所居住的世界》出版。

1910年，《石壁之歌》出版。在美国各地演讲。

1913年1月，第一次横越美国大陆做演讲旅行。

1916年，为反对美国参加第一次世界大战到处发起反战活动。

1919年，应邀去好莱坞主演电影。

1920年，首次在杂耍剧场的舞台上表演，并加入杂耍剧团。

1924年，加入美国盲人基金会，从此应各地需要到全美各地演讲募捐。

1927年，《我的宗教信仰》出版。1928年，完成《中流》一书。

1932年，先后获得田普大学颁发的文学博士和美国格拉斯哥大学颁发的法学博士荣誉学位。

1937 年 4 月，访问日本，并做巡回演讲。1942～1952 年，出访欧、亚、非、澳各大洲十三国。

1953 年，美国上映记录海伦生活和工作的纪录片《不可征服的人》。

1955 年，《老师：安妮 · 莎莉文 · 梅西》一书出版。

1959 年，联合国大厦举行盛大隆重的国际性庆祝大会，表扬海伦对人类的贡献，这是一项极高的荣誉，联合国发起“海伦 · 凯勒”世界运动。

1960 年，美国海外盲人基金会颁布“海伦 · 凯勒”奖金。

1962 年，荣获总统“自由勋章”。

1968 年 6 月 1 日，海伦 · 凯勒走完传奇的一生，享年 88 岁。

（二）海伦 · 凯勒的品德特点

1. 执着顽强的信念

由于生病，19 个月大的海伦 · 凯勒失去了听力和视力，所以尽管她不哑，但由于看不见也听不见，她根本就没办法学会说话。海伦 7 岁那一年，安妮 · 莎莉文老师来到她的身边，用爱心和智慧带她走出无尽的黑暗和孤独，开始教她发声，练习说话。走出心灵黑暗的海伦开始重树生活信心，燃起对大千世界的兴趣。在学习与记忆的过程中，她只有一个信念：一定要把学习的知识记下来，使自己成为一个有用的人。1896 年，海伦 · 凯勒坚持进入波士顿剑桥女子中学学习，立志考入哈佛大学。通过几年的准备，1900 年，海伦通过了为她特殊安排的考试，各科全部通过，英文和德文还得了优等成绩，并在 1904 年成为人类历史上获得文学学士学位的第一位盲聋人。

2. 坚韧不拔的意志

作为一个又聋又瞎的残疾人，海伦不但学会了发声和读书，还完成哈佛大学的学业，成为一个学识渊博，掌握英、法、德、拉丁、希腊五种文字的著名作家和教育家。这些巨大的成就，与海伦坚韧不拔的意志是分不开的。

为了能够清楚地发音，海伦用一根小绳拴在一个金属棒上，叼在口中，另一端拴在手上，练习手口一心，写一个字，念一声。为了使写出来的字不至于歪歪扭扭，她还自制了一个木框，装配了一个滑轮练习写字。她每天坚持学习 10 个小时以上，先用 3 个小时自学；然后用 2 个小时默记所学的知识；再用 1 个小时将自己用 3 个小时所学的知识默写下来，余下的时间她运用学到的知识练习写作。

1906 年，海伦被任命为马萨诸塞州盲人委员会委员，开始为盲人服务的社会工作。她每天都接待来访的盲人，还要回复像雪片一样飞来的信件。后来，她又在全美巡回演讲，为促进实施聋盲人教育计划和治疗计划而奔波。在繁忙的工作之余，她始终没有放下手中的笔，先后完成了 14 部著作。海伦的最后一部作品是《老师：安妮 · 莎莉文 · 梅西》，她曾为这本书搜集了 20 年的笔记和信件，而这一切和四分之三的文稿却在一场火灾中烧毁，连同它们一起烧掉的还有布莱叶文图书室、各国赠送的精巧工艺礼品。如果换一个人也许心灰意冷，可海伦痛定思痛，更加坚定了完成作品的决心，她不声不响地坐到打字机前，开始了又一次艰难跋涉，10年后，海伦终于完成了这部书稿。

3. 大爱奉献的胸怀

将海伦带出无尽黑暗和孤独的是陪伴她半个世纪之久的安妮·莎莉文老师，她用自己的爱帮助海伦一步步走向成功。而海伦又将这爱洒向更多的人，洒向社会。海伦一生致力于盲人福利和教育事业，她到处为残障人士演讲，鼓励他们肯定自己，做一个残而不废的人。她为促进实施聋盲人教育计划和治疗计划而四处奔波。在她的努力下，终于在1921年成立了美国盲人基金会民间组织，海伦是这个组织的领导人之一，她一直为加强基金会的工作而努力。

她给世界以爱心，世界回报给她崇高的荣誉。从海伦童年时起，每一任美国总统都邀请她到白宫做客，她被政府称为全美30名为国家做出突出贡献的杰出人士之一，荣获过美国总统亲自颁发的“自由勋章”，并被誉为美国的高级公民。1919年，海伦的故事被好莱坞搬上银幕，由她本人出任主演。1955年，她荣获哈佛大学的荣誉学位，成为历史上第一个受此殊荣的妇女。1959年，联合国在全球发起“海伦·凯勒”运动，以资助世界各地的聋盲儿童。1960年，描写她成长经历的剧本《奇迹的创造者》获普利策奖，并被拍成电影。同年，美国海外盲人基金会在海伦八十岁生日那天，宣布颁发“国际海伦·凯勒奖金”，以奖励那些为盲人公共事业做出杰出贡献的人。

(三)海伦·凯勒的思想和言论

他们夺去了我应有的演讲，但我记起了弥尔顿的乐园；他们夺去了我应有的耳朵，贝多芬抹去了我的眼泪；他们夺去了我应有的舌头，上帝不会让他们夺去我的灵魂，只要我拥有灵魂便拥有一切。

性格绝不能在安逸平静中培养。只有经过苦难和考验的煎熬，性灵才会坚强，远景才会清楚，才能激起雄心，达到成功。

大无畏，不屈不挠，人总是向着无法度量的遥远目标前进！既不因外面的困难而灰心丧气，也不会因多年来内心的痛楚而消沉，内心可以听到一个神圣的声音在低语：“不要难过，未来会有充满希望的国土。”

我们应该尽力去做、去爱，不断盼望，坚决要在此时此地，用我们内心的那个天国的美丽色彩来渲染我们四周的一片黑暗。

夸大我们的痛苦，会增添不必要的痛苦。

无论处于什么环境，都要不断努力。

不怀希望，不论什么事情都做不出来。

信心是命运的主宰。

失败是心灵探险的必经之路，它使每天平凡乏味的生活变得刺激有趣。

如果一个人不能够感受到力争上游的脉动，那么他对人类乐章的和声一定是一无所知。

只有我们和世上的局限、试探、失败搏斗，我们才能够发挥我们可以发挥的最大才智。

只要是真正有益于社会的事情，而又是我能做的，我都将全力以赴。

爱与奉献是伟大而又经得起考验的。

英勇地走过不幸险路的人，一路上为旁人洒下甜美的安慰之花。

爱，可以充实我们灵感的源泉。

要相信，在你最不快乐的时候，世界上还有一些事情要你去做。只要你可以使旁人的痛苦化为甘甜，你便不虚此生。

如果我们将思想转向帮助别人，我相信我们可以找到平静的心境和快乐的人生。因为我们太热衷于自己，我们才不快乐。

每个人都应该抽些时间寻找某些特殊的喜悦，如果每天可以抽出5分钟，那么不妨去搜寻一朵可爱的花，一片美丽的云，或一颗闪亮的星，读一首诗，使乏味的工作变得有趣。

第十章　当代中国青年的成功之道

第一节　做德智体全面发展的成功者

一、德智体是相辅相成的

毛泽东同志说过:“我们的教育方针应该使受教育者在德育、智育、体育几方面都得到发展,成为有社会主义觉悟的有文化的劳动者。”他还在 1957 年接见中国留苏学生时说过:“我今年已经 64 岁了,到 70 岁就要退休了,80 岁要去见马克思了。世界是你们的,也是我们的,但归根结底是你们的。你们青年人朝气蓬勃,正在兴旺时期,好像早晨八九点钟的太阳,希望寄托在你们身上。中国的前途是属于你们的,世界的前途也是属于你们的。”

要成为一个合格的国家建设者,我们在德育、智育、体育三个方面要有均衡的发展。如果讲得更全面一点,可能还要包括美育。道德是一个人做人、做事的基础;智力、知识可以帮助我们提高做事的效率;体力、体能保证我们可以长时间地、持之以恒地做对国家、对人民、对自己有益的事情。因此,健康的体魄是非常重要的。

(一)重视锻炼身体

近几年教育部提出一个口号:“每天锻炼一小时,健康工作五十年,幸福生活一辈子。”这话说得有道理,不仅适用于老师,也适用于学生,还可以适用于各行各业的工作者。

正如有人列举的健康与事业的 1 和 0 规律所言,健康是 1,事业是其后的 0,一个人一生可以成就多大的事业,要看他后面加了几个 0,但关键要有前面的 1;如果没有 1,所有的一切努力还是等于 0。

现代社会随着电脑、电视、网络等各种信息传播工具日益发达,人们“坐”的时间比“动”的时间相对大为增加,这从生理学的角度来看并不是好事。在青年人当中,有越来越多的“宅男”、“宅女”,难得离开宿舍房间,终日在网上挂着。长此以往,体能会不知不觉退化下降。

我们要养成一定的活动、锻炼的习惯,并持之以恒,不论是打球、游泳、跑步、散步,还是爬山、跳舞、太极,一定的体力活动可以保证我们身体的活力,推动细胞新陈代谢的良性循环,而充沛的体力、精力是从事任何事业所必不可少的。

【星星点灯】"不能让身体指挥大脑"

巴顿将军曾说过:"我要用大脑指挥身体,而不能让身体指挥大脑。"所以巴顿将军特别重视自己部队的军官士兵有健壮的体魄,平时坚持大运动量的锻炼和训练,而战时他的部队战斗力和耐受力也特别强。

(二)养成良好的饮食习惯

良好均衡的饮食习惯是身体健康的基础条件。每日三餐规律进食:早吃好,午吃饱,晚吃少。不挑食,不偏食,多蔬菜,少肉食;多粗粮,少细粮;少盐多醋,少糖多果。俗话说:病从口入。适当注意饮食营养和健康方面,可以大大减少得病的机会和身体肥胖的困扰。

充分饮水也是保持人体健康的一个重要条件。正像地球的60%多是水面一样,人体体重的60%多也是水分。因此,水是人必不可少的生命之源。水分缺乏是导致人发生多种疾病的重要原因,因为人体内的许多循环和微循环是靠水来维持的,比如血液循环、消化系统的循环等,缺水会影响甚至阻断这些重要的体内循环。人的身体当中,有一个水分配的指挥中枢,它按照身体各部分器官运作的轻重缓急来调配体内的水资源。当我们身体内部水分不足时,为了优先满足一些重要器官的运作(比如大脑,它虽然只占人体体重的1/50,却要消耗人体血液循环的1/5),保证重要器官完成重要任务,供水指挥中枢会抑制其他器官的水需求,从这些器官把水调走,造成这些器官细胞的脱水,严重时会造成器官的病变。

因此,养成良好的充足饮水习惯,往往于不知不觉中预防了许多疾病的发生,给健康筑起了一道无形的保护墙。饭前半小时喝一杯水,可以有效地满足消化食物时胃部对水的大量需求,使食物得到充分的消化吸收,不会形成许多无用的渣滓。就这一点来看,广东人喜欢饭前喝汤,是颇有道理的。而北方人习惯饭后喝汤,消化吸收效果往往较差。这恐怕也是为什么人们称饭前喝汤为"苗条汤"的道理,越喝越苗条。

(三)美育养心

美育是指人欣赏艺术作品,如绘画、摄影、小说、戏剧等方面的能力情趣培养。如果一个人有广泛的美学爱好,能够欣赏各个方面美好的事物,那么既增加了生活的情趣,也扩大了他/她的社交面,可以广交朋友,从各个方面吸取有益的人生营养,对自己的事业成功也有助益。

爱美之心人皆有之,精美的艺术品赏心悦目,优美的演出使人心旷神怡,壮美的自然景观让人流连忘返,一切美好的事物在增加人们生活乐趣的同时,也在滋养人的心灵。多培养一些文学艺术音乐爱好,对提高一个人的道德修养、文化素养很有益处,并有利于提高工作效率和工作质量。

【星星点灯】想成为帕格尼尼的少年

19世纪80年代，有一位犹太少年，他做梦都想成为帕格尼尼那样的小提琴演奏家。他一有空闲就练琴，可是就连父母都觉得这孩子完全没有音乐天赋，琴拉得太蹩脚了，但又怕讲出真话会伤害少年的自尊心。

有一天，少年去请教一位老琴师，老琴师说："孩子，你先拉一支曲子给我听听。"少年拉了帕格尼尼24首练习曲中的第三支，简直是破绽百出。一曲终了，老琴师问少年："你为什么喜欢拉小提琴？"少年说："我想成为帕格尼尼那样伟大的小提琴演奏家。"老琴师又问："你拉琴快乐吗？"少年回答："我非常快乐。"老琴师把少年带到自家的花园里，对他说："孩子，你拉琴感到快乐，这对你是最重要的，又何必非要成为帕格尼尼呢？"

少年听了琴师的话，深受触动，回家后思索良久，终于明白琴师教给他的人生道理，快乐是最重要的人生体验。不是每个人都有帕格尼尼的音乐天赋，但每个人都可以快乐。从此以后，他仍然常拉小提琴，但不再受困于成为帕格尼尼的梦想。

这位少年就是日后以狭义相对论和广义相对论名震天下的爱因斯坦，他一生仍然喜欢小提琴，尽管拉得十分蹩脚，却能自得其乐。

二、健康的生活方式是快乐成功的基础

(一)工作生活有张有弛

中国人有句俗话："有什么也不要有了病，没什么也不能没了钱。"健康是比金钱更重要的个人财富，而要拥有健康，就要学会掌握工作的节奏，保证一定时间的娱乐休息和体育锻炼。

现代商业社会，特别在一些大城市，工作节奏越来越快，超时加班也成为许多职场人士的"家常便饭"，充足的睡眠成为可望不可得的奢侈品，上下班时间公交车上常能看到昏昏欲睡的乘客。在这种情况下，利用午间小睡半小时也是一种修补，可以使大脑得到短暂休息。

如果一个人能掌握科学工作节奏和休息补充体能的方法，即使承担繁重的工作也不会影响他的健康和寿命，石油大王洛克菲勒健康活到98岁，钢铁大王卡内基84岁，发明大王爱迪生84岁，都是高寿之人。

旅馆业大亨康拉德·希尔顿是一个很会工作也很会娱乐的人，即使在日理万机、工作繁重的情况下，他也是每天下午6点准时离开办公室，晚上去跳舞、打牌，周末打高尔夫。轻松的娱乐和体育锻炼，保证了希尔顿充足的体力和工作热情，能够把事业不断推向新的高度。他所创立的国际希尔顿旅馆有限公司由一个州发展到全国，由美国发展到全世界，在全球拥有200多家旅馆，资产达数十亿美元，年利润达数亿美元，雄踞全世界最大旅馆企业的榜首。希尔顿本人也得享高寿92岁。

（二）不要熬夜

青年人要尽量避免养成熬夜的不良习惯，以保证自己体力、脑力等各种身体机能的休息恢复，第二天学习工作才有充沛的精力。按照中医学道理，晚间23点到凌晨5点是身体内部补充气血的重要时段，人体心脏、肾脏、肝脏等各个脏器先后调理补充气血，如果这时候人不进入睡眠休息状态，则不但不能补充气血，反而继续消耗气血，长此以往，就会造成气血亏缺，脸色黑黄黯淡，说话做事精力不集中，总感觉昏昏欲睡、浑身乏力，严重积累时就会导致疾病。

青少年学生在学习中，尽量不要打疲劳战，学习疲倦时，可以听音乐、散步或运动一会儿。有时候，闭目养神静思，思索一些美丽的自然景色或有趣的往事，也是身心放松的好方法。

【举一反三】疲劳前就休息

泰勒曾总结出一些科学工作的原理，其中一条是“疲劳前就休息”。比如：工人装车作业，如果连续不断地尽力装，一天只能装12吨半生铁块，下班时已疲惫不堪；但如果让他每工作26分钟就休息34分钟，在疲劳前就休息，则一天可以装40吨生铁块，而且下班时并不感觉疲倦。

这种科学工作的方法应该推广到我们的日常学习工作中，每个人都应当找到自己学习或工作的理想节奏，在疲劳前就休息，一张一弛，以取得更好的学习效果或工作成效，加快自己走向成功的步伐。中学生、大学生、研究生要持续学习6年、10年或更长时间，一定要及早摸索出适合自己的学习节奏，能够在疲劳前及时休息是最理想的。

（三）享受学习、工作的快乐

前几年米卢执教中国男足时曾提出快乐足球的理念，受到一些人的质疑，但也只有这位米卢把中国队带到世界杯赛场，告别了快乐足球的中国足球队已离世界杯越来越远，甚至掉进了“假球”的泥坑，使亿万球迷十分愤怒和伤心。

因此，快乐运动、快乐工作不代表无所作为。笔者认为应当推广快乐学习的概念，以提高中国青少年的学习效率，实现可持续的终身学习。笔者自己的体会也是“快乐学习效果好，快乐工作成就大”。

过去常听人讲学习是一项艰苦的脑力劳动，感觉很有道理，见解不凡。但仔细想想恐非如此或不应如此。当今社会已发展到信息时代、知识经济时代，学习成为终生的行为，如果仍把学习作为刻苦从事的活动，那么一个人要从六七岁刻苦到六七十岁，这样的一生还有什么快乐幸福可言？因此，要满足终生学习的现代社会需要，我们就必须把学习转变为一种快乐的事业。只有快乐学习，才能既保证我们一生的知识供给，又不影响我们高品质的快乐生活。快乐学习应当是更高效率的学习，同样的道理也适用于快乐工作。

每个人也需要培养对自己工作和职业的兴趣，一旦自己对于某事有了浓厚兴趣，常能乐此不疲，流连忘返，也就能够精心钻研、细心考量。如果缺乏兴趣，就容易疲惫厌倦、心不在焉，难以做到细心，更不可能保持足够的耐心。选择个人喜欢的工作作为职业，会加快自己的成功步伐。

第二节　习惯导致成功

习惯塑造品格，品格导致成功，因此一个人的日常习惯对他/她的成功有重要影响。近几年《高效能人士的七个习惯》在广州、深圳等地成为畅销书，里面讲到的像积极主动、双赢思维、以终为始等日常思维和习惯，对于每个人形成良好的工作态度和人际交往关系是很有帮助的，自然也成为成功的铺路石。

一、习惯的重要性

一个人的习惯与家庭环境、成长环境、学校的教育等多方面因素有关。父母的勤劳、善良会潜移默化地传递给子女，家庭中的勤俭节约、乐于助人、互相礼让的精神也会成为一个人的习惯而带到与同事、同学的交往中。学校老师采取启发式教学，引导学生勤学好问、积极上进、乐于助人、团结同学的思想，也会在青少年的思想中留下深深的印迹。从小形成的习惯会成为人的一种禀性，影响人的行为举止，指引人的思维判断，决定人的一生。

【举一反三】尊师重义的普京

2005年4月，为纪念第二次世界大战胜利60周年，普京访问以色列，邂逅移居到以色列的一位中学德语老师。时隔35年，普京犹如看到久别重逢的亲人，直奔面前，拥抱亲吻，同老师谈了不少话，最后说了一句："我是你永远的沃洛佳。"记者问普京："尊敬的总统先生，'沃洛佳'是什么意思？"普京笑着请老师莫伊谢耶夫娜回答，老人说："'沃洛佳'就是普京的小名。"说完，老人笑弯了腰。普京派人打听老师的生活情况，得知老人住的是高层楼房，没有电梯，远离医院、药店。他特意向以色列政府托付照顾老师，不久，莫伊谢耶夫娜搬到了舒适的低层楼房，移住到与医院、药店较近的地方，每周还有女佣人为老师清理三次房子。

阿·亚·索布恰克教授是普京在列宁格勒大学法律系读书时的经济法老师，也是普京的人生导师、恩师。苏联解体后，普京从克格勃退役，当时担任圣彼得堡市长的索布恰克教授引领普京走上了政治道路，是普京的政治导师，被称为俄罗斯的总统教父。后来索布恰克市长竞选连任失败，普京毅然追随恩师放弃了市政府的工作。当新市长邀请普京继续担任副市长时，普京毅然回绝：我宁愿去当出租车司机，也不会当你的副市长。

索布恰克市长败选后，受到当局的政治迫害，此时显示出普京对于恩师的深情厚谊，他冒着巨大风险和压力，自己掏钱雇佣私人飞机，将病重的索布恰克教授从圣彼得堡转移到芬兰求医，在这个过程中协助他的人后来都得到普京的回馈。忠心耿耿保护索布恰克教授的保镖后来成为普京的首席保镖，一直担任克里姆林官总统安全局局长；索布恰克教授的医生后来成为俄罗斯的卫生部长。叶利钦在自己的自传中写到，正是普京如此坚定保护索布恰克的行动让他深受震动，成为选择普京作为接班人的重要理由。

索布恰克教授去世之后，普京一直用心照顾恩师的家人并且用各种方式表达对老师的尊敬和怀念。每年索布恰克的祭日，普京都像是这个家庭的一分子一样，亲自回到圣彼得堡向老师的墓地献花。

二、习惯的培养

成功的道理并不难懂，但大多数人没能改变自己的人生轨迹。为什么？问题不是我们缺乏那些成功人士的才智，而是我们缺乏改变不良习惯、建立良好习惯的毅力和决心。习惯成自然，人们绝大多数的行为是出自习惯的支配。好习惯帮助你成功，坏习惯阻碍你成功。

成功并不是幸运儿捡到的果实。依作者观点，一个成功人士往往要经过有想法、有触动、有行动、养成习惯、实现成功这样一个过程。大约有90%的人会停留在怀疑当中，一笑置之，不会再有什么想法；在10%有想法的人中间，可能只有1%～2%的人思想深处会真正被触动；在1%～2%被触动的人中间，可能只有一半的人，即0.5%～1%的人有勇气采取行动，这0.5%～1%的人中间，由于意志力不同，可能只有0.1%～0.2%能够坚持到底，把自己的行动转变为每日每时的习惯，最终走向了成功。

据研究，一种举动或行为，只要每天重复操练，21天后就可养成习惯。英国前首相丘吉尔的演讲功力为世人所折服，其演讲的措辞语调和手势中透出非凡的勇气和力量，第二次世界大战最困难的时期，英国军民的重要精神支柱就是丘吉尔的广播演讲。可很少有人知道，丘吉尔年轻时很害羞，一讲话就脸红，结结巴巴，当他有了远大的人生抱负时，决心彻底改变自己的弱点，每天对着镜子练习演讲，自演自看，自讲自听，每一个语调，每一个神态，都经过认真思考和反复演练，同时在现实生活中锻炼提高。几年后，他便风度翩翩，语惊四座，二十几岁就当选国会议员，最终成为英国历史上以雄辩著称的首相。

【星星点灯】能鼓舞人心的丘吉尔

在纳粹德国席卷欧洲大陆、敦刻尔克大撤退之时，面对悲愤、激动、忧虑个人和民族命运的全国民众，刚刚接任首相的温斯顿·丘吉尔发表了鼓舞人心的演说："我们将登陆作战，我们将在田野战斗，我们将在街上战斗……如果大英帝国持续1 000年，那时的人们会说'这是他们最光辉的时刻！'"

许多历史学家认为，如果没有丘吉尔的坚强领导和必胜信念，鼓舞起全国军民的斗志，英国可能早就陷落了。

人的习惯要由每天、每时每刻的小事情积累形成。我们可以有意识地培养做好事的习惯，比如说日行一善、每个月做一件大好事。毛泽东曾经说过："一个人做点好事并不难，难的是一辈子做好事、不做坏事。一贯的有益于人民、一贯的有益于革命，这才是最难最难的。"因此，把一件件小事做好就不是小事，把一件件简单的事做好就不简单。

三、良好的习惯

（一）严格的时间观念

从小时候开始，一个人就应当培养树立守时的观念，严格遵守约定的时间，这样不浪费自己的时间，也不浪费他人的时间。遵守时间看起来像是小事，其实是一个人诚实守信、重视承诺的一个重要方面，不守时的人往往难以得到别人的充分信任。

【举一反三】华盛顿的时间观念

长期的军旅生活使华盛顿养成了遵纪守时的好习惯，也以同样的标准要求约束周围的人。华盛顿担任总统后，身边有位年轻秘书经常迟到。一天早晨，这位秘书又迟到了，看到华盛顿正在等候自己，感到有些内疚，为了开脱责任，便借口自己的表有毛病。华盛顿没有发火，不动声色地说："那恐怕你得换一只表，否则我就要换个秘书了。"

有一次，华盛顿邀请客人参加宴会，一位议员姗姗来迟。宴会已经开始，华盛顿对这位议员解释说："来我们这里参加宴会务必要准时，因为我的厨师从来不问客人到齐了没有，只问时间到了没有。"

（二）要事先做，专心致志

人的时间和精力是有限的，而人要做的事情是无穷无尽的，这样就有一个合理分配时间和精力的问题。我们可以试着养成这样一个习惯，每天晚上把第二天要做的5件主要事情按照重要程度来排序，第二天从最重要的事情做起，第一件不完成不做第二件，依此类推，这样即使我一天下来没有做完这五件事，但是我始终把时间用在最重要的事情上，时间的分配是最合理的，日积月累，取得的工作绩效自然会明显超过他人。

电脑和互联网的使用也是一把双刃剑：一方面可能大大提高工作效率；另一方面也可能浪费你大量时间，往往在不知不觉中，网上浏览和一些无关紧要的邮件已耗费掉你半天时光。这方面，年轻人尤其应当注意，不要让网上的无用信息把自己淹没。

做事要养成专注的习惯，俗语讲："少则得，多则惑。""贪多嚼不烂。"做事专心致志有助于取得更大更高的人生奋斗成果。

【举一反三】雪舟的"三选一"

雪舟是15世纪日本最伟大的画家，曾于1467年来我国明朝访学两年。雪舟年轻时喜欢剑术、围棋和绘画，29岁时随著名画师周文习画，周文问雪舟：“你这一生到底是要做画家、剑客？还是棋师？”雪舟想了半天说：“我什么都舍不下。”周文问雪舟：“一棵苹果树和人的生命哪一个更长久？”雪舟回答说：“当然是人。”周文摇摇头说：“人生一世，不过是草木一秋，而苹果树却可以年年结果。”看雪舟不以为然，周文把他带到院里一棵苹果树下，这棵老树已经朽败，应该伐掉了。见周文用利剑在果树根部剥掉半寸宽的树皮，雪舟担心地问：“把树皮剥掉一圈，果树不是要枯死吗？”周文笑着说：“这棵苹果树和我们一样只剩一生一世，待明年再结一次果子，你就明白了。”次年秋天，周文带着雪舟走进苹果园，只见那棵果树苹果结得又稠又大，把枝条都压弯了，而周围的果树果子又稀又小。雪舟十分惊奇，周文解释说：“把树根剥去一圈树皮后，树干上的养分就不会在秋冬时节回流到树根，而到了春天，草木萌芽，树根的养分蓬蓬勃勃地向上涌，待去年剥下的伤口渐渐愈合时，树枝上花已开过，雏果已成，所有的养分都涌进果实里。有经验的园艺对待老树常常这样做，这种妙法叫‘环剥’。”听罢周文的话，雪舟苦苦思索了一夜。第二天早晨，他将剑、棋毅然投入井里，对周文说：“我明白了，人也需要专心才能成功啊！”从此，雪舟一心一意研习作画，心无旁骛，终成日本水墨画的一代宗师。

（三）主动多做事

青年人多做事才能积累工作经验和处理事务的能力，切忌形成按酬付劳、“等价交换”的思维定式。实际上，做事是一个人力资本积累的过程，把每件事情做得圆满漂亮是获取上级、同事充分信任以至更大授权的前提。不少人认为，多劳少得吃亏，按酬付劳是天经地义的，其实多做事，就意味着更多的锻炼机会和工作能力的积累，对年轻人尤为重要，同事之间不计报酬和分工范围，尽可能地帮助别人，既能增强个人多方面的能力，又可以博得同事的好感和友谊，何乐而不为呢？

现在大学毕业生感觉找工作越来越难，个人、家庭、学校、政府都为学生就业问题着急。如果自己有积极做事的态度，可能更容易得到工作机会。作为一个刚毕业的大学生，没有任何工作经验和业务知识，能够给企业创造的利润是零，企业往往还要在培训方面开支，所以新员工给企业带来的净收益可能是负数。在这种情况下，毕业生想获得高的工资待遇是不现实的，比较客观现实的选择是接受一个相对较低的入门工资，然后靠自己的工作能力和创造的业绩不断获得加薪。

我们知道果实与种子往往是不可分的，果实由种子生长而来，其中又蕴含了新的种子，原因导致结果，善因结善果，恶因结恶果。如果你自愿多提供额外的服务，你会逐步引起领导的重视和好感，这一点几乎是肯定的；如果你又把事情做得很出色，你就会得到越来越大的授权，这一点更是肯定的。

【举一反三】道尼斯的“诀窍”

卡洛·道尼斯刚到汽车制造商杜兰特手下工作时，只是个小职员，但他不断得到提升，很快成为一家分销公司的总经理。人们问他有什么工作诀窍，他讲的道理很简单,就是主动多做事:“刚进公司时,我发现杜兰特先生每天都工作到很晚,而其他人早就下班离开了,因此我决定下班后也留在办公室里,也许杜兰特先生会需要人协助他,事实也是如此。当他需要人帮助时,总能发现我在办公室,他养成了用我的习惯,也就把越来越多、越来越重要的工作安排给我做。”

(四)讲话注意场合,细心倾听,不随便否定他人意见

在日常工作、生活中,需要发表个人意见的场合是很多的。但发表意见要基于善意和公正立场,注意时间、地点和人们情绪气氛,言语掌握分寸,不要过激急躁,也不能吞吞吐吐。孔子曰:“言未及之而言谓之躁,言及之而不言谓之隐,不见颜色而言谓之瞽。”这些情况都是要警醒自己避免的。

在讨论问题时,耐心听取他人意见,特别是不同意见,可以丰富自己的知识,防止错误和行动偏差,还可以使自己今后考虑制订工作方案多几个观察角度,更为圆满合理。

做任何事情都需要有一定的方法,在我们未能想到新的更好的方法之前,不要轻易否定别人的做法,因为这可能不是最完善的方法,但却是目前所能采用的较好方法。否定别人的意见或做法很容易,但要提出更好的意见或做法却不容易,有时甚至不可能。

《论语》讲:“子绝四:毋意,毋必,毋固,毋我。”孔子从不凭空臆测,不绝对肯定坚持,不固执己见,不主观武断。这对我们应有启发和提醒,在没有充分了解和足够把握的情况下,不要轻易否定他人意见;在没有更好方案的情况下,不要轻易否定他人的做法。本杰明·富兰克林在其“自传”中也提出:“绝不正面反对别人意见”,不说“当然”、“无疑”、“绝对”等武断的词语。

学会善意倾听还是获得朋友的重要渠道,但这要提高倾听的层次,培养一种“对方很重要”的倾听态度。

【星星点灯】不同层次的“听”

(1)听而不闻——表面上在听,实际上不关心、不在意;

(2)虚应故事——勉强敷衍,有一句没一句的应对;

(3)选择性地听——对自己有利、和自己脾气的入耳,其他的充耳不闻;

(4)专注倾听——认真听取对方的全部意见和想法;

(5)同理心(empathy)倾听——站在对方的立场上来听,努力理解对方的思想感受,是为理解而非简单回应的倾听。

同理心倾听是最能够获得朋友和友谊的倾听方式,也是最能发现和深入到问题核心的倾听方式,因而是最有效的倾听方式。

(五)诚实做人做事,永远不作弊

要养成一生诚实做事、坦荡做人的习惯,而诚信正是成功的根本。信誉是最宝贵

的财富，也是最容易受损的财富，我们要精心照看好自己这笔宝贵财富，不应让它有一点损伤。

我在许多场合对大学生、研究生讲的第一点要求就是考试不能作弊，这应当是对小学生讲的最低要求，却要在大学里反复强调，也说明目前中国教育体制中诚信教育及诚信意识的薄弱。据媒体报道，“替考”、“枪手”的一条龙服务在一些地方已经“产业化”了，这既使一些“文化人”斯文扫地，也是我们这个有数千年教育历史和诚信传统的国家的耻辱。

爱默生说过：“小偷偷的是自己，骗子欺骗的也是自己。”作弊不仅是对他人的欺骗，更是对自己良心的欺骗。即使作弊不为他人察觉，可以得逞一时，但作弊者难免终生受到良心责备，在将来面对自己儿辈或孙辈求知的目光时，心中恐怕也会有愧疚之感。

犹太民族的智慧宝典《塔木德》指出：“人最大的痛苦不是被人欺骗，而是不被人信任。”取信于人是我们每个人一生的事业，我们也会因为信誉好而受益终生，因此，不要在任何一点儿小事上欺骗别人和欺骗自己。

（六）多看书，但不死读书

古今中外的成功人物中，有多读饱学之士，如诸葛亮、马克思等人，也有读书极少甚至文盲之人，如朱元璋、拿破仑等人。这就引出一个问题：读书对成功的作用有多大？笔者认为，书籍作为前人实践经验的总结积累，能多读一些书自然对事业发展非常有益，朱元璋少读书是受生活困境的限制，若能多读一些书，个人成就可能更大。中国有许多成语是劝人多读书的，如“开卷有益”、“书中自有万锺黍”、“书中自有黄金屋”、“读书破万卷，下笔如有神”。

笔者主张多读书，主要是读历史名著和名人传记，不是那些过分琐细的专业书籍。事实上学生在学校学习的专业知识至少有一半在未来的工作中是用不上的。一些中外名著和名人传记对我们性格的完善、自身修养的提高和人际交往能力的提高会有真正的帮助，对我们的成长和发展有着潜移默化的巨大力量，为什么不用心用时去吸收这部分最重要的知识呢？古人讲：君子不器。我们不应当目光短浅地只为应付专业课考试而学习，不应当把自己塑造成只能从事某项业务的专门工具，而应当是具备远大理想、高尚情操和社会资源整合能力的人，这也应当是大学培养学生的目标。

读书有益的基本前提是不能死读书，而是否死读书的重要标志是看阅读中有无思考，是否得到启发。“尽信书不如无书”是警告人们死读书的危害，读书要有自己的反思和理解。要从书中多获益，就需要与别人多交流，互相启发。《礼记·学记》中讲：“独学而无友，则孤陋而寡闻。”通过交流互学，可以更多更深入地吸纳知识养分。

（七）正常三餐进食，规律性锻炼身体

没有什么东西可以衡量健康的价值，也没有什么东西比身体健康更重要。我们有时可能听到某人“现在钱太多了”、“房子太大了”、“好吃的太多了”的感慨，却从来不会听到有人讲自己"太健康了"，希望减少一点儿健康！健康永远是稀缺的，是最值得珍贵的财富，然而往往容易被人们特别是青年人所忽视。

重视健康是我们一生的责任，而从小养成良好的规律性饮食习惯和锻炼身体的习惯，等于是为我们的身心健康建立坚固堤坝，也是人生事业成功的基础。

不要吸烟，不要过量饮酒。每天尽量保证充足的睡眠，每日三餐按时吃饭，不要随意进食或不食，不要盲目减肥，肥胖往往不是吃出来的，而可能是饮食结构不合理、饮食方法不科学或缺乏运动造成的，此时减少进食只是"扬汤止沸"，于事无补，还可能造成身体机能骤然下降。

《礼记》中讲："张而不弛，文武弗能也；弛而不张，文武弗为也；一张一弛，文武之道也。"磨刀不误砍柴工，这个道理人们都知道，但我们在学习、工作实践中，却往往与之背道而驰。在一些过分勤奋学习的同学看来，休息或玩耍简直是在浪费生命。其实休息不是在浪费时间，而是在积蓄能量，"再生产"你的生产能力。

在学习或工作重压之下，许多青年学生和白领形成了"拼身体"的学习工作习惯，这很不好。一定要注意保持产出与产能的相对平衡，不能"拼老本"。无论从事任何工作，都不要透支身体，要保证大脑、身体机能的可持续使用，注意休息放松和张弛有度。在大脑感觉疲劳和精神不集中的时候，要先把工作放下，离开办公桌和电脑，花三分钟、五分钟时间将你的注意力完全集中在某个具体的令人愉快的事物上，比如一幅画、一件小摆设或者一次愉快旅行的回忆。这样可以使你的精神迅速得到放松，头脑变得清醒，接受信息敏捷，工作效率提高。

人的心脏似乎在一刻不停地工作，实际上，心脏每吸纳和挤出血液一次，都要停顿一下，这样算起来，心脏每天只工作 9 个小时，休息 15 个小时。

（八）培养幽默感

幽默感是获得朋友和大众支持的好方式，也是化解工作压力、消除敌意的有效手段。成功人士往往都具有较强的幽默感，他们能以幽默化解工作中的压力，赢得同事部属的好感，赢得民众的支持，为自己的成功之车润滑加油、铺平道路。幽默感可以说是一种投入少、收效快、获益多的人生投资。

【星星点灯】三位总统的幽默感

在美国制宪会议上，有位议员发言说："宪法里应该规定常规部队任何时候都不得超过5 000人。"华盛顿神情平静地回应："这位先生的建议很好，但我认为还应加上一条：侵略美国的外国军队任何时候都不得超过3 000人。"

亚当斯在竞选美国总统时，反对党有人指控他曾经派竞选搭档平克尼将军到英国挑选了四个美女作情妇，其中两个给了平克尼，另外两个亚当斯留下了。亚当斯听后哈哈大笑，说道："假如这件事是真的，那平克尼将军肯定是瞒着我全都独吞了。"

1944 年，罗斯福第四次连任美国总统，《先锋论坛报》的一位记者采访他，问他连任总统的感想，罗斯福笑而不答，却请记者吃一片三明治，记者觉得很荣幸，很快吃完了。罗斯福请他再吃一片，记者受宠若惊，虽然肚子不饿但还是硬着头皮吃下去。这样接连吃了好几片，最后记者不得不说："总统先生，我真的吃不下去了。"罗斯福微笑着说："现在我已经不用回答您的问题了，因为您已经有了亲身体会。"

第三节　团队的力量

一、团队精神

2006 年，阿迪达斯为 NBA 五大球星邓肯、加内特、麦克格雷迪、阿里纳斯、比卢普斯制作了一个广告："Game is five"（比赛是 5 个人的），宣扬的是篮球团队精神，一支有凝聚力的、球员无私合作的球队才可能取得持久的、辉煌的胜利，这是长达四分之三世纪 NBA 的历史折射出来的真理。

以一代巨星魔术师约翰逊和贾巴尔为首的湖人队，球员个个能力超群，但人人打球无私，约翰逊和贾巴尔都有超级得分能力，但都以传球帮助别人得分为第一选择，"领袖 + 无私"使篮球在场上运转流畅，精彩纷呈，创造了 NBA 历史上让人叹为观止的"show time"时代，打篮球犹如玩魔术杂技，看篮球就是欣赏艺术表演。

2008 年北京奥运会篮球赛场，美国"梦八队"赢得久违的冠军，也源于团队精神。后卫基德是团队精神的象征，能传球时绝不投篮是其打球的原则，因此美国国家队把他作为队里的精神领袖。"超人"霍华德赛后总结得好："这个队的所有人都没想过要独自抢风头，做好我们该做的，我想这是我们夺得金牌的理由。"

不仅是球队需要团队精神，人是一种社会化的生物，处处需要同类的帮助，处处需要团队精神和协作意识。团队精神强的人，能够迅速融入新的集体，获得同伴的好感和支持，在成功道路上得到更多助力。

【星星点灯】王石登山感悟"团队精神"

2003 年，万科董事长王石成功登上 8 848 米的珠穆朗玛峰，创下了中国年龄最大的登顶者纪录。王石的职业仍是企业家，但登山的经历和感悟无疑对他的人生产生了深刻影响。

在大多数情况下，登山队员之间是同生共死的关系。王石说："我们 4 个人被一条 20 米的保护绳连在一块儿，如果我失手了，没能保护住自己，就会出现两种可能，一种是他们用冰镐固定住自己，阻止我的下滑，把我救上来；还有一种就是我把他们一块儿拽下去。这是登山这种运动的一个特别之处，只要你跟其他人绑在一块儿，你就无条件地把性命交给了同伴。不管你对同伴是喜欢还是不喜欢，爱也好，憎也好，大家生死与共。很多人以为登山时大家都和谐地在一块儿，其实不是。国际上登山流行的方式是，只要你愿意登珠峰，能拿出 4 万美元，就有探险公司给你安排。到时候报名的可能有不同的国籍、不同的性别、不同的年龄、不同的职业、不同的经历……都跟你组合在一块儿，到那个时候你是没有选择的，并不是我们想象的志同道合的同伴。其实在现实社会中也是一样的，我们往往没有选择同事的权利，但当我们被拴在一根绳子上的时候，彼此的恩怨情仇和多元背景都应该让位于通力合作和携手共进，这就是所谓的‘团队精神’。”

二、优秀团队无往不胜

卡内基曾说过：即使把他拥有的一切财富全拿走，只要保留他的团队，20 年后他仍然可以成为钢铁大王。要支撑一个大型企业、完成一项大事业，就必须拥有一支优秀的管理团队。李嘉诚之所以能成为世界华人首富，事业能够持续发展壮大，得益于他手下的一批能臣干将，像霍建宁、马世民、周年茂、麦理思、洪小莲等。李嘉诚曾对记者说：“你们不要老提我，我算什么超人，我有今天的成就是大家同心协力的结果。我身边有 300 员虎将，其中 100 人是外国人，200 人是年富力强的中国香港人。”

一支在长期艰苦工作中磨炼出来的优秀团队是无比宝贵的财富，通过长期的协作和磨合，团队成员心气相通，配合默契，互相信赖，因而有着“$1+1>2$”的强大力量，在各个领域、各种工作中都可以取得不俗的成就。

【星星点灯】桑顿小组

以桑顿为首的十名优秀的青年军官组成的“桑顿小组”，是第二次世界大战时期美国空军的一个管理小组，对空军作战胜利做出重要贡献。第二次世界大战结束后，福特公司的董事长福特二世把他们整体聘用到公司来，并力排众议，充分信任和发挥这个“外行”团队的力量，结果他们为福特公司的振兴和发展立下了汗马功劳。从 20 世纪 40 年代到 60 年代，桑顿小组的十名成员先后产生了四位公司高级主管，其中包括担任公司总经理的麦克纳马拉，此人后来还担任过肯尼迪政府的国防部长。

三、合作共赢的企业文化

提起比尔·盖茨和微软，人们都十分钦佩。的确，在大多数人的眼中，盖茨和微软是了不起的，也是神秘的。从 1975 年仅有包括比尔·盖茨在内的 3 个员工，发展到今天的大型跨国公司，微软是一个令人难以置信的发展神话。

优秀的企业文化造就卓越的企业，微软就是这样的例子。微软拥有舒适的工作环境，包括自然环境和人文环境。大学校园叫 campus，微软研究院也叫 campus，其中包括花园式的拥有大量鲜花、草坪的园区，还有美丽的 Bill 湖，篮球场、足球场更是充满了校园气氛。舒适的自然环境为微软人提供了优雅的工作场所，成为高效工作的有力保障。

更令人们好奇的还是微软的人文环境。启动一个企业要从启动人开始，而启动人要从启动人的精神开始。微软以人为本的工作风格很好地体现了这一点。在微软任何一个团队中，都有这样一种理念：没有永远的领导与员工。领导与员工不仅是一起工作，更一起分享成功与失败、快乐与悲伤。开放的环境形成了开明的领导风气。

"你的同事是你最好的朋友"——微软人的团队合作意识非常强：成败皆为团队共有；大家互教互学；互相奉献和支持；遇到困难互相鼓励，及时沟通；依靠团体智慧，承认并感谢队友的工作和帮助，甘当配角。这样团结、协作的集体，形成了积极向上的士气，这种士气使得微软人在面对挫折时都勇于抗争，锐不可当。这也是微软永葆青春活力和竞争力的根本原因。

在微软，工作成了一种乐趣，员工和公司的前途紧紧连在一起。微软员工有着强烈的主人翁意识，任何事情主动为公司着想，全力以赴。因为微软有着这样优秀的企业文化，微软人具有这样的自豪感和责任感，微软才会有今天的业绩。

微软的实践证明，一个企业仅仅有领先的高科技，并不一定成功，只有与优秀的企业文化相结合，才能良性快速发展。

【星星点灯】栋梁或薪柴

玄奘在法门寺修行时，老方丈领他到寺后一座树木稀疏的山头，那里只有一些低矮的灌木和两三棵不大的松树，方丈指着其中最大的一棵说："这棵树是这里最高的，你看它能做什么呢？"玄奘说："只能做煮饭的薪柴。"方丈又把玄奘带到远处一片郁郁葱葱的松树林中，树林遮天蔽日，棵棵松树高大挺拔。方丈问："为什么这里的松树长得高大呢？"玄奘说："大概是为了争着承接天上的阳光吧。"方丈说："这些树为了一缕阳光和几滴雨露，都要奋力向上生长，于是棵棵成为栋梁之材，而那些灌木丛中的树木，由于旁边只有些杂草灌木，不需要和谁比劲儿，所以长成了薪柴。"

一个希望自己成为栋梁之材的人，应当与优秀的人为伍，合作竞争，始终保持上进心，才能在密林中长成参天大树。

第四节 独子不独尊

一、温室难育大树

中国特有的计划生育政策形成了特有的独生子女现象，至今独生子女已进入第二代，意味着新一代的父母辈本身就是独生子女。独生子女青年以至中年正在成为中国城市劳动者的主体，并在全体国民中占据重要比例。因此，研究独生子女的成长环境及其心理思维特点，对于提高整体国民素质有着重要意义。

由于独生子女是每个家庭的稀缺"宝贝"，以往以父亲为中心的中国家庭结构已转变为以儿子或女儿为中心的家庭结构，全家的生活重心、保障重点是儿子或女儿。父母二人加上祖辈四人，六个大人围绕一个"小太阳"转，是许多城市家庭的基本生活内容和运行状态，从穿衣吃饭到上学接送，子女在长辈的细心呵护下慢慢长大，甚至可以说是难以长大。因为他(她)虽然年龄增加了，个子长高了，但生活自理能力没有相应提高，承担的家庭义务没有增加，劳动能力和人际交往能力没有得到锻炼提高，更多地表现为像个"大小孩"。

家长评判孩子是否优秀的唯一标准是学习成绩，除了学习是不能让步也无法代庖的事情外，家长在其他方面会替子女做各种事情，尽力满足孩子的一切要求，无论是否合理，无论大人为此付出多少代价。不少家长为了让子女有一个较好的学习环境，放弃了原有的工作岗位，甚至离开生活工作多年的城市，成为“逐校而居”的“游学族”，付出自己后半生工作事业甚至生活作为代价。

在这样一种过分呵护的成长环境中，独生子女很容易养成唯我独尊的性格和行为习惯。做任何事情都是以自己为中心，只关注自己的利益和自我感受，很少顾及他人的利益和感受。同时，由于平时缺乏锻炼和培养，他（她）们的工作责任心和动手能力也往往比较差，刚进入工作单位有时显得比较茫然或行事散漫。

【星星点灯】毛泽东谈“温室花朵”

有一次，毛泽东同湖北省委秘书长梅白谈起领导干部子女的教育问题。毛泽东问梅白：“你记得曹操评汉献帝的话吗？”梅白答道：“记得。有这样两句：‘生于深宫之中，长于妇人之手。’”毛泽东称赞说：“不错，你读书不少。现在有些高级干部的子女也是‘汉献帝’，‘生于深宫之中，长于妇人之手’，娇生惯养，吃不得苦，是温室里的花朵，有些是‘阿斗’呀。”

二、独生子女青年可能有的不足之处

第一是缺乏理想和人生奋斗目标。正如有的大学生讲：从小到大，就是按照家长的安排，拼命读书考重点高中，考上重点大学，等大学毕业时，才发现不知道该干什么？就像一只猴子顺竿往上爬，爬到顶头才发现无路可去了。上大学只是一个手段，不是人生目标，但在不少家长“高考第一”思想的长期灌输下，许多学生把考大学当成了人生最终目标，考上大学也就不知所往。这也是许多大学生入学后虚掷光阴、游戏终日、无所用心的根源，上大学已成为其一生的辉煌顶点，今后只是找一份工作谋生，刚出校门就走在人生的下坡路上。甚至家长还要为子女承担安排工作的责任，找对象的责任，结婚安家的责任，抚育再下一代的责任。家长关心承担的责任越多，子女就越没有动力去自我奋斗，谁不愿意轻轻松松地过日子呢？何况从小到大受的家庭教育也没有告诉他（她）把生活的责任扛在自己的肩上。

第二是缺乏探索冒险的勇气和胆量。探索冒险精神虽然与人的秉性有一定关系，但后天的教育有更直接的影响。中国传统教育就不鼓励探索冒险，而独生子女家庭更不愿让孩子承担一点儿风险，即使是贫穷人家，也要千方百计为子女遮风挡雨，不希望他们受到社会风雨的“惊吓”。在这样一种“教育培养”之下，子女的胆量也越来越小，思维和创造力受到严重局限，他（她）在社会上取得成功的几率也越来越小。

第三是缺乏毅力和耐力。陶行知先生曾说过：“滴自己的汗，吃自己的饭，自己的事情自己干。”但现在国内大中城市出现了一些“三不”青年——不学习、不工作、不结婚的“成年儿童”，躲在家长过分呵护、溺爱独生子女的大树下，拒绝长大，拒绝承担社会责任，甚至拒绝自立和生活自理，终日与电脑游戏和肥皂泡电视剧为伴，一年一年消耗着自己的青春年华。当“无所谓”成为年轻人最常用的口头语时，既是家长需要反思的，也是一个民族需要警醒的。“人无志则不立”，但志向、勇气、毅力、耐力确实已成为当代中国青年中的“稀缺资源”。这种状况与中国家庭和学校重视知识学习、忽视性格塑造和能力培养的教育偏差有关，从家庭到学校都缺乏锻炼意志品质的培养教育，青年人缺乏毅力和耐力就是一种必然结果。

第四是任性。一些独生子女由于父母的娇惯而养成任性的毛病，讲话做事只凭个人好恶，丝毫不考虑他人的感受，即使年龄到 20 岁、30 岁，但行事却像小孩一样，易恼易怒，表现很不成熟。这样的人和行为方式，在家里有父母亲和爷爷奶奶容忍迁就，但到了学校和工作单位，同学、同事和领导不可能继续迁就容忍你，如果不能意识到并及时改正这一缺点，就会处处碰壁，成为不受欢迎的人。

知道了舒适生长环境的不利一面，了解自己可能存在的缺点不足，独生子女更应注意培养自己的亲和力和合作意识；注重磨炼自己的意志和耐力，增强探索社会的勇气和冒险精神。毛泽东在青年时代的豪放感言很具有启发价值：“孩儿立志出乡关，学不成名誓不还。”“自信人生二百年，会当水击三千里！”“文明其精神，野蛮其体魄！”

三、成家与立业

成家与立业是人生的两件大事，两者能同时兼顾最好，不能兼顾时，就有两种选择：先成家后立业，或者先立业后成家。哪一种选择更好？是许多青年人思考的问题。其答案或选择结果与人的个性有关，也与人所处的环境有关，没有绝对的孰优孰劣。以笔者的观点，是更倾向于先立业后成家，一个事业有成的人更容易建立一个理想的家；如果事业毫无根基，一是难以找到理想的伴侣，二是勉强成立的家也愁事多多，俗话说“贫贱夫妻百事哀”。

【星星点灯】威灵顿的求婚

曾经在滑铁卢战役中击败拿破仑的威灵顿公爵是著名的英国陆军元帅，两次担任英国首相，并获得法国、沙俄、普鲁士、西班牙、葡萄牙和荷兰 6 国授予元帅军衔，是世界历史上唯一获得 7 国元帅军衔者，被公认为 19 世纪上半叶欧洲最具影响力的军事家和政治家。

威灵顿少年时性格郁郁寡欢，喜欢独自散步，在伊顿公学就读没有什么收获，母亲让他去学律师，结果一年时间他唯一的事就是拉小提琴。后来他被送往法国昂热军事学院学习，18 岁从军，给爱尔兰总督当副官。后袭他家代表特里姆的席位，1790～1797 年任爱尔兰国会议员。24 岁时威灵顿向美丽的凯瑟琳求婚，遭到拒绝，被告知混成一个大人物 10 年后再来找她。威灵顿为此烧掉了自己心爱的小提琴，终生未再拉一曲，从此集中精力于自己的事业，1796 年主动要求被派往印度。

由于长兄理查德来印度当总督，他得以发挥自己的才能。他指挥一个师进攻迈索尔的提普苏丹，后担任迈索尔总督(1799 年)和对马拉塔人作战的总司令，率军连连胜利,特别是1803年在阿瑟耶大捷,他率7 000人奇袭击败了4万人的迈索尔军队,他认为这次战役对他个人来讲比滑铁卢战役更辉煌。

1805年威灵顿封爵士后返回英格兰,已成为公认的大人物了。1806年,当年拒绝他的凯瑟琳小姐的家人来向他提婚,当年小副官心中高不可攀的美丽女神13年后已经变成一个发胖的老姑娘了。威灵顿答应了婚约,只是低低埋怨了一句:"她变丑了。"

第五节 有德者居之

厚德的思想贯穿中华民族的发展过程,在几千年历史积淀中形成了重视道德、崇尚道德的情怀,重德是指在人的言行中,自觉地以道德价值约束自己,养成以礼为先、笃信重义、尊师重道、敬老爱幼的精神。

然而由于"文革"对道德思想价值观念的破坏,以及其他原因,毋庸讳言,目前道德成为社会的"稀缺资源",操行端正的有德者成为社会的"稀缺人才",在这种情况下,如果青年人注重自己的品德修炼,大学生注重提高自己的道德素养,而不是仅忙于考取各种技能证书,则就业或创业的人生道路会走得更为顺畅,更为精彩。

一、物以类聚,人以群分

在人类社会发展历史中,善良、正义是基本主流,邪恶是少数逆流。从民众群体来看,绝大多数人有着善良的本性,是趋善避恶的,对于具有崇高仁爱品德的人,会有一种自然的、天生的向心力,因此,一个人保持善良的天性,坚持友善待人,公正做事的人生原则,虽然有时候会吃一些小亏,但长此以往他们做人做事的优良品行会与同类的人相互吸引,逐步形成一个友善交往群体,互相关心,互相帮助,成为走向成功的人生伴侣或朋友,而有一些利用他人善意投机取巧、谋取私利的小人,最终会感到与品德优良的人性格不合,或者自惭形秽,避而远之,逐步进入自己交往的一个小人圈子。

《菜根谭》中讲:"宠利毋居人前,德业毋落人后,受享毋逾分外,修为毋减分中。"要使自己德行不断提高,就应当争取与那些德行高尚的人交往,于潜移默化中使自己的品德修养得到提高,缺点得到改正,不好的愿望受到制约和消除,这就是"君子上达"的途径之一。

福特没有机会多接受教育,爱迪生也是如此,但他们都是有社会责任感、品德高尚的人,成为密友,并且与费尔斯通、波明克等人结为好友,每年一起结伴郊游或旅行一两次,有时要共同度过一周时间,各种事物无所不谈,通过互相交流思想,他们可以把别人的智慧、经验、知识集于一身,为自己开辟成功之路奠定了重要基础。

二、保持谦虚谨慎,不计较个人得失

莎士比亚说过:"最伟大的真理最为朴素,最伟大的人物也是如此。"保持谦虚谨慎的作风,是一个人走向成功、保持成功的应有态度和风范。

证严法师说过，每个人一生都要信“两种教”，一种是不计较，另一种是不比较。少计较的人快乐会多一点，计较越多，快乐越少。如果是一个斤斤计较的人，那几乎也不会有什么快乐可言了。不比较，不是说自甘落后和退步、自甘平庸和无所作为，而是说在一些不应该比较的方面，比如房子大小、职位高低、金钱多少这样一些物质条件方面，不要过多地和他人比较，而要与别人比较道德修养的深厚、利人利己的好事做了多少。德行方面的比较是使人进步的比较，而物欲方面的比较是一种使人退步的比较。孔子讲“君子上达，小人下达”应当有这方面的含义。

【星星点灯】谩骂属于谁？

有一段时间，释迦牟尼受到一个人的嫉妒，经常被他无端谩骂。对此，释迦牟尼心平气和，始终沉默不语。有一次，当那个人骂累了以后，释迦牟尼微笑着问：“我的朋友，当一个人要送东西给别人，别人不接受，那么这个东西属于谁呢？”那个人不假思索地说：“当然还是送东西的人自己的啦。”释迦牟尼说：“那就是了，到今天为止，你一直在骂我。如果我不接受你的谩骂，谩骂又属于谁呢？”那个人为之一怔，哑口无言，从此再也不敢辱骂释迦牟尼了。

三、待人公正，一视同仁

黑格尔说过：“说人性善，人们说出了一种伟大的思想。说人性恶时，人们说出了一种更伟大的思想。”

孟子讲“人性善”；荀子讲“人性恶”；告子讲“人性无善恶”。这样三种说法，基本上是可以接受的，因为三者都认为人性相同，换句话说，人人是平等的。而最差的一种人性“定论”是认为：有人生来性善，有人生来性恶。这样一种判断，实际上等于说人生来就有好坏优劣，分高低贵贱，这就为种族歧视、阶级歧视提供了所谓的理论依据。

作为一个正直的人，我们应秉持待人公正、一视同仁的人生原则，不用“有色眼镜”看人，听其言而观其行，只以人的实际社会行为作为好坏判断标准，“不以人废言”，“不以言废人”，以善良公正的态度对待每一个人。

【星星点灯】小公司做事，大公司做人

联想集团的柳传志有句名言：“小公司做事，大公司做人。”换句话说，只注重做事的公司长不大，只能是个小公司；而注重做人的公司，可以成为大公司。

柳传志注重做人的理念与他父亲柳谷书清白做人、公私分明的思想境界是一脉相传的。

20世纪90年代初期，柳谷书创建的香港中国专利公司已具备相当规模，资产达数亿元。但柳谷书还是经常步行上班，并和柳传志的母亲住在华润大厦C座一个一房一厅的斗室里。有一次柳传志去看他们，看着父母在不到8平方米的厅里忙着在地板上为自己铺褥子、垫枕头，不由得热泪盈眶。他的父亲作为开创基业的公司创始人、董事长，却依然这么俭省。

柳传志认为，父亲做人的正直和清白永远是自己学习的榜样。他回忆起父亲在“文革”期间，自己刚刚被解放，就去看望和帮助还在水深火热中煎熬的老朋友，结下了许多生死之交。柳传志印象深刻记得，院子里邻居赵大妈是一个孤寡老人，柳谷书在戴着“阶级异己分子”帽子、只发50元生活费的情况下，每月依旧给她10元钱。柳传志年轻遭遇坎坷时，父母对他说：“我的孩子不管做什么，只要做一个正直的人都是我的好孩子。”这句让柳传志刻骨铭心的话，指导着他未来数十年的人生道路。

柳传志在给父亲的悼词中说：“我们兄弟姐妹几个，工作性质不同，事业有大有小，但我们每个人挣的每一个铜板都是干干净净、清清白白的，我们永远不敢忘记，我们是您的孩子！”

这是一个真正的企业家对长辈的承诺，也是一个企业家的自我评价，同时也是一个企业能够聚拢精英、做大做强的精神力量。

四、举直错诸枉

孔子道：“举直错诸枉，能使枉者直。”任何企业、部门，都需要有好的员工作为榜样，激励鼓舞其他员工进步提高。由于当今社会有才能的人很多，而有德之人相对稀少，能够做到德才兼备的人是企事业单位的稀缺人才，德胜才者最为稀缺珍贵，应当树为榜样。榜样的力量是无穷的，在任何一个单位，如果领导人十分重视员工的品德修养，把德胜才者提升到各级重要岗位，这对所有的员工是一种正面激励和领导。让他们知道做人做事应当采取的方式和坚守的原则。这样的企事业单位无疑会成为团结合作、蒸蒸日上的发展集体。

知道社会最为稀缺的人才具备什么特点，也就明白我们当前作为一个青年人修德的重要性和必要性，品德修养将成为我们在社会上安身立足发展的最重要的基础和条件。《大学》中讲：富润屋，德润身。我们每个人不断提高自己的道德修养，社会就会越来越和谐，生活将越来越美好。

【星星点灯】企业家精神

2009年，安永全球企业家奖设立了六项入选条件：一是否从无到有白手起家；二是否始终诚信经营；三是否有良好的经营业绩；四是否注重节能减排、环境保护；五是否具有全球影响力；六是否注重知识产权，可持续发展。经过三天的激烈竞选，30日，代表中国区参选的福耀集团董事长曹德旺最终获得评委的一致好评，从竞选者中脱颖而出，一举拿下本次大奖。这也是该奖项设立以来，首位华人企业家获此殊荣。

有着企业界奥斯卡之称的“安永企业家奖”于1986年在美国首次举办，全球数百名最成功及最富创新精神的杰出企业家获此殊荣。作为一项享誉全球的企业家奖项，安永企业家奖旨在通过独特的方式鼓励有潜质的人士实践企业家精神，表扬拥有卓识、领导才能及成就并能启发他人的企业家所做出的贡献，目前已扩展至全球逾50个国家和地区的135个城市，分别设有地区、国家和全球不同层面的奖项。此前的获奖者包括戴尔公司创始人迈克尔·戴尔、星巴克董事长霍华德·舒尔茨、eBay创始人彼埃尔·奥米迪亚等。

2008年11月，董事长曹德旺从中国大陆、香港和澳门地区参选企业家中，首先脱颖而出获得行业企业家奖，随即又获得中国企业家奖，最终在摩纳哥获得全球企业家大奖。

9岁上学、14岁就被迫辍学的曹德旺，如饥似渴读了许多中外名著，然后，专注、自尊地走上了自我创业之路。1983年以前，曹德旺还只是福建省福清市高山镇高山异形玻璃厂的采购员。1983年，曹德旺毅然承包该厂，将主业迅速转向汽车玻璃。1987年，他集资627万元，成立中外合资的福耀玻璃有限公司。1993年，福耀玻璃登陆国内A股市场。如今，福耀玻璃市值已逾340亿元，成为沪市唯一一家分红超过募集资金的上市公司。

创业成功致富之后，曹德旺不忘回报社会和人民。2008年，汶川地震，曹德旺亲赴灾区，先后捐赠2 000万元。2010年，曹德旺父子捐款10亿元，其善款分配如下：玉树灾区1亿元，西南五省区市2亿元，福州市图书馆4亿元，福清市公益事业3亿元。

人物案例

一、季羡林

(一)季羡林先生生平

季羡林，字希逋，又字齐奘，1911年8月6日出生于山东省临清市康庄镇。1930年，他考入清华大学西洋文学系，1935年考取清华大学与德国的交换研究生，赴德国哥廷根大学学习梵文、巴利文和吐火罗文等。1941年获哲学博士学位。他在德国期间发表的论文获得了国际学术界的高度评价，奠定了其在国际东方学和印度学界的地位。1946年季羡林回国，被聘为北京大学教授，创建东方语文系并任系主任。季羡林1956年当选为中国科学院哲学社会科学部委员，1978年任北京大学副校长、南亚研究所所长。季羡林先生在佛典语言、中印文化关系史、佛教史、印度史、印度文学和比较文学等领域创作颇多，著作等身，成为享誉海内外的东方学大师。

2006年，这位耄耋之年的老人被授予年度感动中国十大人物之一。

2009年7月11日，季羡林先生因病在北京逝世，享年98岁。季老的一生给我们留下的不仅是中国文化史上浓墨重彩的一笔，更以其“高山仰止，景行行止”之风让后世敬仰。

(二)季羡林先生的品德

季羡林先生一生严谨治学，淡泊名利，温良谦让，我们可以用“恒、专、忍、真、谦、孝、温、简”八个字概括季老的品德。

(1)恒。季羡林先生数十年如一日,每日“闻鸡起舞”,四五点钟便起床,终日埋首案头,研究学问成了季老的“娱乐”。直到九十岁高龄,季老依然坚持每天工作九个小时,令人钦佩。据季老之子所述,他在去世前一天仍欣然题字三幅以弘扬国学。季老将一生都献给了钟爱的学术事业。

(2)专。作为东方语言学这样冷门学科的研究者,季老治学之严谨让如今浮躁的学术界汗颜。1983 年,古稀之年的季羡林在得到一本新疆出土的古代抄本的残卷之后,将已经几十年没有再接触的吐火罗文再次“拣”起来,用十多年时间完成了对残卷——吐火罗文抄写的《弥勒会见记》的破解,为世界吐火罗文研究做出了创造性贡献。

(3)忍。和许多知识分子一样,十年“文革”在季老身上留下了不可磨灭的印记,季老被抄家、批斗,被打得头破血流,却在死亡边缘一下子得到“顿悟”:“一个人忍受挨打折磨的能力,是没有极限的。我能够忍受下去的! 我不死了! 我要活下去!”磨难成了季老人生宝贵的财富,季老如璞玉一般,被逆境打磨得愈发沉稳睿智。在被勒令看守大门的“文革”岁月里,他想到印度两大史诗之一的梵文写的《罗摩衍那》。他晚上把梵文译成汉文散文,写成小纸条装在口袋里,白天守楼时,脑袋不停止思考,把散文改为有韵的诗。

(4)真。早在 1986 年,季老就写了《为胡适说几句话》一文,震惊文坛。当时胡适还是“反面教员”,有朋友劝他不要写这样的文章,风险太大。季老认为,由于胡适在中国现代学术史上的重要地位,对胡适的评价是一件涉及许多重大学术问题的大事,自己有必要把真相告诉大家,还胡适以真面目。他的文章发表后,得到学界的普遍肯定和响应,开启了重新评价百年学术史的先河。

季老曾经说过:“我喜欢的人约略是这样的:质朴、淳厚、诚恳、平易;骨头硬、心肠软;怀真情,讲真话;不阿谀奉承,不背后议论;不人前一面,人后一面;无哗众取宠之意,有实事求是之心;不是丝毫不考虑个人利益,而是多为别人考虑;关键是一个‘真’字,是性情中人。”(《佛山心影》)这段话里最重要的是“怀真情,讲真话”。季羡林做到了这个“真”字,他对一切善良的人,无论是亲人还是朋友,从来都坦诚相待。

(5)谦。对于“国学大师”、“学界泰斗”、“国宝”这三顶桂冠,季老表示:“三顶桂冠一摘,还了我一个自由自在身。身上的泡沫洗掉了,露出了真面目,皆大欢喜。”

(6)孝。季羡林幼年离家,对双亲和故土有着一份特别的牵挂。但天有不测风云,12 岁那年父亲去世,季老奔丧回家,“我见到母亲,并没有哭,却看到母亲眼里溢满了泪水”,场景催人泪下。1932 年,季羡林的母亲在他读大二的时候去世。“树欲静而风不止,子欲养而亲不待”,先生每想到此便泪流不止。

2001 年,已经 90 岁高龄的季羡林第十次也是最后一次回到故乡,来到父母的坟前,给父母磕头,告诉母亲,“我以后一定回来陪你。”面对磕头的质疑,季老表示,“磕头”不是封建,“我是要给年轻人看看,孝敬老人的传统不能丢”。

(7)温。刘梦溪在《季羡林先生 90 寿序》中深有感触地写道:"先生是'望之温温,即之也温。晚生后学,可以相亲'。"为祖国、为他人而忘我,是季老终其一生的为人准则。找季老写文章、写序、采访、题字的人,每天不计其数。季老身边的工作人员出于老人健康的考虑总是尽力推阻,季老却说,人活着就是为了有用,我做研究写论文对人有用,跟别人谈话、为别人做事也是对别人有用,都是一样的。他很替别人着想。他的稿子,不管多少页,从来是工工整整,清清楚楚,没有涂改,他说要不然排字工人看起来会困难。在季老身边的工作人员说,季老就像那铁皮水壶,外冷内热,看起来很平静,其实是一个感情非常丰富的人。

(8)简。季老生活非常简朴,饭菜清淡素简,最常穿的是中山装,更因为外表的"朴素"演绎出一些"佳话"来。前些年北大一个开学日,一位外地新生见到一个穿旧衣裳的老头,像浇花或扫地的校工,便叫住他说:"哎,老同志,我有点事,请你帮我照看一下行李吧!"老人点头说"好啊",就蹲在地上看管起行李来。过了好长一段时间,那名新生回来了,居然只点点头,连一声"谢谢"都没说。当天下午,学校举行开学典礼,那名新生目瞪口呆了:帮他看管行李的那个其貌不扬的老头,竟坐在主席台上,正是国学大师、副校长季羡林!这名新生懊悔莫及,直叹自己"有眼不识泰山"。

(三)季羡林先生语录

(1)富者有礼高质,贫者有礼免辱,父子有礼慈孝,兄弟有礼和睦,夫妻有礼情长,朋友有礼意笃,社会有礼祥和。

(2)要说真话,不讲假话。假话全不讲,真话不全讲。

(3)真理是愈辩愈糊涂。

(4)对待一切善良的人,不管是家属,还是朋友,都应该有一个两字箴言:一曰真,二曰忍。真者,以真情实意相交,不允许弄虚作假;忍者,相互宽容也。

(5)每个人都争取一个完满的人生。然而,自古及今,海内海外,一个百分之百完满的人生是没有的。所以,不完满才是人生。

红学大家周汝昌曾作诗一首,纪念季羡林先生:

古历己丑闰五月十九日惊闻季羡林先生谢世痛悼不已,敬赋小诗略展悲怀。

大师霄际顾人寰,五月风悲夏骤寒。

砥柱中华文与道,渠通天竺梵和禅。

淡交我敬先生久,学契谁开译述关。

手泽犹新存尺素,莫教流涕染珍翰。

(本案例资料由冯华等收集整理。)

二、陈嘉庚

在中国海外华侨的历史群像中,陈嘉庚无疑是杰出代表之一。无论是诚实勤奋经营成为名震南洋的"橡胶大王",捐献巨资兴办教育,还是抗战中作为华侨领袖全力组织侨胞筹款救国,并在新中国成立后义无反顾地回到祖国参与新中国建设,陈嘉庚都为我们留下了真心诚意、果敢坚决、爱国爱乡的宝贵精神财富。

（一）陈嘉庚生平简介

1874年10月21日，陈嘉庚出生于福建省同安县集美社（现属厦门市集美区）的一个华侨世家。曾祖父陈时赐兄弟五人中有两个出洋定居，父亲陈缨纪在新加坡开了一家米店。陈嘉庚17岁时离开家乡远赴新加坡，在他父亲经营的顺安米店做事。

1898年，陈嘉庚的母亲病逝，死于“鼠疫”。1899年陈嘉庚回国葬母守孝三年。当他再次返回新加坡时，情况大变，父亲的企业濒临绝境，1904年不得不宣告倒闭。

陈嘉庚并不气馁，决定重起炉灶大干一番。1904年开始他先后创办菠萝罐头厂、米厂，由于其生产方式科学有效，并在生产过程中严禁浪费，厉行节约，因此在不久就赚取了数万元。他不仅还清父亲的债务，还使其事业不断发展。1906年，橡胶在南洋还属于很稀少的一种东西，陈嘉庚买来稀有的18万粒胶种种植。1904～1911年，是陈嘉庚独立创业的头七年。他在经营中兢兢业业，胆大心细，累计获利45万元。

1912年，陈嘉庚携眷回到祖国，在其家乡集美建立了集美学村，并在厦门筹款400万建立了厦门大学。

第一次世界大战结束，西方经济逐步复苏，西方列强对东方殖民地经济争夺更为剧烈。西方财团看到橡胶制品利润丰厚，便竞相投资设厂。1926年橡胶制品供过于求，价格猛跌。新加坡、马来西亚市场橡胶价格跌幅超过50%。而日本又制造廉价橡胶制品，在东南亚市场倾销。在诸多列强财团联合排挤打击下，陈嘉庚公司深受其害，又势单力薄，难以抗衡，经营一落千丈，1926年企业亏损30余万元。1929～1933年世界经济危机爆发，1934年陈嘉庚决定停办企业。

1937年“七七事变”爆发，日本全面侵略中国。陈嘉庚带头捐赠新加坡币一千万元支援祖国抗日。他积极发动华侨捐款捐物，抵制日货，惩办奸商，支援祖国抗战，共捐献217架飞机、27辆坦克、1 000辆救护车等大量款物。1940年，年已67岁的陈嘉庚组织“南洋华侨回国慰劳视察团”回国慰问抗日军队。

1949年新中国成立，爱国侨领陈嘉庚毅然回祖国定居，历任中央人民政府委员、归国华侨联合会主席、全国人大常委、全国政协副主席。他对祖国建设十分关心，对集美学村和厦门大学的发展更时刻牵挂。

1961年8月12日，陈嘉庚先生因病逝世，享年88岁。周恩来总理担任“陈嘉庚先生治丧委员会”主任委员，丧仪极为隆重。周恩来总理、朱德委员长等亲自执绋，廖承志在追悼会上致辞。陈毅在吊唁的时候激动地说：“陈嘉庚先生是一个有骨气的中国人。作为华侨领袖来说，他是一个杰出的爱国主义者，追随革命，善始善终，值得后人学习。”8月15日首都各界举行公祭，公祭结束后，灵柩南运，在集美鳌园举行了隆重的安葬仪式，陈嘉庚先生安息在鳌园中。

（二）陈嘉庚的品德特点

1. 崇高的爱国精神和民族气节

毛泽东主席称赞陈嘉庚先生是“华侨旗帜，民族光辉”。周恩来总理高度评价陈嘉庚先生“为民族解放尽最大努力，为团结抗战尽无限艰辛，诽言不能伤，威武不能屈”的高风亮节。

抗日战争爆发后，陈嘉庚联络南洋各地华侨代表在新加坡开会，成立“南洋华侨筹赈祖国难民总会”，陈嘉庚被推举为主席。他带头捐款购债献物，在三年多时间内便为祖国筹得约合 4 亿元国币的款项。此外，他组织各地筹赈会为前方将士捐献寒衣、药品、卡车等物资，在新加坡和重庆投资设立制药厂，直接供应药品等。1939 年，他为国内招募3 200余位华侨机工（汽车司机及修理工）回国服务，在新开辟的滇缅公路上抢运中国抗战急需的战略物资。1940 年，他组织南洋华侨回国慰问团历访重庆、延安等地。访问延安之后，陈嘉庚据实发表关于延安的观感，盛赞陕甘宁边区的新气象，认为“中国的希望在延安”。

【星星点灯】陈嘉庚的提案

陈嘉庚身上有民族大义和凛然正气，八年抗战期间，他坚决主张抗日到底。针对汪精卫等人的妥协方案，陈嘉庚在国民参政会第二次大会上提出“敌未出国土前，言和即汉奸”的著名提案。

1949 年新中国成立，他应毛主席电邀，回国出席全国政协，参加开国大典。他看到伟大祖国站立起来了，决心定居祖国，为祖国建设服务。他以耄耋高年，驰驱祖国南北，为国家建设建言献策，对推动华侨爱国大团结、鼓励华侨支持祖国家乡建设发挥了重要作用。他生前一再呼吁祖国统一，弥留之际还对台湾回归深表关切，体现了一个爱国者的赤诚之心。

2. 诚信待人，坚毅处事

陈嘉庚与胞弟陈敬贤先生于 1918 年 2 月为集美学村制定了“诚毅”校训。“诚毅”二字不仅凝聚着陈嘉庚对集美学村师生的殷切期望，也是他自己人格精神的集中写照。他说：“做老实人，说老实话，办老实事，是为‘诚’；艰苦奋斗，百折不挠，是为‘毅’。”简而言之，“诚毅”就是“诚以待人，毅以处事”。

【星星点灯】“父债子还”

1904 年，陈嘉庚父亲经营的企业破产，欠印度债主哈利 20 多万元巨款。新加坡的法律是“父债子免还”，况且陈父不久即抑郁成疾去世。但是以信誉为重的陈嘉庚，虽然经济十分拮据，却“立志不计久暂，力能做到者，决代还清以免遗憾也”。白手创业的陈嘉庚艰苦奋斗了 4 年时间，终于有些盈利，他不顾亲友反对，花不少时间找到债主，连本带利还清了父亲所欠的债务。有人说他“傻”，但他说：“中国人取信于世界，决不能把脸丢在外国人面前！”“我们中国人一向言必信，行必果。”陈嘉庚“一诺万金”的信誉迅速传遍了东南亚，此后人们十分相信陈嘉庚的商业道德，都愿意与他做生意。可以说，陈嘉庚之所以能白手起家并且在不太长的时间内成为亿万富翁，与他的诚信商誉有着密不可分的关系。1946 年 3 月，尼赫鲁访问新加坡，陈嘉庚在欢迎会上致辞，题为《领袖与诚信》，指出无论商界政界，“诚信”都是无价之宝，是成功的保证。

3. 热心教育，慷慨助学

陈嘉庚说：“民智不开，民心不齐，启迪民智，有助于革命，有助于救国，其理甚明。教育是千秋万代的事业，是提高国民文化水平的根本措施，不管什么时候都需要。”陈嘉庚认为振兴工商业的目的在报国，但报国的关键在提倡教育，因而“立志一生所获的财利，慨办教育”。

陈嘉庚致富后首先想到的是兴学报国。他说：“国家之富强，全在于国民，国民之发展，全在于教育，教育是立国之本。”早在清光绪二十年（1894 年），他就捐献2 000银元，在家乡创办惕斋学塾。1913 年，陈嘉庚在家乡集美创办小学，以后陆续办起师范、中学、水产、航海、商业、农林等校共 10 所；另设幼稚园、医院、图书馆、科学馆、教育推广部，统称“集美学校”；此外，资助闽省各地中小学 70 余所，并提供办学方面的指导。1923 年孙中山大元帅大本营批准“承认集美为中国永久和平学村”，“集美学村”之名就是由此而来。规模这样宏大、体系这样完整的“学校”，全国没有第二个。

1921 年陈嘉庚认捐开办费 100 万元，常年费分 12 年付款共 300 万元，创办了厦门大学，有文、理、法、商、教育五个学院 17 个系，这是国内唯一华侨独资创办的大学，陈嘉庚独力维持了 16 年。后来世界经济不景气严重打击华侨企业，陈嘉庚面对艰难境遇，态度坚定地说：“宁可变卖大厦，也要支持厦大。”他把自己三座大厦卖了，作为维持厦大的经费。

陈嘉庚对于新加坡华侨子女的教育也非常热心，1919 年创办了规模宏大的“新加坡南洋华侨中学”，是当时南洋地区华侨的最高学府。在抗日战争结束后，他又创办水产航海学校、南侨示范和南侨女中等学校。在承担集美、厦大两校庞大开支的同时，陈嘉庚还于民国 10 年联络组织同安教育会，支持同安县创办 40 多所小学。至民国 24 年，先后补助本省 20 个县市的 73 所中小学，补助总额达193 227银元，全部由陈嘉庚承担。

陈嘉庚倾资兴学，一生用于办学的款项，估计达 1 亿美元。在他的倡导下，华侨纷纷捐资兴学，蔚然成风，影响极为深远。陈嘉庚临终仍叮嘱“把集美学校办下去”，并把 300 万元存款捐献给国家，国家为此设立了陈嘉庚科学奖。

4. 生活简朴，克勤克俭

陈嘉庚为集美学校和厦门大学兴建几十座高楼大厦，自己的住宅却是一所简朴的二层楼。他生活艰苦朴素，用的床、写字台、沙发、蚊帐等都是旧的。外衣、裤子、袜子往往打着补丁。晚年他有数百万财产，却为自己规定很低的伙食标准——每天五角钱，经常吃番薯粥、花生米、豆干、腐乳加上一种鱼。他在自传中写道："我之个人家庭，年不过数千元，逐月薪水足以抵过。在集美建一住宅，不上一万元，他无所有"。他身体力行的座右铭是："应该用的钱，千万百万也不要吝惜、不应该用的钱，一分也不要浪费。"

【星星点灯】一元钱糖果

陈毅同志曾经来集美学村考察，陈嘉庚陪同他四处参观，学校后勤人员为了接待买来1元钱的糖果。送走陈毅同志后，陈嘉庚批评有关工作人员说："陈毅同志又不是小孩子，哪里要吃许多糖果？买两角钱糖果足够了，买1元钱糖果太浪费！"

第十一章　人生规划成就个人理想

第一节　善良美好的人生理想

一、树立人生理想

某位诗人曾说过：你是自己命运的主人，是自己灵魂的领航人；要过什么样的人生就全看你自己。因此，不要忽视设定目标的重要性。有了追求的目标和人生理想，才会有扬帆破浪的勇气和魄力。

人生理想犹如一盏明灯，犹如一柱灯塔，它给黑暗中摸索的人带来希望，为其指引方向。大千世界纷繁复杂，很多时候我们像"小马过河"般在人生的道路上前行，众多的不确定性和风险，让我们感到迷茫和胆怯。即便是走上了一条正确道路，可能也会因迷茫而停滞不前甚至转入歧途。而善良美好的人生理想将成为指路的明灯，鼓舞我们坚定信念和勇敢前行。

人生理想犹如精神支柱，给我们动力和能量。人的一生总是会经历坎坎坷坷，困难与挫折往往不可避免。如何能笑对挫折，困境中求生存和发展，这就需要我们的内心有支撑，这种支撑就是我们的美好理想。

理想如此重要，如何树立理想？树立什么样的人生理想呢？每个人都应有一个属于自己的人生理想，人生理想与个人所处的环境、内在素养和自身经历等密切相关。许多人的理想是在社会政治经济等领域建功立业，能够扬名声、显父母，这也不错；而有些人则淡泊名利，追求一种精神上的高境界，这也是美好的人生理想。钱谷融先生就是一位淡泊名利、胸怀高洁之人，其最高理想不是著作等身而是桃李遍天下。不管美好的人生理想有多大的个体差异，最本质的一点应当相同，那就是所树立的个人理想是以善良为根本，不是损人利己的，这种理想不单对个人而言是"好"的，对他人而言也是"美"的。

二、实现人生理想

有人说："理想虽美好，但现实是残酷的，多少理想不是在现实中落为空想呢？"诚然，现实中我们会有种种不得已，可能会使我们陷入抉择的困境，有时所作的选择也是与实现个人理想相悖的。但我们也会看到这样一些人，纵然有重重难关，最后还是踏上了理想高峰。理想不沦为空想的关键就在于个人的意志力，没有意志力要实现理想只能是空谈。

【举一反三】“这个世界永远属于追梦的人”

艾普丽尔在《The Dream》中给我们讲述了这样一个故事：

我9岁的时候住在北卡罗来纳州的一个小镇上，一次在一本儿童杂志的背面发现了一则招聘明信片推销员的广告。我对自己说，我能干这事。我恳求妈妈同意我叫人送来全套货物。两个星期后，货送来了，我一把撕下明信片上棕色的包装纸，冲出了家门，三个小时后，我的卡片已一张不剩，装着满满一口袋钱回到了家，大叫：“妈妈，所有的人都迫不及待地想要买我的卡片！”一个推销员诞生了。

我12岁的时候，父亲带我去见齐格勒先生，我还记得当时坐在昏暗的礼堂里听着齐格勒先生的演说，他把每个人都说得热情高涨、跃跃欲试，离开的时候我觉得自己可以做任何事情。我们上了车，我对父亲说：“爸爸，我也想让人们这样。”爸爸问我此话是什么意思。“我想当一个像齐格勒先生这样的鼓动演说者。”我回答道。一个梦想诞生了。

最近，我开始鼓舞他人，努力实现自己的梦想。在此之前的四年里，我在一个拥有100家公司的财团做事，从一个销售培训者做到地区销售经理，在我事业达到巅峰时我离开了这家公司。许多人都十分惊讶，在收入达到六位数时我却选择了离开。他们问我为什么要为了梦想而去冒险。

我在参加了一次地区销售会议后，才拿定主意离开自己的安全港湾，去开自己的公司。在那次会议上，我们公司的副总裁做了一次演说，从而改变了我的命运。他问我们：“如果一个神仙会满足你的三个愿望，那你将希望得到什么？”他让我们写下自己的愿望，然后问我们：“为什么你们会需要神仙呢？”在那一刻，我永远也忘不了这句话对我的震撼。

我意识到，我有了毕业证书、成功的销售经验、做过无数演讲，为一家拥有100个公司的财团做过销售培训和管理工作——所有这一切都使我为这一刻做好了准备。我准备好了成为一名演说者，不需要神仙的帮助。

当我眼泪汪汪地告诉老板我的计划时，这个我十分尊重的领导，令人难以置信地答道：“勇往向前吧！你一定能够成功。”

我刚下定决心，就遭受了考验，我辞职的一个星期后，丈夫也失业了。我们刚刚买了一座新房子，需要双方的工资来付清每个月的抵押贷款，但现在我们却一分钱收入也没有了。这时我想回公司去，知道他们仍想要我，可是我知道一旦回去就再也出不来了，我决定继续前进，绝不做一个满口“如果”、“只说不做”的人，一个演说者诞生了。

我紧紧追随着我的梦想，甚至在最艰苦的时期也不放弃，奇迹果真开始出现。短短的时间内，我丈夫找到了一份更好的工作，我们没有拖欠任何一个月的抵押贷款，我也开始有新客户预约演说。我发现了梦想不可思议的力量。为了庆祝我的成功，我请当地一位艺术家将我的新办公室漆成了一座花园，在一面墙的顶端，她写上这样一句话："这个世界永远属于追梦的人。"

上面这个故事告诉我们：坚定信念、执着追求才能最终实现人生理想！

第二节 大学生的人生规划

一、规划引导人生

大学阶段是一个人一生中美好而又关键的阶段，"美好"在于这一阶段可以有充足的时间和良好的环境为自己补充精神食粮，有充沛的精力参与各项活动，意气风发而又满腔热血；"关键"在于这是一个为个人成功打基础、做准备的重要阶段，如何由大学生角色顺利转换到职业角色，很大程度上取决于大学阶段的历练。我们在大学毕业生中不难发现，出发在同一个起跑线上的两个人，最后却到达不同的终点线，甚至起点高的人反而最后不如起点低的人。差距在哪里？重要的差距往往就是有没有做好适合自己的规划。

有些人可能会认为人生如此漫长，能做出切实可行的规划吗？甚至觉得"规划赶不上变化"，人生重在总结而不是规划。确实，人生规划并非易事，人生有时也并非沿着规划的道路步步前行，往往存在一些变数。但是，人生规划对每个人、特别是青年人走向成功仍有举足轻重的影响，可以说，成功的人生需要一个合理生涯规划的引导。

看看成功人士的案例，我们不难发现，他们对自己的人生发展方向往往有着比较清晰的认识，设定一个远大理想和人生目标，为实现目标进行合理的路径规划，再沿着规划的台阶脚踏实地攀登前进，最终到达成功终点。正如福布斯所言："殚精竭虑安排你的人生，为你自己确定一个前进的方向。狂风巨浪显然会有的，它会迫使你暂时离开你的航道，但是有一个前进方向比随波逐流、无目的漂泊要好得多。"

二、学习规划

孔子曰："吾十有五而有志于学，三十而立，四十而不惑，五十而知天命，六十而耳顺，七十而从心所欲，不逾矩。"孔子晚年更加珍惜时间，加紧学习、编撰史籍，读《易》曾"韦编三绝"，是"活到老，学到老"的好榜样。学习规划是人生规划中不可缺少的一个重要部分，大学生应对大学期间以及今后工作中的学习有长远规划。

（一）大学中的学习

《大学》中有："大学之道在明明德，在亲民，在止于至善。""知止而后有定，定而后能静，静而后能安，安而后能虑，虑而后能得。""物有本末，事有终始，知所先后，则近道矣。"对于刚叩开大学之门的青年学生来说，领悟"大学"之内涵，对做好学习规划尤为重要。

大学的学习对一个人成为专业人士、提升自己道德内涵和修养至关重要。所以，学习规划对大学生特别是大学新生来说，是必不可少的。大学正是学习的黄金时期，因为这个阶段，我们年轻有活力、精力充沛、思维敏捷、记忆力强，同时，也没有太多生活上的负担，正可谓："此时不学，更待何时？"

但是，大学的学习与高中的学习有很大的区别。不仅是知识深度上的差别，更重要的是学习方式和要求存在很大差异。大学的学习更注重自主学习，需广泛涉猎各类知识，培养自己的独特视角和研究性思维；还要根据个人大学毕业的发展方向，有针对性地加强某些专业知识的学习；同时，与高中阶段单纯的书本知识学习不同，大学里除了课堂学习之外，还要通过参加社团活动、实践活动等来锻炼自己各方面的能力，建立良好的人际关系。所以，大学生在进行学习规划时应注意以下几个方面。

1. 重视培养学习能力

爱因斯坦曾经说过："当你把学校教给你的东西都忘记之后，剩下的就是教育。"大学中重要的不是学到多少知识，而是掌握了多少学习知识的方法和是否具备了自主学习新知识的能力。学到的知识是容易遗忘的，而且知识也是不断更新的，所以，培养自己的学习能力才能跟上知识快速发展的步伐，及时掌握最新知识。

【举一反三】"大学到底在教些什么？"

李开复在哥伦比亚大学任助教时，有位中国留学生家长向他抱怨说："你们大学里到底在教些什么？我孩子在计算机专业读完了大二，居然连 VisiCalc 都不会用！"李开复回答："电脑的发展日新月异，我们不能保证大学里所教的任何一项技术在五年以后仍然管用，我们也不能保证学生可以学会每一种技术和工具。我们能保证的是，你的孩子将学会思考，并掌握学习的方法。这样，无论五年以后出现什么样的新技术或新工具，你的孩子都能游刃有余。"

2. 重视专业知识学习

大学阶段是将我们培养成为专业人士、将来能胜任专业性工作的关键时期。所以，大学学习规划中要充分重视专业学习。这些专业知识的学习包括本专业的专业基础知识、专业核心知识，还包括专业选修知识，以及与本专业相关的其他专业相关知识，做到融会贯通、触类旁通。这些专业知识的学习除了通过课程学习和自主学习以外，也可以通过请教专业人士，或通过工作实践，接触实际业务部门，经过亲身应用知识的实践，从而更好地理解理论知识。

3. 重视技能知识学习

学习规划中还要安排好时间进行技能知识的学习，这里的技能知识主要是指英语知识、计算机知识等。对于那些有志于从事国际性工作比如到外资企业工作的学生来说，英语的娴熟更为重要，自然要作为学习规划中的重头戏。

4. 最重要的是重视德行修养和提高情商

大学生要积极参与各种团体活动，锻炼组织能力和人际交往能力，培养友善和助人的品格。人际交往中同样蕴藏着无限的学习空间。所谓"人各有所长"，与不同的人交往，注意学习他们的长处弥补自己的不足，才会不断进步。例如，大家共同策划某一活动时，他人思考问题的角度、创意之处以及对问题的思考方式往往是值得我们学习借鉴的。

（二）工作中的学习

大学中的学习更多是学习理论知识，而工作中将应用所学知识并更多地从工作中学到新的实用性知识和各领域最新进展的知识，这也体现了“干中学”的道理和重要性。

在工作中学习可能会被一些人所忽视，因为学习更多时候需要个人的有意识学习。工作场所通常没有专门的知识教授教师，一般没有人会主动传授自己的知识。这时，更需要做个有心人和好学之人，向上司、同事、有经验者学习工作技能和知识。

（三）生活中学习

社会生活是一个奥妙无穷的世界，里面蕴藏着丰富的知识，就看我们能不能发现它们。很多人可能仅仅把看电影、聚会、打球、聊天、旅游等活动当成一次放松身心的休闲娱乐经历。其实，每次休闲娱乐的时候，我们都会有许多学习、成长的机会。做个学习的有心人，培养礼貌得体的言行习惯，别人身上有什么长处可以为我学习？生活中，我们要善于观察身边点点滴滴的小事，读生活之书，从生活中寻找和发现真理。

三、职业生涯规划

英国前首相丘吉尔曾经说过：“一个人看不到未来，就把握不了现在。”对于大学生来说，未来的事业究竟向哪个方向发展，就在于现在是否制定了明确的职业生涯规划。明确自己的目标，规划实现的路径，未来的路才会清晰，才不至于大学生活过得浑浑噩噩。我们在社会舞台上的职业角色扮演得如何，过什么样的生活，是可以把握在我们自己手中的。我们应该成为自己人生职业生涯的规划者和耕耘者，为实现自我价值规划好蓝图。进行职业生涯规划，我们不一定绝对保证成功，但不进行规划我们注定难以成功。

提起孙正义的成功，很多人想到的可能是：他具备娴熟的市场运作能力和无法抵挡的创业激情；还有人认为孙正义的“运气好”。然而，日本著名作家井上笃夫却在他的作品《飞得更高——孙正义传》一书中，以详尽真实的事例和有力的笔触告诉我们：“事实上，孙正义之所以真正成为世界级富豪，除了激情、除了市场运作能力之外，有一个前提，是大部分人没有发现的，这个关键就叫做有先见之明。”我们只要看看孙正义为自己制定的五十年生涯规划就会发现，做事喜欢制定计划的人很多，但很少有人能像孙正义那样，总能看准正确的方向，找准关键，最终成就梦想。对此，他的一位创业伙伴曾说：“孙正义做具体的事情不行，但辨认方向的本领一流。”所以他创立了软银，帮助造就了美国的雅虎和中国的阿里巴巴。

（一）何为职业生涯规划

职业生涯的规划如此重要，那大学生又该如何进行职业生涯的规划呢？

在阐述具体的规划路径之前，我们有必要对相关概念进行简单的解释。可能不少人对“职业”一词并没有足够的理解，甚至会将“职业”、“职位”和“工作”混为一谈。

何为“职业”？不同学者从不同角度给出了不同解释。

美国社会学家赛尔兹认为：“职业是一个人为了不断取得收入而连续从事的具有市场价值的特殊活动，这种活动决定着从事它的那个人的社会地位。只有具备了技术性、经济性和社会性三要素的社会活动方可列入职业范畴。”

美国学者泰勒认为：“职业的社会学概念，可以解释为一套成为模式的与特殊工作经验有关的人群关系。”

国内学者程杜明认为：“职业是人类参与社会分工，利用专门的知识和技能，为社会创造物质财富和精神财富，获取合理报酬作为物质生活来源，并满足精神需求的工作。”

因此，我们可以将职业理解为劳动主体所从事的一种利用自身的知识、技能、经验等，去创造社会价值和个人价值的持续性活动。

何为“生涯”？美国生涯理论专家萨帕认为：“生涯”是生活里各种事件的演进方向和历程，它统合了个人一生中各种职业和生活的角色，由此表现出个人独特的自我发展形态；它也是人生自青春期至退休所有有酬或无酬职位的结合，除了职位之外，还包括与工作有关的各种角色，如学生、退休者，甚至包含了家庭和公民的角色。

职业生涯就是指一个人职业的演进方向和历程，它包含了一个人充当的各种职业角色，它对个人而言是独特的，也是有意义和价值的，它不仅关系到这个职业主体，也会涉及其生活中的其他人。职业生涯规划就是基于自身条件和外部环境分析的基础上，确定个人的事业发展目标，为实现这一目标选择适合的岗位，进行相关的工作和行动计划，并在过程中根据目标适时调整、合理安排。

从职业生涯规划的基本含义可以看出，职业生涯规划不是凭空想象而是在客观分析基础上的一种可行性规划；不是一个时点的规划而是一个时期的持续规划；不是一成不变的规划而是一种适时性、适应性的规划。

（二）如何进行职业生涯规划

人们常说，“机会总是给有准备的人”。要做好充分的人生准备，需要一个合理的规划。关于如何进行职业生涯规划，下面分别从内外部条件、目标定位和初步职业选择的角度来阐述。

1. 个人分析

有人说：“一个人最大的敌人就是他自己。”这句话其实也告诉了我们，理性地剖析自己、进行合理的自我定位是至关重要的，而困难在于我们把握不好衡量的度，难以客观认识自己，看不到自己的潜力，或不愿意承认自己的不足，等等。个人分析主要包括对自己人生观与价值观的分析、个人性格的分析、个人能力分析三个方面。

（1）人生观与价值观分析——我想要做什么？

一个人的人生观与价值观分析主要涉及人生的追求目标是什么，什么对自己才是最重要的。这部分在前面人生理想分析中已经阐述的比较多了，这里只结合职业规划略作解释。

职业规划中之所以要考虑这些是因为职业规划需要有一个清晰的目标导向，而这种目标导向就取决于一个人树立的人生理想。同时,个人的职业规划不能仅考虑自己的主观意愿,还要考虑对身边人的影响,当职业生涯中出现事业、家庭难以兼顾时,个人要作何选择就取决于个人更看重什么。所以在进行职业生涯规划之前,需要明确个人的人生追求和价值理念。

(2)个人性格分析——我适合做什么?

"性格决定习惯,习惯决定命运。"很多人在进行职业规划时可能会忽略性格分析,更多关注职业前景、个人能力等方面。实际上,性格在很大程度上决定了一个人适合做什么和做出什么样的结果。如果能准确判别自己的性格特征,充分发挥性格优势并结合其他优势,一个人的成功几率将大大提高。

投资宗师摩根曾经接受一位记者采访,记者问:"可以谈一下您成功的条件是什么吗?"摩根毫不掩饰地说:"性格。"记者又问:"那在您看来,资本和资金哪一个更重要呢?"摩根一语中的地答道:"资本比资金重要,但最重要的是性格。"

为什么要强调性格?一个人最重要的是做自己,这样也才能真正成功,而性格恰恰是一个人的本色所在。如果一个人选择了不适合自己性格的职业,那往往是一个尴尬痛苦的过程,将很难全心投入和发挥所长。

那如何才能知道自己是什么样性格的人呢?

每个人的性格都很复杂,我们有时甚至会困惑于自己到底是什么样的人?其实,我们要认识真正的自我就应该抛开名和利,只有不为名和利自然流露出来的才是源于本性;只有雾气散尽、尘埃落定,才能寻到真正的自我。很多人可能会在某一领域做得很出色,但由于受名利的诱惑转向自己性格完全不合适的行业,结果事业也开始走下坡路。有时候,我们正是被一些表象所迷惑,可能会把尘埃落定之时当成穷途末路之时。实际上,这恰恰是显露真性情之时,更可能是蕴藏了人生发展良机。

【举一反三】一个求职案例

接到某知名公司面试通知那天,小王精心准备了一番,然后准时走进了这家公司人力资源部。等秘书小姐通报完后,小王静了静心,来到经理办公室门前,轻轻地敲了两下门。"是王先生吗?"屋里传出问询声。"经理先生,你好!我是小王。"小王慢慢地推开门。"抱歉,王先生,你能再敲一次门吗?"端坐在沙发转椅上的经理悠闲地注视着小王,表情有些冷淡。经理先生的话令小王有些疑惑,但他并未多想,关上门,重新敲了两下,然后推门走进去。"不!王先生,这次还不如第一次好,你能再来一次吗?"经理示意他出去重来。

小王重新来过,又一次踏进房间。"先生,这样可以了吗……""这样说话不好!"小王又一次走进去。"我是小王,见到你很高兴,经理先生!""请别这样!"经理依然淡淡道:"还得再来一次。"

……

"这次差不多了,如果你能再来一次会更好,你能再试一次吗?"当小王第十次退出来时，他内心的喜悦和憧憬已消失殆尽，开始有些恼火，心想，这哪是招聘面试呀，分明是在刁难戏弄人。小王生气地转身离开，可刚走了几步又停了下来。不行，我不能就这样离开，即使这家公司不打算录用我，也得听到他们当面对我说。

于是，小王闭目做个深呼吸，第十一次敲响了门。这次他得到的不是拒绝，而是热情欢迎的掌声。小王没想到，这第十一次敲门，叩开的竟是一扇成功之门。

原来，这家公司此次打算招聘的是一名市场调查员。而一名优秀的市场调查员，不仅要具备学识素养，更要具备耐心和毅力等心理素质，也就是要具备沉静、温和的性格特征。这十一次敲门和问候就是考察一个人性格和心理素质的考题。

小王之所以成功了，是因为他的性格和这个职位要求正好相匹配。因此，一个人只有充分地了解自己的性格特征，清楚自己的优缺点，才能找准自己的职业归宿。否则，往往在自己能力可及的工作、应该做的工作和偏好的工作之间难以平衡。

(3)个人能力分析——我能做什么？

我们常听到："人要量力而行"，也就是个人的能力要和将选择的职业相匹配。广义上来说，能力包括智力、判断力、分析力、创新力、快速学习能力、组织领导能力、沟通能力、恒心、自制力等。这里我们将能力划分为两类：显性能力和隐性能力。显性能力是指那些能直接用于工作中的能力，包括各种技能、分析力、判断力、组织沟通能力等；隐性能力是指一个人具备的内在心理素质，包括毅力、情商、逆境商等。显性能力可以通过学习、工作锻炼积累形成，可以在较短时间内实现从无到有；隐性能力是无法短时间内形成的，是一个人从小到大在一定成长教育环境下长期形成的心理素养品质，而这种隐性的能力在职业生涯中通常更具有决定性。

美国的《成功》杂志每年都会报道本年度最伟大的东山再起者和创业者，他们的传奇经历中有一个相同的部分，那就是他们在遇到巨大的困难和逆境时始终保持乐观的态度，从不轻言放弃。

美国优秀小说《汤姆叔叔的小屋》中汤姆叔叔的原型乔·塞·亨森原是一名黑奴，他在历尽曲折道路、战胜重重逆境而获得自由和经营上的成功后，坎特博雷主教曾问他："先生，你是从什么大学毕业的？"亨森回答道："逆境大学。"

个人的隐性能力在困境中更能显现出来，而职业生涯中困境挫折是经常遇到的，隐性能力越强也就意味着在职业生涯中可以走得更远更高。

2. 环境分析

个人分析已经回答的问题是"我想要做什么？""我适合做什么？""我能做什么？"下面需要进一步考虑的问题是"环境允许我做什么？"

每个人都是在一定环境中生活、学习、工作的人，客观可行的人生规划不仅需要对自己进行剖析，还要对外部环境和条件进行分析。"知己知彼，百战不殆"，既要从自身出发，合理定位，做出规划，同时又要确保所作规划适应社会环境，具备可行性。苏洵在《审势》中告诫人们："不先审天下之势而欲应天下之务，难矣。"进行环境分析也就是我们进行职业生涯规划时的审时度势。

环境分析主要是对宏观社会经济环境中存在的机会和挑战进行分析，要分析目前社会现存的机会和未来的发展动向，分析现实环境中存在哪些挑战；同时，要分析将进入行业和企业的现存机会和挑战以及发展前景。也就是说，既要分析宏观环境又要分析微观环境，既要分析机会又要分析挑战，既要观察现状又要思考未来。

例如，在经济危机背景下，金融行业受到重创，整个行业的就业前景自然不乐观。诸如恒生、汇丰等外资银行都处于困难阶段，投行的境况更是不尽人意，雷曼破产，高盛、美林、德意志银行都是举步维艰。从长远来看，金融咨询行业在中国仍然会有很大市场，但是，任何行业都会有一定的风险，在职业规划时要在风险与收益两方面保持一定平衡。

3. 目标定位

内在条件和外部条件都很好，并不意味着能成功，目标定位也是关键因素之一。定位不但重要而且越早越好，根本原因在于我们的时间和精力是有限的，不可能用有限的时间和精力去准备很多事情。但定位并不是一件容易的事，因为定位意味着选择，选择意味着放弃。回避定位或定位不清，最后是事倍功半。

至于如何定位，我们可以从三个角度来考虑：期望工作、选择机会和其他考虑或限制。进行了个人分析后，基本上可以初步确定自己的期望工作；选择的机会主要是在环境分析中进行判别；其他考虑或限制包含的内容比较多，如专业限制、家庭因素、社会舆论导向等。最适合的也就是这三方面的结合，如果无法找到三者的重合处，可考虑次优的目标定位。

有了目标定位，一个人就找到了努力前行的方向。

4. 初步职业选择

以上分析和定位都是为初步职业选择奠定基础，而初步职业选择也会影响我们整个的职业生涯。在目标定位的基础上，可以根据短期的实际状况做出初步选择，是选择创业还是就业，以及创业或就业的方向。

【举一反三】职业生涯规划实例

当事人王先生的基本资料：

年龄：27　性别：男　籍贯：江苏

1997.9～2001.7 上海某大学机械系（本科）

2001.8～2004.8 上海某外资企业区域销售经理

2004.9～2007.7 上海某大学机械系（硕士研究生）

当初因为对原先的工作不满意，所以选择了回学校读硕士研究生。研究生即将毕业，就业形势更为严峻，选择一条怎样的道路呢？

(1)我想成就怎样的人生？

总的来说，王同学对于自己的目标概括如下：

①赚很多钱，拥有财富，尽快达到衣食无忧、有房有车的生活水平

②希望过有挑战的生活，让自己不断接触新环境，学习新知识，增长才干

③梦想中理想的职业是年老时到大学来教书，用自己的经历来指点年轻人

④拥有和谐幸福的家庭

(2)SWOT 分析：

优势(Strength)：

①思考和分析能力是最大的优势

②工科背景在企业中受欢迎，可以应付大多数的工作

③三年的销售工作经验是公司十分看重的，对自己的锻炼极大。与人沟通的技巧、自信心等都比同龄人高出一截，社会经验比较丰富，了解职场

④没有女朋友，无牵挂

⑤就读硕士研究生的学校有知名度

⑥人缘好，容易结交朋友

⑦身体健康，而且父母也健康，未来 15 年内不用身边照顾

⑧在上海已经初步建立了朋友圈，同学和朋友们能在以后的工作和生活中发挥重要作用

⑨已经是上海户口，不受进沪名额(打分)的限制

⑩已经有一定的经济基础

⑪本科时有担任学生干部的经历，获得过奖学金

劣势(Weakness)：

①自己不喜欢从事技术工作，后悔当初选择了技术类的研究生，研究生期间并未认真学习，技术水平进步有限

②年龄较大，不适合各种培训生类职位，不愿意再从初级职位做起

③三年销售工作经验，机械工程的研究生，二者优势相加趋向于企业的研发岗位，而自己不喜欢，所以很难同时发挥自己的这两个优势

④有时缺乏冲劲，做事情习惯于拖延

⑤英语水平一般

⑥研究生毕业的课题和论文较难，预计花的精力和时间会很多

机遇(Opportunity)：

①由于中国成为“世界工厂”，采购职位增多，自己合适

②上海的机械行业及汽车行业得到重点发展，在这些行业中职业前景广阔

③身处上海，上海的社会治安及就业环境好

④导师可能给推荐工作

⑤可以通过认识的朋友在公司内部推荐工作

⑥可以找猎头来帮自己推荐工作

威胁(Threat)：

①上海房价过高,短期内看不到买房的希望

②父母不在身边,比较担心

③学历越来越贬值,企业对研究生的需求不大,研究生的薪金水平不高

④考虑自己的学历和经验,从初级岗位开始可惜,要拿到中级岗位又很难

⑤本科时的同学大多已经事业初步有成,读研究生的三年让自己落在后面,常常有压力

(3)实施方案:

王同学明确了自己的目标,结合自身SWOT分析,确定了“先择业,后就业”的原则,重点选择以下几类工作:

①咨询公司(薪资高,发挥自己思考分析能力的特长,自身成长也快)

②跨国外资企业的销售经理,与专业相关的(虽然不是最合适,但可以一试)

③外企在华采购职位(专业对口,工作经历也有帮助)

④大型企业的事业发展部(自己的经历经验正合适)

⑤创业? 还没考虑好

为了实现目标,王同学提出了阶段性的目标和措施:

短期措施:

①从现在起强化英语口语练习,背诵常用说法,参加每周学校的英语角

②准备一份高水平的简历,约一周时间

③查阅各类求职技巧,详细准备常见问题,整理思路

④初期多投递几家公司,争取面试机会作为锻炼

⑤收集求职网站,获得更多的招聘信息

阶段性目标:

①在公司稳定工作3～5年,寻求内部晋升

②30～32岁,仍在现企业任职,争取调换职位,熟悉制造、质管、工程、物流等部门的运作,同时自学MBA的主干课程

③33～35岁,跳槽应聘制造业企业市场部或事业发展部的副总经理等相关职务,从事工厂的全面管理工作,同时自学营销方面的课程

④35～39岁,从事制造业企业的高层管理

⑤40岁,应聘一家中型制造业企业的总经理。之后,一边从事管理工作,一边不断学习和实践,逐步成为一名优秀的职业经理人

⑥家庭目标:保持慎重选择,但遇到合适人选,不轻易放弃,争取30岁前结婚

⑦健康目标:坚持锻炼身体,注意身体健康,成为家庭与事业发展的基础

⑧收入目标:2011～2014年,年薪10万～15万元人民币;2015～2018年,年薪20万～40万元人民币;2020年,年薪50万元人民币,之后每年以10%～20%的增幅增加。如果出现合适有利的条件,可以转向自行创业

⑨学习目标:2011～2012年,自学完MBA主干课程;2013～2014年,自学完营

销管理主干课程;2014 年以后每月至少看 5 本以上相关管理书籍,并将学到的知识用于管理工作之中

第三节　大学生创业与就业

当大学生涯即将结束时,我们走到了人生中一个至关重要的十字路口。在这里,我们需要冷静地做出选择:是跟随就业大军去选择合适的就业岗位,还是去大胆开辟一片属于自己的天地?然而,对于还未真正涉足社会的大学生来说,在创业与就业之间做出理性而又正确的选择并非易事。我们对自己是适合创业还是就业难以辨别,对如何实现成功创业或就业感到困惑。一些年轻人可能大学时期就一直怀有创业之梦,当因各种原因只能选择就业时,会感到沮丧或无奈,自然走在就业之路上也并非心甘情愿、一帆风顺;一些人尽管毕业时打开了创业之门,然而创业的兴奋和荣耀却是昙花一现,对随后而来的种种现实难题缺乏心理和能力准备,可能也会因此而消沉;一些人拥有高文凭、高学历,该有的"敲门砖"一样也不缺,然而却怎么也踏不上理想的就业之路。

那么,是创业还是就业?如何成功创业?如何顺利就业?

一、鱼与熊掌能否兼得

一些人可能将创业与就业的选择视为一种"鱼"与"熊掌"的选择,实际上二者并非截然分开,只择其一。创业亦是一种就业方式,而现时的就业可能是为未来更好创业做充分准备。

对于刚毕业的大学生来说,不缺的是满腔热血和各种创意,而匮乏的是资金、经验、抗压能力、人际网络等,这些缺乏的资源恰恰是创业的关键。那么,如何获取需要的资源?一种选择就是先就业再创业,通过就业来储备资金、积累经验、磨炼意志、构建人脉关系、发现市场机会等。当时机成熟时,自然可以踏上创业之路。

通过就业我们可以走向创业,而通过创业我们也能实现就业。如果是实现了成功创业,那么自然也就是顺利就业了——自己雇用了自己;若是创业失败,也能为之后的再就业提供经验,这种创业的经历本身也体现了创业者的创新意识、冒险精神等方面的素质,所谓"祸兮,福之所依",失败的经历某种程度上也能为就业带来"比较优势"。一个失败的创业者在求职时也往往会受到重视和尊敬。

当我们能以坦然的心态和长远的眼光来面对创业和就业的选择时,我们就不会陷入选择的思想困境,患得患失,而能理智地分析自己的优劣势,客观地做出合理的选择。

二、创业之星如何成就

"生活就像戴着脚镣跳舞",这让人不禁想到如今的大学生就业情景。"低薪时代"、"毕业即失业"、"北漂"、"沪漂",似乎已成了流行语。确实,昔日的"天之骄子"早已逝去,理想主义的光环也已褪尽,"泛精英时代"已然到来。然而,生活总是提供了

众多可能，当就业寒流袭来，创业也成了另一条实现理想的途径。

所谓“勇者创造机会，智者把握机会，愚者才会放弃机会”。20 世纪 80 年代，个体工商户春风得意；90 年代，股民和房地产商大行其道；20 世纪末，电脑和互联网“玩家”炙手可热；而 21 世纪又是一个创业嘉年华。那么，在这个新时代里，如何创造奇迹，如何成为创业之星？

（一）给我一个支点——创业环境

阿基米德曾说：“给我一个支点，我就能撬动地球。”要创造“撬动地球”这样的奇迹，我们需要支点。要实现“成功创业”这个梦想，我们也需要一个支点——创业环境。

庆幸的是，今天的大学生创业是有一个良好的环境。张树新女士在 2005 年 CCTV《对话》节目中说过：“我觉得很高兴，今天中国的创业环境不像十年、二十年前，真的具备海外硅谷一样的一些基本创业环境了，人们可以凭着技术、凭着理想、凭着一个想法，然后就可以做出企业来，也许不会走那么多颠簸和波折的路，这是件值得高兴的事。”

我们也看到了，近些年国家在政策上给予大学生创业大力支持，创业的法律环境也不断完善。更为重要的是，目前的各种融资渠道为大学生提供了比较可靠的资金保障，有利于创业者突破资金瓶颈。除了一些传统的融资方式以外，政府还专门设立了大学生创业基金，为大学生创业提供资金支持。当前，还有一种新的投资模式正在中国蓬勃发展，那就是风险投资。风险投资是在创业企业发展初期投入风险资本，待其发育相对成熟以后，通过市场退出机制将所投入的资本由股权形态转化为资金形态，以收回投资，取得高额风险收益。政府的支持以及新的投资方式等都为大学生创业的启动资金提供了来源渠道，无疑为创业者提供了良好的发展环境。

俗话说，“时势造英雄”。当时代为英雄提供创业创新的舞台时，我们更需要以英雄的姿态来迎接这个时代。

（二）天生我材必有用——创业者素质

有人说成功的 90%取决于环境，个人努力只占 10%，但如果你没有这 10%的自身条件，即使有 90%的环境也只能空谈。创业的一个核心要素就是创业者，即创业者是否具备创业素质。

《辞海》给创业的定义是：“创业，创立基业。”即指开拓、草创业绩。“创业”二字，“创”字当头，“业”在其中。其内涵在于事业上的一种从无到有、由小到大、由简到繁、由旧到新的创造，这是一个不断进取、不断创新的过程，需要不断战胜自我、超越自我、不断创造一个崭新的自我。这表明，创业的成功需要创业者具备良好的心理素质、能力素质和身体素质。

1. 作为创业者首先应该拥有创业热情、具备创新精神、能够理性决策并能坚强执着地克服种种困难

俗话说：“女怕嫁错郎，男怕入错行。”网络中流行的现代版人生三大不幸中位居

前列的是：学了不喜欢的专业，找了不喜欢的工作。美国苹果电脑公司创始人史蒂夫·乔布斯回忆自己的成功之路时说过："很多人这样问：'我想开一家公司，我该做什么？'而我提出的第一个问题是：'你所热爱的是什么？你开的公司想要做什么？'他们大都笑道：'不知道。'我给他们的建议是：'去找份工作让自己忙碌起来，直到找到答案为止。你必须对自己的想法充满热情，强烈感受到愿意为它冒险的精神，如果你只想拥有一家小公司的话，那就算了吧。'"

因此，如果创业者不是出于兴趣选择创业，就可能对创业缺乏热情和激情，在遇到困难时很容易退却。

当然光有一股热情显然是不够的，我们都知道"创新"是创业的本质所在，要创业必要创新，创新是创业的灵魂。正如比尔·盖茨所说，微软之所以能一跃而起是因为他们拥有当时巨人没想到的点子。创新可以让创业者获得别人难以复制的优势，如果没有创新能力，创业者是很难成功的。

创业过程中自然少不了众多抉择，创业者拥有"破釜沉舟"的勇气和果断不失为好事，但我们说一个成功的创业者更应做到理性决策。所谓理性，也就是要善于洞察事物，冷静全面地分析及预测，然后再做出决策。现实的复杂性让我们有时很难准确认识问题，如果过于冒进、武断，可能"陷之死地也未必能后生"。

每个创业者都会经历风风雨雨，历经坎坷，能否在这条路上成功走下去，最终考验的是毅力。李嘉诚曾经发表过这样一段成功感言："成功实际是相对的。创业的过程，实际上就是恒心和毅力坚持不懈的发展过程，这其中并没有什么发达秘密……"可见，创业路上是需要坚韧和执着的信念相伴的。

2. 创业者其次要具备必要的能力素质，即专业能力、管理能力、社交能力

现实中我们可能看到一个初中毕业或小学毕业的人也能开一家自己的公司，那是不是说专业技能对创业者来说不是必要的呢？并非如此，那些能真正创业成功的人其实是在不断的社会学习中锻炼成才，可谓是"干中学"。有的大脑空空的人可能抓住一个天上掉下来的"馅饼"，发一笔横财，但也只能享一时之利，企业的长久运营仍是难以维持的。创业者如果能熟知自己所进入行业的相关知识，并能加以充分运用，那么，在一些重要问题决策时，创业者就能自己做出合理判断，而不会陷入被别人牵着鼻子走的尴尬境地。

创业者也是领导者，不管是创业初期创业团队中的领导者，还是未来企业的领导者，都必须能够有效地管理自己的团队和企业。管理中最重要的是能做到"众望所归"，一旦创业者能在管理团队中树立起威信和个人感召力，团队或企业就会具有很强的凝聚力，这也是成功的关键。

创业者还应善于构建人际网，扩充人脉，人际关系也是创业者的资本——社会资本。创业者往往需要与各类人打交道，有同行，也有对手，有社会高层，也有一般人士。创业者情商如何、能否坚持双赢思维、能否承受各方压力等，关系到能否成功地构筑人际关系网络，为成功创业服务。

3. 创业者还应具备良好的心理素质，拥有健康的体魄

青年创业者往往更重视资金的重要性，而忽视身体健康，殊不知健康才是一切事业的根本，“身体是革命的本钱”。创业道路上充满艰辛，需要付出常人难以想象的劳动和汗水，如果没有健康的体魄又怎能禁得起长期的劳累和超负荷工作呢？同样，良好的心理素质也是创业者必备的，如此才能应对创业过程中的重重艰难险阻，带领和鼓励团队走向胜利。

（三）团结就是力量——创业团队

团队精神、团队理念备受企业重视，创业者是难以单枪匹马顺利完成创业大业的。尤其是在创业初期，一支同心协力的优秀团队将很大程度上决定着创业的成败。美国著名投资公司 KPCB 合伙人约翰·杜尔曾说：“今天在世界各地，有许多技术，许多创业家，也有许多创业资本。唯一短缺的就是好的创业团队。”

创业团队为什么重要？新创企业需要好的创意，需要做好财务预算、营销策划、风险控制等各项工作，这些都不是单凭一人之力即可完成的，需要各有专长的人员共同合作完成。特别是对于大学生创业来说，如果在创业初期没有组建一支合适的团队并进行有效管理，那么创业失败的概率大大增加。因为刚毕业的大学生涉世尚浅，自我优越感也比较强，待人处世容易浮躁，如果创业初期团队不能紧密团结，遇上比较大的难题或矛盾，就可能意气用事，一拍两散，会出现“千里之堤，溃于蚁穴”的结果。

要组建一支高效的创业团队，首先就要把好选人一关，合适的团队成员不仅仅要具备良好的专业素质和创新精神，更应具备较高的道德素质，有合作精神。否则，一些智商很高、情商很低的人可能给企业发展带来潜在威胁；其次，团队应实行人性化管理，“大棒”下是难以出成效的，强权高压只会造成人心背离，要让团队成员切实感到自己是团队的一分子，团队利益与自身利益是密切相关的；最后，要让各成员能发挥所长、各显神通，一个人如果做自己不擅长的事，那不仅效率低，很难出成果，自己感觉也很难受，只有把一个人放在合适他的位置，才能激发其工作兴趣和提高效率。总之，创业者在组建和管理团队时，要懂得识人、管人和用人。

创业环境、创业者素质和创业团队是大学生叩开创业之门所应具备的基础，在此基础上，要实现成功创业，创业者还需要选择一条独到的创业路径，要有可行的创业方案或计划，还需要运用各种创业技巧和方法等，全力以赴实现创业项目。

三、职场达人如何练就

创业之路漫长艰辛，就业之路也未必一帆风顺。有的人在投完上百份简历之后，可能等到的只是一两个面试通知；笔试第一关可能就遭淘汰；好不容易过五关斩六将，可能还是难逃出局的悲剧。相反，有的人可能一份简历就赢得数份回复，那些赢得多家企业芳心的求职者也不少见。那么，差距在哪里？如何将自己培养成职场优选者？

(一)练就金钟罩

求职带有一定的偶然性,但偶然中含有必然。只有具备较高品德修养和真才实学的人才能抓住这种偶然的机会,只有有德有才的人才能树立起个人品牌,成功地将自己推销出去。这里的品德修养是长期培养形成的诚实、谦虚、敬业、礼貌等素质,而真才实学主要是指具备良好的知识结构和综合能力。

知识结构并不是单纯的专业知识,而是一种多元化的知识体系,即专业知识、行业知识、社会知识、生活知识的统一。专业知识也并不是狭隘的本专业知识,而是广义上的本专业知识和关联专业的知识综合;行业知识即环境分析中所用到的知识,包括目标行业的历史、现状、发展趋势、市场竞争状况等,如IT行业中,无论是做销售还是做研发都是以一定的IT行业知识为基础。社会知识是指历史、哲学、文化知识以及人际交往中的学问。生活知识主要是一些生活常识等。社会知识和生活知识通常容易被人们忽略。求职中会发现很多公司的笔试或面试需要很广的知识面,其中要考察的就是应聘者的文化沉淀和思想深度,这些又与每个人平时阅读涉猎范围有关,与人接触社会面的大小有关,很多时候会发出"书到用时方恨少"的感慨。

综合能力包括基本技能如英语、计算机,也包括创新能力、组织领导能力等,这里纳入了前文提到的隐性能力,即耐力、抗压力、毅力等内在素质。英语计算机的重要性自不必说,可用人单位也越来越重视求职者的内在素养,特别是逆境商,而这种能力就需要在生活的点点滴滴中有意识地锻炼和培养。

(二)闯过心理关

心理成功学越来越引起现代人的重视,任何事的成功都离不开一个良好的心态。大学生实现成功就业,不同类型的人需要克服"三自":一是自卑关;二是自负关;三是自满关。

(1)自卑关,即对自己的综合实力、教育背景甚至外貌等方面缺乏信心。特别是在教育背景方面,认为遇到的竞争对手如果学历比自己高、学校比自己好,自己就肯定"没戏"了。如果在士气上就败给了对方,败阵的命运也就不足为奇。还有人认为外表是一种竞争优势,某种程度上这也不容否定,但真正能征服别人的不是外表而是由内而外的气质。

相信熟悉杨澜的人都知道她当初应聘《正大综艺》节目主持人也是经历了一番波折的,主持面试者对她的综合表现评价很高,但嫌她不够漂亮。在最后的面试中,与其竞争的是一位非常漂亮的女孩,杨澜在最后的面试中这样说道:"我认为主持人的首要标准不应是容貌,而是要看她是不是有强烈的和观众沟通的愿望。我希望做这个节目主持人,因为我特别喜欢旅游。人与大自然相亲相近的快乐是无与伦比的。我想把这些感受讲给观众听……父母给我以'澜'为名,就是祝愿一个女孩能有海一样开阔的胸襟,自强、自立,我相信我能做到这一点……"杨澜最后成功了,她的成功在于她对自己的内涵、学识有信心。学历、学校、外表都不是绝对的优势,只有诚挚的思想感情和深厚的学识功底,满怀信心展示自己的真风采,才能在众人中脱颖而出。

(2)自负关,即自视甚高,不能合理定位。我们都知道现在很多毕业的本科生、研究生不是找不到工作,而是找不到自己期望的工作。这很大程度上与自己未能准确定位有关。有些人自恃高学历、高文凭,对很多企业或岗位不屑一顾,对工资期望值也比较高,觉得自己不进500强就是埋没才能。有些人甚至怀着"皇帝的女儿不愁嫁"的心态在求职。学历文凭不是绝对的优势,也不是决定薪酬的关键,关键看自己是不是一匹真的"千里马"。我们需要对自己进行一个客观的评价分析,然后定一个真正适合自己的求职目标,要相信现在的招聘市场是不缺"伯乐"的。

(3)自满关,这里的自满不是指骄傲自大,而是指缺乏志向,目光短浅。容易自满的人在求职中基本表现为,只要有公司签约就行,不考虑企业发展前景如何,自己进入会遇到怎样的发展瓶颈。怀着这种心态求职,即使一时很容易找到工作,但长远来看难以有好的发展前景,而可能是长期麻烦生涯的开始。

(三)做好充分求职准备

有求职经历的人都能体会到求职技巧的重要性,一位软硬条件都具备的求职者,如果不善于搜集各类招聘信息,不懂得如何写一份吸引人的简历,不熟悉基本的面试流程和技巧,那么求职成功或找到满意工作的可能性还是不大。

1. 搜集筛选信息

掌握信息才能发现机会,就业信息获取的途径非常多,包括报纸、网络、学校、朋友等。在搜集了大量信息后,要懂得如何从这些信息中筛选出对自己有益的内容,不仅是选取自己感兴趣的招聘信息,还应从这些招聘信息中挖掘出有利于制作简历和提高成功几率的信息。

具体来说,面对大量求职信息,首先应根据自己的职业生涯规划选出与个人具体情况相匹配的招聘信息;在浏览这些招聘信息时主要是集中于招聘单位性质、发展实力和前景的介绍,以及岗位要求。特别对岗位要求一定要足够重视,应将自己的各方面情况与该要求进行一个比较分析,从而了解自己在应聘此岗位时存在的优劣势,同时,也可根据具体岗位要求在简历中突出符合要求的部分,做到扬长避短。

2. 做好求职材料

为争取面试机会,求职者都需要先寄送相关的个人材料,准备材料的重要性自不必说了。求职材料最核心的就是简历和求职信,另外还有推荐信、成绩表等招聘单位具体要求的材料。简历可以说是求职者向招聘单位投的推销自己的广告,有些投出去是百发百中,有些却是石沉大海,广告能否奏效自然离不开一定的制作技巧。

简历基本包括个人资料、求职意向、教育背景、实践经历、获奖经历、项目经历、技能、特长、性格特征等,一份成功的简历首先应该能吸引人事经理的眼球,让他读了印象深刻,甚至感到赏心悦目,能从字里行间体现出求职者的才华和各种能力。

所以,在制作简历时应注意以下几个方面:

(1)简历用语体现专业性:即简历中的语言力求客观陈述。

(2)简历信息体现匹配性和传递性:即简历中应展现的是与招聘单位用人标准和

岗位要求相匹配的信息；同时，要注意以简洁清晰的表述方式，将信息准确的传递给招聘单位。

(3)简历排版体现突出性：即将重要信息以凸显的方式表示出来。

(4)简历格式体现简洁性：即简历稍加修饰，注意整体的美观性。

这里，我们可以针对第二个注意事项来看这样一个小事例：一家外企招聘一名秘书，作为人事经理，首先要对这个职位进行分析，考虑这个职位所需要的工作技能和综合素质；其次，要看应聘者简历中提供的信息是否符合这些岗位要求，求职者应在简历中对这些应聘职位相关的信息特别加以强调。有甲和乙两个应聘者的简历，他们都是应届大学毕业生，都有秘书的实习经历，都希望应聘这个职位。甲在简历中重点介绍自己的优秀学习成绩和各种证书，对自己的实习经历轻描淡写简单带过：本人有一定的秘书工作实习经验。而乙则对自己短期的秘书工作经历进行了特别强调：本人英语口语流利；打字速度快；会使用各种办公软件；曾经在某外企做过外籍部门经理的秘书，工作细致认真，并得到经理好评。

上述案例中，乙所列举的这些自身优势正好与外企秘书这一岗位要求相吻合，不言而喻，乙的简历更能引起人事经理的兴趣，得到面试机会的可能性更大。

3. 掌握面试技巧

很多人或多或少会有这样的困惑：仅凭一个面试就真能判别一个人是否符合工作岗位要求吗？如此短的时间能看出什么呢？况且很多时候还只是问一些与专业根本无关的问题。招聘单位在筛选简历一关，根据学历、学校、实践等各项硬性指标来挑选出符合要求的简历，但简历信息与真人的吻合度到底有多大，就要通过面试这一关来验证。招聘单位在面试这一关会通过行为举止等各种细节来考察应聘者的内在修养，通过设置各种形式的面试情景和小组讨论等环节来观察应聘者在这些情景和环节中体现出的团队合作、领导组织等能力，以及一些性格特征。

了解了招聘者的考察视角，求职者就可掌握一些面试技巧，以提高面试成功的可能性。

(1)应调整好面试心态，做到心平气和、沉着稳重、不卑不亢、积极自信；还应注意面试单位的性质来选择服装等，外在形象是否专业也很重要。

(2)应把握好时间尺度。要确保不能迟到，如果因特殊情况耽误时间，应提前通知招聘单位，也不要提前很长时间到，因为太早到可能会和他人的面试有冲突，给安排面试的人带来不便。

(3)从进入招聘单位开始，就应时刻注意自己的言行举止，可能不经意的一个举动就成为决定成败的关键。

(4)面试正式开始后，如果面试官只是低头看简历不说话，那应聘者就应注意主动打破冷场的局面，而不要误以为面试官真的是在看简历。

(5)面试的第一环节一般都是自我介绍，应聘者应根据要求选择中英文自我介绍，而不要一上来就用英语，否则会让自己陷入困境；同时，自我介绍要突出自己的优势，并且要与招聘的岗位紧密结合起来，而不是漫无边际地说一堆空话；在时间上也要把握好，超时要坚决避免，但也不能过分简单几句话。

(6)对面试官的提问要谨慎回答，要诚实简要，要抓住问题的本质和提问者的根本用意，做到随机应变。

(7)小组讨论或辩论环节一般会考察应聘者的组织领导能力、时间管理能力、团队合作能力等。这个环节应聘者既要懂得如何展现自己，又要避免给人急于表现自己的印象，要提出个人见解，但又不能固执己见、强加于人。

任何事情都需要自己去实践，在实践中思考和总结，这样才能不断积累经验，才能让“失败”成为“成功之母”，才能让小成功带来大成功。人要做“聪明人”，聪明不在于会走捷径、会自圆其说、会逢场作戏、会见风使舵……聪明在于懂得诚恳反思，不断思考总结，从自己及他人的经验中得到教益。求职者也要做一个聪明人，懂得总结经验，脚踏实地完善自己，凭自己的品德和才能综合实力赢得招聘单位的赞赏和青睐。

人物案例

一、马云

(一)马云简介

马云，1964 年 9 月 10 日生于浙江省杭州市，祖籍浙江嵊州谷来镇，后随父母移居杭州。马云本科毕业于杭州师范学院(现杭州师范大学)英语专业，1988～1995 年在杭州电子工学院任英文及国际贸易讲师。

1995 年，马云在出访美国时首次接触到互联网，回国后创办了“中国黄页”网站。1997 年，马云加入中国外经贸部，负责开发其官方站点及中国产品网上交易市场。1999 年，马云辞去公职，创办阿里巴巴网站，开拓电子商务 B2B 业务。目前，阿里巴巴是全球最大的 B2B 网站之一。阿里巴巴网站的成功，使马云多次获邀到全球著名高等学府讲学，包括哈佛大学、沃顿商学院、麻省理工学院等。

2003 年，创立“淘宝网”，目前是亚洲最大个人拍卖网站。

2003 年，创立独立的第三方电子支付平台“支付宝”，在中国市场位居第一。

2005 年，与全球最大门户网站雅虎战略合作，兼并其在华资产，阿里巴巴因此成为中国最大互联网公司。

2007 年 8 月，推出了以网络广告为赢收项目的营销平台“阿里妈妈”，阿里巴巴以支付的低端门槛吸引了大量用户。

2008 年 10 月 31 日，阿里巴巴有限公司与杭州师范大学合作共建杭州师范大学阿里巴巴商学院，马云任董事会主席。

马云率领他的阿里巴巴运营团队汇聚了来自全球 220 个国家和地区的1 000多万注册网商，每天提供超过 810 万条商业信息，成为全球国际贸易领域最大、最活跃的网上市场和商人社区。

马云是中国大陆第一位登上美国权威财经杂志《福布斯》封面的企业家；2002年5月，成为日本最大财经杂志《日经》的封面人物；2000年10月，被“世界经济论坛”评为2001年全球100位“未来领袖”之一；2004年12月，荣获CCTV十大年度经济人物奖。

（二）马云的品德特征

马云能创业成功并取得辉煌成就，不仅在于他自身的企业家才能，更重要的是他内在的各种品质。

1. 善于观察、敢于尝试

有人认为马云投身电子商务是机缘巧合，其实马云总是善于发现和捕捉机遇。他有强烈的探索求新意识，对新事物有好奇心和敏锐的观察力，敢于不断探索新的领域，尝试新生事物。改革开放之初，十几岁的马云把握机会，通过与来杭州旅游的外国游客的交流，在没有一点儿家学渊源、更没有出过国的情况下，练就了一口纯正、流利的英语，这对他日后发展大有裨益。多年后，他能从容应对各大媒体的采访，对着各式各样的观众侃侃而谈，也得益于少年时期的努力。

大学毕业后，尽管他“三天没有新想法就难受”，但出于对赏识自己的母校校长的承诺，马云在杭州电子工学院认认真真地教了六年多书。其间，他成立了杭州首家外文翻译社，用业余时间接一些外贸单位的翻译业务。

命运在1995年发生改变，英语出色的马云受浙江省交通厅委托到美国催讨一笔债务。在美国，马云发现了互联网，刚刚学会上网的他马上就想到为自己的翻译社做网上广告，上午10点他把广告发送上网，中午12点他已收到来自美国、德国和日本的6个E-mail，说这是他们看到的有关中国的第一个网页。马云立刻意识到，面前的互联网是一座尚未发掘的金矿。

回到国内，马云决定出来闯荡。1995年4月，他与妻子，再加上一个学自动化的“拍档”，三个人、两万元、一间房，组成了马云的第一家互联网公司——海博网络。他们的产品叫做“中国黄页”，这是国内第一家网上中文商业信息站点，同时也在国内最早形成主页发布的互联网商业模式，成功地发布了无锡小天鹅、北京国安足球俱乐部等第一批大陆企业主页。

2. 志向远大、不言放弃

美国《福布斯》杂志曾这样描述马云：这个长相怪异的人有拿破仑一般的身材，同时也有拿破仑一样的伟大志向！马云有永不放弃的决心和毅力，能坚韧地把自己决定的事业推向前进。任何事物的发展都有起伏，坚韧者才能耐得了寂寞和孤独，度过低谷挫折，马云也是这样度过了互联网的“冬天”。

那时候的中国，还没有多少人知道互联网，马云天天提醒自己：“互联网是影响人类未来生活30年的3 000米长跑，你必须跑得像兔子一样快，又要像乌龟一样耐跑。”

马云有段名言：“永不放弃，同时要坚信，今天很残酷，明天更残酷，后天很美好。

绝大部分的人都是在明天晚上死掉，见不到后天的太阳。所以如果你希望成功的话，每天要非常努力，活好今天，才能度到明天。过了明天你才能见到后天的太阳。”

马云逐步形成了自己的B2B理念：用电子商务为中小企业服务。他发现，互联网上商业机构之间的业务量，比商业机构与消费者之间的业务量大得多。为什么放弃大企业而选择中小企业，马云打了个比方：“听说过捕龙虾富的，没听说过捕鲸富的。”

1999年3月，马云毅然决定回老家杭州，创办自己的电子商务网站。他对伙伴们说：“我要回杭州创办一家自己的公司，从零开始。愿意同去的，只有500元工资；愿意留在北京的，可以介绍去收入很高的雅虎和新浪。”他给大家3天时间考虑，但不到5分钟，伙伴们一致决定：“我们回杭州去，一起去！”大家把各自口袋里的钱掏出来，凑了50万元，开始创办阿里巴巴网站。

3. 善待部下，凝聚人心

马云有一股献身事业的热情，也有一种无私精神，靠强烈的性格感召力和合作意识，凝聚起一支有战斗力的团队。靠团队力量而不是靠一己之力，是马云取得事业成功的根本因素。阿里巴巴公司上市后，马云本人的股份只占百分之几，公司员工中出现了几百个千万富翁、百万富翁，财散人聚，热情待人、善良对人是马云的一种优良品德。

马云最欣赏唐僧师徒团队：“唐僧是一个好领导，他知道孙悟空要管紧，所以要会念紧箍咒；猪八戒小毛病多，但不会犯大错，偶尔批评批评就可以；沙僧则需要经常鼓励一番。这样，一个明星团队就成形了。”在马云看来，一个企业里不可能全是孙悟空，也不能都是猪八戒，更不能都是沙僧，“要是公司里的员工都像我这么能说，而且光说不干活，会非常可怕。我不懂电脑，销售也不在行，但是公司里有人懂就行了”。

马云认为，中国的企业往往是领导人成长最快、能力最强，其实这样并不对，他们应该学习唐僧，用人用长处，管人管到位即可。企业仅凭一人之力，永远做不大，团队才是成长型企业必须突破的瓶颈。“阿里巴巴做得好，不是我的功劳。我觉得最重要的是永远相信下面的人比你强，今天我的工作就是和水泥，我什么都不懂，把这些人黏合在一起，每个人都能发挥好。”

马云在企业使命、价值观层面上发挥领导力，构建起一支和谐协力的团队，在每个领域安排最合适的人，让员工们带着“做中国最好的企业”的使命感为阿里巴巴勤奋工作并得到应有的报偿。马云说，希望阿里巴巴能够成为青年人创业、成长、发展的最佳平台。

4. 品行端正、诚信经商

在阿里巴巴的价值观里，“诚信”位居首位。马云本人非常重视经商中应遵守的诚实守信原则，他在给创业者的建议中就提出“千万别把灾难当公关看”。

诚信的一个重要体现就是产品质量。马云认为，质量问题千万不能觉得可以通过告诉媒体就会翻过来，质量问题就是质量问题。开关这玩意说大不大，说特大可以出生命危险的问题。在面对质量问题时，应该是不断考虑完善自己，有的时候对内的公关比对外的公关更为重要，对内要让所有的员工重视质量问题。对于一个企业来讲，利润下滑不是危机，市场成熟以后利润一定会下滑，危机是企业失去了最珍贵的东西——质量。

二、孙正义

(一)孙正义简介

孙正义出生于1957年8月11日，在家中四兄弟中排行老二。孙正义是第三代韩裔日本人，祖父叫孙钟庆，祖母李元照，父亲孙三宪，母亲李玉子。孙家祖先原来从中国迁移到韩国，到孙正义祖父一代，又从韩国的大邱迁徙至日本九州。他说："孙氏和韩国固有的孙氏不一样。我祖籍和汉民族的孙氏属于同一根源。"

孙正义从小对美国的事情非常感兴趣，特别对日本商人 Den Fujita 把麦当劳成功变成一个老少都爱的当地连锁餐馆的事迹非常崇拜。Fujita 见到少年孙正义时，鼓励他到美国去学习。1973年，16岁时，孙正义于高中时迁居至美国北加州；1975年，转到社区大学上学；两年后，智慧聪颖的他越级进入加州大学柏克莱分校就读，主修经济。据说在上学期间，他每天花5分钟时间，考虑新发明的事。在他19岁那年，他发明了一种袖珍翻译器，于是他请一个教授制造出翻译器样机，申请了专利，以100万美元的价格，把翻译器卖给了夏普公司，至今夏普公司仍在使用这一技术。他就读柏克莱时建立的 Unison World，经营相当顺利，大学毕业时，员工已有25人，以200万美元将公司出售给合伙人。

21岁毕业后，因为思念母亲，孙正义回到日本。他先模拟自己想成立的事业，分别编制出十年的预估损益平衡表、资产负债表、资金周转表，还依时序的不同，编出不同形态的公司组织图，作沙盘推演。

1981年，23岁的孙正义成立软银(Softbank)，在半年之内，与日本42家专卖店和94位软件业者建立交易来往。电脑软件高科技的舞台在美国，但孙正义在日本苦心经营，他说服大财团如东芝(Toshiba)和富士通(Fujitsu)共同参与软银的投资，但因经营不顺利而散伙，一年后退回财团原有投资，孙正义一肩担起损失，却赢得了前辈们的佩服，软银声名鹊起，也为孙正义奠定了事业的信用基础。

他的事业在初期并非一帆风顺。1994年，软银收购 Ziff 通讯铩羽而归，直到他接手设施不完善、参展费用高、久为人诟病的拉斯维加斯 Comdex 电脑展，才算和 Ziff-Davis 出版公司搭上线。1995年，他以21亿美元买下Ziff-Davis公司部分股权，至1996年，总共注资31亿美元才得到完整经营权，拥有 Ziff-Davis 出版公司长久出版的电脑周刊(PC Week)、专精个人电脑市场行销研究的 Computer Intelligence 公司，以及曾和微软与 NBC 合资的入口网站 Zdnet。

1991年，以C语言编译器闻名的 Borland 公司，准备在日本发行升级版，当时 Borland 公司执行官 Philippe Kahn 很快就和软银达成共识。网威副总裁 Darl McBride 认为孙正义是个可以使任何事成真的中介人。

1992年孙正义得到思科系统的日本代理权，现在日本市场的软件销售网络70%都由软银掌握。1994年软银已拥有日本展览业界最具规模的Expos协会，也持有朝日电视的少数股份。1995年2月，孙正义和思科系统总裁钱伯斯讨论销售思科的路由器，以及成立思科日本分公司的可行性。一个月后，软银就邀集日本14家会社，共同出资4 000万美元，成就此事。

1996年，日本雅虎成功开业，第一年就获利。85%的日本网友曾造访此站，更重要的是由雅虎入口网站通往软银投资的电子商务。1998年2月，软银以4.1亿美元出售雅虎2%的股票，净赚3.9亿美元，当年以1亿美元购入30%的雅虎股份，如今只剩28%，仍值84亿美元。

1998年7月，孙正义以4亿美元投资美国著名的E*Trade线上券商。1999年美国全国证券商协会(The National Association of Securities Dealer, Inc.)也同意和软银合资组建“日本纳斯达克股市”，制度化、透明化的网上交易系统是其特色。至2000年，软银拥有的美国企业已达300多家，日本企业300多家，辖下相关事业、创投资金和策略联盟等资产，总共400亿美元，跻身日本前十大会社。

2001年9月，日本雅虎公司正式开通宽带商用服务；2004年3月，收入突破7亿美元。

(二)孙正义品德特征

马云曾经这样评价孙正义：“孙正义是个大智若愚的人，几乎没一句多余的话，仿佛武侠中的人物：一是决断迅速；二是想做大事；三是能按自己想法做事。”美国《福布斯》也有这样的评价：软银总裁孙正义先生转眼之间就创造了一个互联网帝国，他正着手实行自己的300年商业计划。孙正义先生不愧是互联网之王。

1. 极富亲和力的个性

通过孙正义的人生成长故事，不难发现他是一位极具亲和力的青年企业家，在出色的组织规划能力、决策能力之外，他有着坦诚友善的交际能力和沟通能力，他的人格魅力成为其事业发展的重要助力。

2008年8月2日，孙正义在杭州APEC峰会讲述自己的创业史：“我大概20年之前创立了软银公司，我在创建这个软银公司的时候，没钱也没有经验，同时也没有生意上的关系，唯一有的是热情激情，还有一个成功的梦想。我的梦想就是要成为在日本甚至全球非常成功的人士，来提供新的技术，给人们能够提供新的生活方式。”

2. 乐观自信，勇气十足

孙正义在19岁时发明了一款“语言翻译机”。当时他有这个点子，却没有技术和资金来完成，于是他就想到了“借”。他敲开了一位美国杰出人物——曼哈顿工程主任设计师的大门，向他讲了自己的想法，请这位电子控制专家把他的点子设计出来，并言明希望产品卖出后再付设计费。这位科学家答应了(他们对爱思考、有进取心的年轻人有提携后进的使命感)。一年后，孙正义把专利卖给著名的松下公司，获利2亿日元。这是孙正义的第一次创业，也是19岁年轻人淘到的第一个百万美元。从中我们可以看出，孙正义的乐观自信，也正因为这种大胆尝试而成功地迈出了创业的第一步。

孙正义 23 岁的时候，得了肝病，整整住了两年的医院。在两年当中，他阅读了 4 000本书籍，平均一天阅读 5 本书籍。孙正义根据自己读书的心得写了从事 40 种行业的发展计划，他明白自己必须从事新兴的、最具发展潜力的行业。出院后，他以坚定的信念进军计算机行业，创立了自己的公司，员工只有两个人。公司开业那天，孙正义站在装苹果的水果箱上面，跟他的两个员工说："我叫孙正义，在 25 年之后，我将成为全球首富，我的公司营业额将超过 100 兆日元！"那两个人听后立刻辞职了，以为老板是个疯子。现在，孙正义真的成为亚洲首富，正在向全球首富继续前行。

3. 决策大胆果断

孙正义的经营理念、企业运作和果断决策的魄力非常人所有。在 1995 年，他看准了网络产业，决定在这方面进行大的投资。他选中了雅虎公司，给雅虎公司第一笔投资就是 200 万美元。不久，他和雅虎公司的创办人杨致远一起吃饭，表示要给雅虎再投 1 亿多美元，换取雅虎公司 33%的股份。杨致远听了孙正义的提议，十分惊讶，连他自己都不知道雅虎公司的未来如何，怎么敢给一个刚刚起步的新公司这么多钱。可是孙正义在 1996 年 3 月真的投给雅虎公司 1 亿多美元，以后又陆续投入资金，一共是 3. 55 亿美元。雅虎公司有了资金，如虎添翼，迅速成为世界头号网络门户。孙正义的软银集团作为雅虎的最大股东，拥有的雅虎公司股份市值三年后达到 84 亿美元。如果不是孙正义的投资魄力，也不可能有巨大收获。

孙正义最具传奇的决策是 6 分钟内决定投资阿里巴巴。马云去会见孙正义，当他推开门，却见黑压压满满一会议室的人，个个瞪着大眼瞅着他，孙正义问："你要多少钱？"马云对孙正义说："我不需要钱。如果你有兴趣，我可以给你介绍一下阿里巴巴的情况。"孙正义当时还不了解阿里巴巴网站，他的助手打开电脑登录阿里巴巴网站，马云现场作介绍。6 分钟后，孙正义说："马云，我一定要投资阿里巴巴。"当时孙正义同意投资2 000万美元，但汇入马云账户的却是3 000万美元，马云怕股份被过分稀释，退还给孙正义1 000万美元。

4. 胸怀远大目标

杨致远在评价孙正义时说道："那时雅虎的许多人都认为他疯了，在 1996 年 2 月花 1 亿美元是要有很大闯劲才行的，但我认为他的成功不是靠运气，他是个能前瞻 15 年到 20 年的人物。"在归纳孙正义的成功因素时，不要忘记他是一个极擅长规划、有远大目标的人。

孙正义为自己做了一个 50 年的规划，这个生涯规划的内容是：20 多岁时，要向所投身的行业，宣布自己的存在；30 多岁时，要有 1 亿美元的种子资金，足够做一件大事情；40 多岁时，要选一个非常重要的行业，然后把重点都放在这个行业上，并在这个行业中取得第一，公司拥有 10 亿美元以上的资产用于投资，整个集团拥有1 000家以上的公司；50 岁时，完成自己的事业，公司营业额超过 100 亿美元；60 岁时，把事业传给下一代，自己回归家庭，颐享天年。

附录1　北大、清华教授推荐的中外文史哲书籍

中国文史哲书籍

诗经选　楚辞选　魏晋南北朝诗卷与汉魏六朝诗选　水浒传　红楼梦

中国科学思想史　艾青诗选　唐诗三百首　宋诗选注与宋诗三百首

唐宋词选释　古文观止　围城　三国演义　鲁迅选集　宋词选集

红岩　骆驼祥子　女神　子夜　家　曹禺选集　青春之歌　论语

墨子　孙子兵法　孟子　老子　庄子　荀子　论衡　不真空论

物不迁论　神灭论　坛经　张载集　四书集注　明夷待访录　读通鉴论

严复集　仁学　孙中山选集　传习录　周易　中国哲学简史　理想国

邓小平文选　礼记　左传　韩非子　世说新语　文心雕龙　三国志

李太白集　资治通鉴　明夷待访录　儒林外史　人间词话

中国哲学大纲　国史大纲　圣经　毛泽东选集　史记

中国近三百年学术史

外国文史哲书籍

伊利亚特　奥德修纪　神曲　堂·吉诃德　哈姆雷特　浮士德

简·爱　泰戈尔诗选　形而上学　忏悔录　红与黑　悲惨世界

高老头　汤姆叔叔的小屋　卡夫卡短篇小说选　人论

文化科学与自然科学　新教伦理与资本主义精神　资本主义文化矛盾

资本论(第一卷)　从混沌到有序　钢铁是怎样炼成的　雪国

老人与海　百年孤独　理想国　思想录　新工具　论法的精神

社会契约论　伦理学　西方哲学史 科学史　哲学史讲演录·导言

西方的没落　悲剧的诞生　精神分析引论　安娜·卡列尼娜　玩偶之家

母亲　科学史　历史理性批判文集　约翰·克利斯朵夫　共产党宣言

国富论　论法的精神　复活　德意志意识形态

社会主义从空想到科学的发展　哲学笔记　物种起源　城堡　飞鸟集

精神分析与资本主义精神　西方哲学史　历史研究

附录2 “人生要读的中国历史100本书”和“人生要读的世界历史100本书”

人生要读的中国历史100本书

圣经 楚辞 左传 论语 孙子兵法 老子 墨子 孟子 庄子
荀子 韩非子 战国策 史记 乐府诗集 搜神记 陶渊明集
世说新语 颜氏家训 唐诗三百首 韩昌黎文集 家 柳河东集
唐宋传奇集 资治通鉴 宋词选 窦娥冤 西厢记 琵琶记 水浒传
三国演义 西游记 封神演义 金瓶梅 菜根谭 牡丹亭 三言二拍
陶庵梦忆 西湖梦寻 琅环文集 闲情偶寄 醒世姻缘传 长生殿
桃花扇 聊斋志异 儒林外史 随园诗话 说岳全传 红楼梦
阅微草堂笔记 镜花缘 曾国藩家书 二十年目睹之怪现状
官场现形记 老残游记 孽海花 人间词话 呐喊 朝花夕拾 女神
沉沦 徐志摩诗全集 朱自清文集 死水 子夜 缘缘堂随笔
雅舍小品 林家铺子 雷雨 骆驼祥子 金粉世家 边城 死水微澜
繁星 吾国吾民 传奇 呼兰河传 小二黑结婚 围城
太阳照在桑干河上 暴风骤雨 保卫延安 林海雪原 茶馆 红日
李自成 青春之歌 创业史 红岩 傅雷家书 金庸作品集 艾青诗选
美的历程 高山下的花环 钟鼓楼 穆斯林的葬礼 平凡的世界
文化苦旅 白鹿原 活着 活动变人形 长恨歌

人生要读的世界历史100本书

伊利亚特 奥德赛 伊索寓言 被缚的普罗米修斯 俄狄浦斯王
罗摩衍那 一千零一夜 神曲 源氏物语 十日谈 坎特伯雷故事
堂·吉诃德 巨人传 罗密欧与朱丽叶 哈姆雷特 梦田随笔
伪君子 失乐园 鲁宾逊漂流记 格列佛游记 老实人 忏悔录
阴谋与爱情 少年维特的烦恼 浮士德 傲慢与偏见 格林童话
唐璜 巴黎圣母院 红与黑 高老头 叶甫盖尼·奥涅金
德国——一个冬天的童话 名利场 简·爱 呼啸山庄 神秘岛
汤姆叔叔的小屋 大卫·科波菲尔 双城记 钦差大臣 死魂灵
基度山伯爵 茶花女 红字 草叶集 包法利夫人 悲惨世界
玩偶之家 父与子 罪与罚 怎么办 萌芽 羊脂球 复活
德伯家的苔丝 契诃夫短篇小说选 战争与和平 安娜·卡列尼娜

哈克贝利·费恩历险记　爱丽斯漫游奇境记　福尔摩斯探案集
华伦夫人的职业　牛氓　　欧·亨利短篇小说选　母亲　马丁·伊登
追忆似水年华　我是猫　吉檀迦利　月亮和六便士　毁灭美国的悲剧
钢铁是怎样炼成的　查泰莱夫人的情人　变形记　西线无战事
约翰·克里斯朵夫　尤利西斯　了不起的盖茨比　飘　愤怒的葡萄
小王子　麦田里的守望者　老人与海　永别了,武器　静静的顿河
日瓦戈医生　荒原　喧哗与骚动　局外人　洛丽塔　第二十二条军规
雪国　百年孤独　教父　棘刺鸟　情人　生命中不能承受之轻

主要参考书目

1.《大学》、《中庸》、《论语》、《孟子》、《孝经》、《礼记》。
2.《道德经》。
3.《资治通鉴》。
4. 本杰明·富兰克林:《富兰克林自传》,哈尔滨出版社 2002 年版。
5. 拿破仑·希尔:《成功法则》,中国发展出版社 2005 年版。
6. 史蒂芬·柯维:《高效能人士的七个习惯》,中国青年出版社 2003 年版。
7. 奥格·曼狄诺:《世界上最伟大的推销员》,世界知识出版社 2002 年版。
8. 胡旋编译:《卡耐基成功之道全集》,内蒙古文化出版社 1999 年版。